CHEMISCHE TECHNOLOGIE
IN EINZELDARSTELLUNGEN
HERAUSGEBER: PROF. DR. A. BINZ, BERLIN
SPEZIELLE CHEMISCHE TECHNOLOGIE

DIE NEUEREN SYNTHETISCHEN VERFAHREN DER FETTINDUSTRIE

VON

DR. I. KLIMONT
PROFESSOR DER TECHNISCHEN HOCHSCHULE
IN WIEN

ZWEITE, NEUBEARBEITETE UND VERMEHRTE AUFLAGE

MIT 43 FIGUREN IM TEXT

SPRINGER-VERLAG BERLIN HEIDELBERG GMBH
1922

Copyright 1915 by Springer-Verlag Berlin Heidelberg
Ursprünglich erschienen bei Otto Spamer, Leipzig 1915
Softcover reprint of the hardcover 2nd edition 1915

ISBN 978-3-662-27462-0   ISBN 978-3-662-28949-5 (eBook)
DOI 10.1007/978-3-662-28949-5

Vorwort zur ersten Auflage.

Die Industrie der Fette und Öle hat in den letzten Jahren neue synthetische Verfahren aufgenommen. Von diesen konnte sich die sogenannte Fetthärtung, welche in der Anlagerung von Wasserstoff an die ungesättigten Fettsäuren und deren Glyceride, die natürlichen Fette, besteht, besonders rasch und kräftig entfalten, während die anderen Verfahren noch vielfach in der Entwicklung begriffen sind. Ich hielt es gleichwohl für keine überflüssige Arbeit, alle diese synthetischen Verfahren zusammenfassend darzustellen, sie theoretisch zu beleuchten, ihre Handhabung in der Praxis, sofern und insoweit sie dort bereits geübt wird, zu besprechen und deren ökonomische Bedeutung in bezug auf den Betrieb und die Endprodukte zu erörtern. Es schien mir auch zweckmäßig, speziell technische Verfahren, welche einem früheren Entwicklungsstadium angehören, daher derzeit nicht praktisch ausgeübt werden, aber irgendwie bekannt wurden, aufzunehmen, weil gerade bei einer noch im Werden begriffenen Industrie die Entwicklung ersichtlich sein und hierdurch den weiter schaffenden Technologen vor Irrtümern bewahren soll. Eine räumlich gänzlich abgesonderte Darstellung der Theorie der Verfahren von deren praktischer Anwendung wäre nicht vorteilhaft gewesen, da beide ineinander zu vielfach verschlungen sind, als daß sie sich trennen ließen; dort aber, wo neuartige Prinzipien den praktischen Verfahren zugrunde liegen, geht letzteren eine eingehende theoretische Erörterung, die in der Diskussion vielfach derzeit noch gar nicht abgeschlossen ist, voraus. Ich hoffe auf diese Weise die aktuellen Probleme der Fettindustrie derart dargestellt zu haben, daß der Fettchemiker sie übersichtlich aufnehmen und weiter verfolgen kann.

Die Publikationen sind bis etwa Juli 1915 verarbeitet worden. Die Verlagsbuchhandlung hat in gewohnter, dankenswerter Weise die vorzügliche Ausstattung besorgt. — Schließlich gebührt auch Herrn Dr. *Erwin Schwenk* am Kaiser Wilhelm-Institut für experimentelle Therapie, welcher mich bei den Korrekturen unterstützte, mein Dank!

Möge dieses Werkchen, dessen Niederschrift in die Zeit des europäischen Krieges und der hundertjährigen Gründungsfeier der Technischen Hochschule in Wien fällt, als bescheidenes Hilfsmittel der deutschen und österreichischen Technik seine Abfassung rechtfertigen!

Wien, August 1915.

Der Verfasser.

Vorwort zur zweiten Auflage.

Daß ich eine zweite Auflage dieser Monographie in einem immerhin nicht zu langen Zeitraume vorbereiten durfte, verdanke ich nicht nur der rührigen Tätigkeit des Verlegers, sondern auch dem Interesse, welchem die synthetischen Verfahren der Fettindustrie bei den Technologen begegnen. Ich habe alle einschlägigen Fortschritte seit 1916 verfolgt und aufgenommen, mußte aber den Grundriß des Buches unberührt lassen, weil in gewissen Fragen, insbesondere in solchen, welche die Fetthärtung betreffen, keineswegs abschließende Klarheit über die Reaktionsvorgänge geschaffen ist. Die Erörterungen der Kritik gelegentlich des Erscheinens der ersten Auflage wurden von mir reiflich erwogen und berücksichtigt; allen Forderungen konnte ich jedoch nicht Genüge leisten. So z. B. wurde es bemängelt, daß die theoretischen Darlegungen zwischen die technologischen Ausführungen eingestreut, daher unübersichtlich seien und den Leser zwängen, für einige Zeit den Gedankengang abzubrechen, um ihn erst neu wieder aufnehmen zu müssen. Die Zweckmäßigkeit einer derartigen Darstellung bleibt Ansichtssache und hängt vom pädagogischen Empfinden, sowie von der Erfahrung ab; keineswegs kann aber zugegeben werden, daß technologische Schilderungen theoretischer Darlegungen nicht bedürfen oder sie in dem gegebenen Ausmaße entbehren können. Hätte ich übrigens die Theorie der synthetischen Verfahren, zusammengefaßt, in einem besonderen Kapitel vorangestellt, so hätte dieses weit umfangreicher sein, wahrscheinlich sogar eine theoretische Fettchemie vorstellen müssen. Auch das Versehen dieser Einstreuungen mit eigenen Kapitelüberschriften hätte die Übersicht nicht nur nicht gefördert, sondern gestört, wie ich bei einem solchen Versuche mich zu überzeugen Gelegenheit hatte.

Einen besonderen Raum widmete ich der synthetischen Herstellung von Fettsäuren aus Naphthaprodukten; ich hoffe damit dem Buche ebenso einen neuen Anreiz verschafft zu haben, wie durch die Vermehrung des Textes und der Abbildungen.

Fräulein *Margarete Benedek* und Herrn *Ignaz Ornstein* bin ich für die Hilfe bei Besorgung der Korrekturen zu bestem Danke verpflichtet.

Wien, im Juni 1922.

Der Verfasser.

Inhaltsverzeichnis.

	Seite
Vorwort	V
Die Synthese von Fettsäureglyceriden.	1
Technische Umwandlung vegetabilischer oder animalischer Fettsäuren in Ester	5
Technische Umwandlung natürlicher Triglyceride in Mono- und Diglyceride	16
Technische Herstellung von Estern der Montansäure und Adipinsäure	17
Der Fetthärtungsprozeß	20
Die älteren wissenschaftlichen und technischen Versuche zur Reduktion ungesättigter Fettsäuren	20
Elektrolytische Reduktion der ungesättigten Fettsäuren	23
Reduktion ungesättigter Fettsäuren und ihrer Glyceride unter Einwirkung elektrischer Glimmentladungen	26
Reduktion ungesättigter Fettsäuren und ihrer Glyceride mittels Katalyse	34
Der Nickelkatalysator und dessen Verwendung	34
Die Wirkungsgrenzen der Nickelkatalysatoren	74
Der Nickeloxyd- und Nickelsalzkatalysator und deren Verwendung	75
Die Metalle der Platingruppe als Katalysatoren und ihre Verwendung	98
Reduktion ungesättigter Fettsäuren unter Einfluß von Bor und von Alkali	114
Die Verwendung technischer Gase	115
Die Eigenschaften der gehärteten Fette	116
Die wirtschaftlichen Grundlagen beim Fetthärtungsprozeß	126
Die Hydroxylierung der Fettsäuren	129
Die katalytische Oxydation von Ölen	132
Kondensationsprodukte aus ungesättigten Fettsäuren mit Aldehyden und Ketonen.	134
Synthese von Ketonen aus Fettsäuren	135
Synthese stickstoffhaltiger Fettsäurederivate	136
Chlorierung von Fettstoffen	139
Gewinnung von Fettsäuren aus Naphtha und Naphthaprodukten	140
Deutsche Reichspatente	152
Namenverzeichnis	152
Sachverzeichnis	153

Die Synthese von Fettsäureglyceriden.

Die chemischen Reaktionen, welche in der Praxis bis vor wenigen Jahren mit natürlichen Fetten vorgenommen wurden, beschränkten sich im wesentlichen auf deren Verarbeitung, ferner auf die Spaltung in Fettsäuren und Glycerin und die Verarbeitung dieser Spaltungsprodukte. Der entgegengesetzte synthetische Aufbau von Fetten aus natürlichen Fettsäuren und Glycerin besaß nur theoretisches Interesse, wurde daher nur im Laboratorium vereinzelt ausgeführt. Solange der Bedarf an natürlichen Fetten leicht befriedigt werden konnte und diese daher wohlfeil waren, nahm man mit deren Eigenschaften vorlieb, wie sie sich durch die Natur der vegetabilischen und animalischen Rohprodukte, sowie durch die mechanische Verarbeitungsweise der Pressung und Extraktion ergab. Als aber vor etwa 15 Jahren derart gewonnene Speisefette nicht mehr der Nachfrage genügten und die früher nur zur Seifenherstellung gebrauchten Cocos- und Palmkernfette, späterhin die für technische Zwecke verwendeten vegetabilischen Öle einer Veredlung zu Speisefetten und Speiseölen unterzogen wurden, erschien es wünschenswert, nicht nur die besseren Sorten dieser Fette und Öle, sondern auch solche technische Öle einer Veredlung zu unterziehen, welche bis dahin wegen zu hoher Ranzidität dem Raffinationsprozesse Schwierigkeiten bereitet hatten; weiterhin gab sich das Bestreben kund, gewisse Öle behufs Geschmacksverbesserung mit Glycerin anzureichern. Es wurde daher die Überführung stark fettsäurehaltiger Öle in neutrale Triglycerinester und auch die Umlagerung letzterer in Di- und Monoglycerinester ins Auge gefaßt. Wie sich aus dem nachfolgenden ergeben wird, blieb aber der Gedanke solcher Synthesen nicht bei vegetabilischen und animalischen Fettsäuren stehen; vielmehr zeigt die Patentliteratur, daß auch Glycerinester von aus Mineralien und Mineralfetten gewonnenen organischen Säuren Eigenschaften aufweisen, welche sie für viele Zwecke wertvoll machen, daher auch die Synthese dieser Ester Beachtung verdient.

Die Veresterung der Fettsäuren mit Glycerin zu Triglyceriden stellt eine umkehrbare Reaktion vor:

$$3\,C_n H_{2n \pm r} COOH + C_3H_5(OH)_3 \rightleftarrows C_3H_5(CO_2C_nH_{2n \pm r})_3 + 3\,H_2O.$$

Berthelot, welchem das Verdienst zukommt, zum ersten Male Triglyceride aus den Spaltungsprodukten natürlicher Fette hergestellt und damit eine der ältesten Synthesen organischer Verbindungen durchgeführt zu haben, kannte die Umkehrbarkeit dieser Reaktion noch nicht; er erhitzte die Fettsäuren mit der für das Monoglycerid berechneten Menge Glycerin im geschlossenen Rohre, stellte aus dem so gewonnenen Monoglycerid in analoger Weise das Diglycerid und aus diesem schließlich das Triglycerid her[1]. *Franz Hundeshagen* welcher zum zweiten Male die Stearinsäureglyceride gelegentlich seines Versuches einer Lecithinsynthese herstellte, erhitzte teilweise ebenfalls im geschlossenen Rohre, teilweise aber entfernte er schon das Wasser und erkannte die Vollendung der Reaktion an dessen überdestillierter Menge in bezug auf das theoretische Erfordernis[2]. Daß trotzdem die Synthese natürlicher Glyceride je nach den eingehaltenen Versuchsbedingungen nicht eindeutig verlaufen muß, konnte *Hundeshagen* daran erkennen, daß er aus Stearinsäure und einem auf 230 bis 250° C erhitzten Glycerin zu einem Diglycerinstearat $(OH)_2C_3H_5OC_3H_5OHC_{18}H_{34}O_2$ gelangte[3].

Scheij trug der Umkehrbarkeit dieser Reaktion bereits Rechnung; es gelang ihm dadurch, daß er Glycerin in einem Überschusse von Fettsäuren anwandte und durch die Reaktionsmasse einen Luftstrom leitete[4], die Reaktion durch vollständige Entfernung des Reaktionswassers zugunsten der Triglyceridbildung zu verschieben[5]. Freilich ist hierbei die Bildung von Mono- und Diglyceriden durchaus nicht ausgeschlossen, und es empfiehlt sich, will man ein reines Triglycerid erhalten, das Reaktionsprodukt wiederholt aus passenden Lösungsmitteln umzukrystallisieren. Daß sich bei Anwendung flüssiger Fettsäuren die Luft besser durch Kohlensäure ersetzen läßt, ist selbstverständlich, und so finden wir bei jedem folgenden **technischen** Bestreben, Triglyceride synthetisch herzustellen, die Prinzipien der theoretischen Erkenntnis dieser Synthese befolgt. Die Frage, welche Ausbeuten hierbei entstehen können, hat *J. Belluci*[6], der sich in letzter Zeit eingehend mit der direkten Synthese der Glyceride unter gewöhnlichem Druck beschäftigte, beantwortet; er stellte die Glyceride durch Verwendung der stöchiometrischen Mengen nach der Gleichung: 1 Mol. Glycerin + 3 Mol. Fettsäure $\rightleftarrows$ Glycerid + Wasser her. Die Reaktion beförderte er bezüglich der Bildung und des Austritts des Wassers durch Anwendung eines Vakuums. Wird das Gemenge derart auf 180 bis 260° C erwärmt, so war unter Entweichen des Wasserdampfes die Veresterung innerhalb 2 Stunden beinahe vollkommen; die Ausbeute erreichte 95 bis 98 Proz. Auch in einer analog fördernden Kohlendioxydatmosphäre verlief die Reaktion, selbst unter normalem Drucke, glatt.

Unter ähnlichen Umständen konnte *Belluci* auch eine direkte Synthese einiger höherer Cetyläther durchführen. Die Reaktion verlief unter normalem

---

[1] *Berthelot*, Les corps gras d'origine animal, Paris 1815; ferner Annales de Chim. et de phys., 3. Série XLI, 1854, S. 216.
[2] *Hundeshagen*, Journ. f. prakt. Chemie [2] **28**, 227.
[3] ibid. [2] **28**, 252.
[4] *Scheij*, Recueil des travaux chim. des Pays-Bas **18**, 169.
[5] Vgl. über den Chemismus der Glyceridsynthesen: *Ulzer* und *Klimont*, Allgemeine und physiolog. Chemie d. Fette, Berlin, Jul. Springer 1906.
[6] *Belluci*, Vortrag i. d. Sect. Rom d. socièta chim. (Vgl. Chem.-Ztg., Ref. 1911).

Druck, als durch ein Gemenge äquimolekularer Teile Stearinsäure und Cetylalkohol ein langsamer Strom von Kohlensäure geleitet wurde; sie begann bei 220° C und war in zwei Stunden beendet, nachdem die Temperatur 270° C erreicht hatte. Die Ausbeute betrug ebenfalls 95 Proz.[1].

Auf eigenartige Weise wurde die Synthese von Glyceriden durch *Emil Fischer* und dessen Schule in Angriff genommen.

Das von *Emil Fischer*[2] gefundene Acetonylglycerin wurde von *Fischer, Bergmann* und *Bärwind* benutzt, um eindeutig konstituierte Glyceride zu präparieren[3]. Werden nämlich 100 Gew.-Teile Glycerin mit 600 Vol.-Teilen Aceton, die 1 Proz. Salzsäure enthalten, und 40 Teilen gepulvertem Natriumsulfat 12 Stunden geschüttelt, so bildet sich unter dem wasserentziehenden Einflusse des schwefelsauren Natrons Acetonylglycerin, in welchem eine

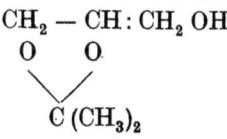

alkoholische Hydroxylgruppe für die Veresterung zur Verfügung steht. Da die Acetonglyceride durch Erwärmen mit verdünnter Salzsäure sich leicht in die Glyceride spalten lassen, ist durch dieses Verfahren die Möglichkeit gegeben, die Acylreste nach Willkür und eindeutig mit den Hydroxylgruppen des Glycerins zu verestern.

So z. B. wurde auf diese Weise die α-Glycerinphosphorsäure

$$CH_2 (OH) CH (OH) CH_2 OPO_3 H_2$$

und die Diglycerinmonophosphorsäure

$$\begin{matrix} CH_2 (OH) CH (OH) CH_2O \\ CH_2 (OH) CH (OH) CH_2O \end{matrix} \!\!\!> PO (OH)$$

hergestellt.

Emil Fischer beobachtete nun gelegentlich dieser Untersuchungen die intramolekulare Wanderung von Acylresten. Wenn nämlich die Ester in Gegenwart alkalisch reagierender Substanzen in anderen Alkoholen, als sie dem Esteralkyl entsprechen, gelöst werden, findet leicht ein Austausch der Acyle statt. Wird z. B. Glykol mit Benzoesäureäthylester in Chloroformlösung bei Gegenwart von etwas Kaliumcarbonat längere Zeit gekocht, so entstehen beide Glykolbenzoate, und diese liefern unter den gleichen Bedin-

---

[1] Über Fettsynthesen s. ferner: *Krafft*, Berichte d. Deutsch. chem. Gesellschaft 1903, S. 4339. — *Guth*, Zeitschr. f. Biol. 44, 1, 78. — *Kreis* und *Hafner*, Berichte d. Deutsch. chem. Gesellschaft 1903, S. 2766. — *Grün*, Berichte d. Deutsch. chem. Gesellschaft 1905, S. 2284. — *Grün* und *Schacht*, Berichte d. Deutsch. chem. Gesellschaft 1907, S. 1778. — *Grün* und *Theimer*, Berichte d. Deutsch. chem. Gesellschaft 1907, S. 1792, ferner die nachgelassenen Arbeiten von *Emil Fischer* und dessen Mitarbeitern, Berichte d. Deutsch. chem. Gesellschaft 1020. Vgl. auch über die Existenz isomerer Glyceride den Artikel *Grüns* in der „Öl- u Fettindustrie", Wien 1919.
[2] Berichte d. Deutsch. chem. Gesellschaft 53, 1589 (1920).
[3] Berichte d. Deutsch. chem. Gesellschaft 28, 1167; *Fischer* u. *Pfähler*, ibid. 53, 1606; 53, 1621; 53, 1634.

gungen bei Anwesenheit von Äthylalkohol Benzoesäureäthylester. Das Gesetz dieser Reaktion, welch letztere schon von *Purdie*[1] beobachtet worden war, lautet allgemein: Zwischen jeder Alkohol- und Estergruppe erfolgt schon bei verhältnismäßig niederer Temperatur ein Austausch des Säureradikals, soferne ein passender Katalysator gegenwärtig ist, und zwar so lange, bis ein Gleichgewichtszustand erreicht ist. *Grün* hat aber dargetan, daß selbst ein Katalysator entbehrlich ist, und daß dieser Austausch schon bei Überdruck, ja selbst bei längerem Erwärmen unter Normaldruck vor sich gehe[2]. Um so begreiflicher ist es, wenn *Emil Fischer* meint, daß bei den Estern mehrwertiger Alkohole Umesterungen schon bei der Schmelztemperatur, ja selbst, wenngleich langsamer, bei gewöhnlicher Temperatur stattfinden können, und daß sich auf diese Weise die Schmelzpunktanomalien, welche bei Fettsäureglyceriden nach dem Schmelzen und Erstarren sowie nach längerem Lagern beobachtet wurden, leicht erklären lassen. Nun machte aber *Grün* darauf aufmerksam, daß auch einsäurige Triglyceride, z. B. Tristearin, Trilaurin usw., doppelte Schmelzpunkte (Tristearin 55 und 71°) besitzen, sogar in verschiedenen Modifikationen vorkommen können (z. B. Trilaruin dauernd flüssig), und daß sowohl diese Erscheinungen, wie auch diejenigen der Umesterung, sich zwanglos dann erklären ließen, wenn man auf Grund der Theorie von *Hantzsch*[3] annimmt, daß alle Carbonsäureester in koordinationsisomeren Formen auftreten können. Da nach dieser Theorie die

$$RC{\overset{O}{\underset{OH}{}}} \rightleftarrows RC{\overset{O}{\underset{O}{}}}\bigg\}H$$

Pseudosäure   echte Säure

freien Carbonsäuren Gleichgewichte zwischen Pseudosäuren und echten Säuren vorstellen und die Ester nach den Pseudosäuren, die Salze nach den echten Säuren konstituiert sind,

$$RC{\overset{O}{\underset{OR_1}{}}} \qquad RC{\overset{O}{\underset{O}{}}}\bigg\}Me$$

Ester   Salze

sei es naheliegend, anzunehmen, daß ebenso wie fettsaure Salze durch Solvatbildung in die Carboxylform übergehen können, auch die Umformung des Pseudosäureesters in die Ester der echten Säuren erfolgen könne.

Immerhin bleibt es auffallend, daß die erwähnten Schmelzpunktanomalien, insbesondere die Erscheinung des doppelten Schmelzens, welche darin besteht, daß die einmal geschmolzene Substanz nach weiterer Wärmezufuhr wiederum fest wird und erst dann ein zweites Mal schmilzt, bisher nicht bei den einfachsten Estern, wie Myristinsäureäthylester, Stearinsäureäthylester usw.,

---

[1] B. 20, 1555 (1887); *Purdie* u. *Marshall*, Soc. 53, 39 (1897).
[2] *Grün*, Die Öl- u. Fettindustrie 1919; 225 u. 252. Berichte d. Deutsch. chem. Gesellschaft 54, 291 (1921).
[3] *Hantzsch*, Berichte d. Deutsch. chem. Gesellschaft 50, 1422 (1917).

sondern lediglich bei Glyceriden beobachtet wurde und daß speziell auch Glyceride anorganischer Säuren, wie z. B. das Nitroglycerin in zwei streng unterscheidbaren Modifikationen vorkommen [1].

In letzter Zeit wurden, wie bereits erwähnt, Untersuchungen über die Umesterung von Glyceriden angestellt. *Grün* verwandelte durch Erhitzen von Tristearin und Alkohol im Autoklaven während 15 Stunden auf 200° das Glycerid in Stearinsäureäthylester, ferner Tristearin und Isoamylalkohol in Stearinsäureisoamylester. Würden Fettsäurealkylester mit Glycerin im Autoklaven erhitzt, so war der Umsatz gering. Als hingegen Stearinsäureäthyl- und Amylester mit der anderthalb- bis dreifachen Menge wasserfreien Glycerins ohne Druck, aber unter Rühren, auf 270 bis 280° erhitzt wurden, bildete sich allmählich Mono-, Di- und Tristearin. Bei allen diesen Reaktionen tritt je nach Temperatur und Druck ein Gleichgewichtszustand ein, welcher sich jedoch unter geeigneten Bedingungen zugunsten des gewünschten Resultats verschieben läßt [2].

Kurt Heß und *Ernst Messmer* vollführten mehrere Synthesen, indem sie Zuckerarten mit Fettsäuren veresterten [3].

α-Pentapalmitylglykose z. B. wurde erhalten, als die Suspension von 1,8 g Glykose in 20 ccm Pyridin bei ca. $-10°$ C mit der Auflösung von 14 g Palmitinsäurechlorid in 20 ccm Chloroform versetzt wurde. Sie stellt eine fettähnliche Masse von Smp. 65—67° C vor, welche die Löslichkeit der Fettsäureglyceride besitzt, geschmacklos ist, jedoch Fehlingsche Lösung reduziert.

In analoger Weise wurden dargestellt:

α-Pentastearylglykose, Smp. 70—71° C,
α-Pentaoleylglykose (dünnflüssiges Öl),
Oktopalmitylsaccharose, Smp. 54—55° C,
Oktostearylsaccharose, Smp. 57° C,
Hendekapalmitylraffinose, Smp. 43° C,
Hendekastearylraffinose, Smp. 63° C.

Technische Umwandlung vegetabilischer oder animalischer Fettsäuren in Ester.

In der technischen Praxis ist es schwierig, mit den stöchiometrischen Mengen an Glycerin und Fettsäuren die erwünschte partielle Synthese der Fette durchzuführen. Eine solche hat aber deshalb Bedeutung, weil die gebräuchlichen Verfahren zur Erzielung neutraler Fette bei der Speisefettraffination in einer Entfernung der vorhandenen freien Fettsäuren durch alkalisch wirkende Agenzien bestehen. Davon abgesehen, daß hierbei durch

---

[1] Vgl. auch *Klimont*, Öst. Chem.-Ztg. **4**, 22 (1922); *Grün*, ibid. **6**, 37 (1922). *Klimont*, ibid. **9**, 53 (1922).
[2] *Grün*, Berichte d. Deutsch. chem. Gesellschaft **54**, 297, 1921.
[3] *Heß* und *Messmer*, Ber. D. chem. Ges. **54**, 503 (1921).

Emulsion sehr beträchtliche Mengen Neutralfett verlorengehen können, schließen unter allen Umständen die zu entfernenden fettsauren Salze größere Mengen Fett ein, welche dadurch einem Veredlungsprozesse entzogen und minderwertig werden. Es wäre daher vorteilhaft, könnte man die Neutralisation durch Umwandlung der freien Fettsäuren in deren Glycerinester erzielen, um die Neutralisation zu ersparen. Als Hindernis steht diesem Gedanken der Mangel im Wege, daß die Menge des Glycerins in einem unökonomischen Überschusse zugegen sein müßte, wollte man nach den im Laboratorium gebräuchlichen Methoden arbeiten, und daß es praktisch nicht gelingt, das überschüssige Glycerin rentabel zurückzugewinnen. —

Das *Twitchell*sche Verfahren beruht bekanntlich darauf, daß aromatische Sulfofettsäuren, einem Fette in der Menge von 1 bis 2 Proz. zugesetzt, dessen Spaltung in Fettsäuren und Glycerin bei längerem Kochen zumal mit angesäuertem Wasser bewirken. Unter den bezeichneten Reagenzien hat sich die Naphthalinstearodischwefelsäure am geeignetsten erwiesen. Der Prozeß enthält zweifellos die Merkmale eines katalytischen Verfahrens.

Auf die Voraussetzung der Reversibilität[1], nach welcher ein katalytisches Reagens, welches befähigt ist, die Zerlegung der Fette in Gegenwart von Wasser in Fettsäuren und Glycerin zu beschleunigen, auch bei Abwesenheit von Wasser, jedoch bei Anwesenheit genügender Mengen Glycerin und Fettsäuren befähigt sein könnte, diese beiden Komponenten unter Austritt von Wasser zu vereinigen, hat *Twitchell* ein Verfahren zur Synthese der Fette aufgebaut. Er zeigte, daß tatsächlich die Anwesenheit geringer Mengen von aromatischer Stearosulfonsäure genügt, die erwähnte Esterifikation selbst unter Bedingungen durchzuführen, unter welchen bei Abwesenheit eines katalytischen Reagens eine derartige synthetische Reaktion nicht vor sich geht. Werden z. B. Fettsäuren mit der theoretischen Menge Glycerin und wenigen Prozenten des *Twitchell*schen Reagens auf dem Wasserbade erhitzt, so verflüchtigt sich das durch die Reaktion entstandene Wasser und man kann nach entsprechender Zeit die vor sich gegangene Esterifikation durch Bestimmung der noch vorhandenen freien Fettsäuren analytisch nachweisen. Ist eine der beiden Reaktionskomponenten im Überschusse vorhanden, so wird die andere Komponente vollständig esterifiziert[2], so daß man Mono-oder Triglyceride eventuell nebst Diglyceriden erhalten kann.

Die technische Durchführung dieser synthetischen Methode hat *Twitchell* sich durch das französische Patent 371 689 schützen lassen[3], in dessen Beschreibung der Erfinder mitteilt, daß die unter gewöhnlichen Be-

---

[1] Über die Fähigkeit eines Katalysators, eine reversible Reaktion nach beiden Richtungen zu beschleunigen, vgl. „Katalyse und Reversibilität" in *G. Woker*, „Die Katalyse".

[2] Seifensieder-Zeitung 1908, Nr. 1 (Übersetzung aus Journ. Ann. Chem. Soc. XXIX [1907], Nr. 4, S. 566). — Die Darstellung solcher Glyceride, denen lediglich wissenschaftliche Bedeutung zukommt, wurde im vorliegenden Werke nicht berücksichtigt.

Twitchell hat darauf eine quantitative Bestimmungsmethode für Glycerin und andere Alkohole aufgebaut.

[3] Die Seifensieder-Zeitung 1907, S. 401, enthält eine Übersetzung dieses Patentes.

dingungen unvollständig vor sich gehende Veresterung beim Erhitzen von Glycerin mit Fettsäuren unter dem Einflusse von relativ geringen Mengen Sulfofettsäuren auch schon bei niedrigen Temperaturen beschleunigt wird. 100 Teile Stearinsäure mit 10 Teilen Glycerin (dem den Fetten entsprechenden ungefähren Verhältnis) und 5 Teilen Sulfofettsäuren (*Twitchell*sches Reagens) auf 100° C erwärmt, reagieren unter Abscheidung von Wasser zu Stearinsäureglycerid.

Der Mechanismus dieser Reaktion dürfte kaum auf eine zwischen dem Glycerin und der aromatischen Sulfofettsäure sich abspielende Reaktion zurückzuführen sein. Zwar haben *Fr. Krafft* und *A. Roos* gezeigt, daß sich Säureester unter Vermittlung aromatischer Sulfosäuren aus Säuren und Alkoholen gewinnen lassen[1] (so z. B. läßt sich aus Essigsäure und Äthylalkohol mittels Naphthalinsulfosäuren Essigsäureäthylester herstellen, wobei die Reaktion in folgenden Phasen verläuft:

$$C_{10}H_7SO_2OH + C_2H_5OH = C_{10}H_7SO_2OC_2H_5 + H_2O$$
$$C_{10}H_7SO_2OC_2H_5 + CH_3COOH = C_{10}H_7SO_2OH + CH_3COOC_2H_5),$$

und man könnte demnach annehmen, daß die Ester auch durch Wechselwirkung von Glycerin, Fettsäuren und Sulfosäuren entstehen[2], allein es ist fraglich, ob die Voraussetzung zu solchen Prozessen hier gegeben ist und ob nicht eine wesentliche Ursache der Reaktion in der Emulgierung der beiden Reagenzien Glycerin und Fettsäure anzunehmen ist.

Die *Vereinigten chemischen Werke* haben in gleicher Absicht ein **Verfahren zur Neutralisation saurer Fette** durch Überführung der freien Fettsäuren in Glyceride ausgearbeitet.

Um diesen Zweck zu erreichen, ist es jedoch nach der Patentbeschreibung dieser Werke notwendig, dem zu verarbeitenden Fett die theoretische bis doppelte Menge Glycerin und 2 Proz. des Fettes an einer aromatischen Sulfosäure, am besten β-Naphthalinsulfosäure, zuzufügen und hierauf im Kohlensäurestrom auf ungefähr 105° C solange zu erhitzen, bis eine befriedigende Abnahme des Säuregehaltes erzielt ist. Die erforderliche Zeitdauer kann unter Umständen bis zu 5 Stunden währen[3].

Die Neutralisation freier Fettsäuren mit Glykol ist durch das D. R. P. 315 222, erteilt an die *H. Schlinck & Cie. A.-G.* in Hamburg, geschützt worden[4]. In der Patentschrift wird die dadurch hervorgerufene Verminderung der freien Fettsäuren eines Rohöles, sowie der ganze Vorgang folgendermaßen geschildert:

---

[1] *Krafft* und *Roos*, D. R. P. 76 574 v. 18. August 1893. Zus. zum D. R. P. 69 115.
[2] Man kann nach *Krafft* und *Roos* sogar Anisol aus Phenol und Methylalkohol mittels β-Naphthalinsulfosäure gewinnen.
[3] Fr. P. 454 315, D. P. A. v. 26. Februar 1912. Vgl. auch d. Verfahren der Ölverwertung in Aken, S. 115.
[4] D. R. P. 315 222 v. 11. Juni 1916 ab.

Es werden z. B. 100 kg Olivenöl mit einem Säuregehalt von 20 Proz. mit 2,2 kg Glykol bis zum Siedepunkt des Glykols am Rückflußrohr erhitzt, wobei zur Entfernung des abgespaltenen Wassers ein schwacher Strom eines indifferenten Gases durch das Reaktionsgut geleitet wird. Auch durch die Anwendung eines Vakuums kann die Entfernung des Wassers begünstigt werden. Nach einigen Stunden Einwirkungsdauer ist das Fett neutral oder annähernd neutral. Daß die Reaktionsgeschwindigkeit bei Veresterung mit Glykol größer ist als diejenige bei Anwendung von Glycerin wird durch folgende Beispiele dargetan:

Je 200 g des gleichen Trans mit einem Gehalt von 12,7 Proz. freier Fettsäure wurden mit den theoretisch erforderlichen Mengen von Glycerin bzw. Glykol versetzt. Die beiden Proben wurden in ein und demselben Ölbad unter Durchleiten eines schwachen, in beiden Fällen gleichstarken Kohlensäurestromes (etwa 30 l in der Stunde) auf 240° erhitzt. Hierauf wurde der Gehalt an freien Fettsäuren bestimmt.

	Glycerinprobe	Glykolprobe
Nach 1 Stunde . .	8,2 Proz.	6,8 Proz.
Nach 2 Stunden .	6,0 „	4,6 „

Es wurden mithin bei der Glycerinprobe 52,7 Proz. der Fettsäuren verestert, während in der gleichen Zeit unter sonst gleichen Bedingungen bei der Glykolprobe fast 64 Proz. der Säuren verestert worden sind.

1915 hat die Firma *Georg Schicht A. G.* in Außig die Erzeugung von Fettsäureestern und Glycerin durch Umestern neutraler Fette und Veresterung saurer Produkte betriebsmäßig vorgenommen. Die Ester wurden raffiniert und waren zu Genußzwecken tauglich[1].

Während des Krieges wurden in Deutschland Fettsäureglykol- und Äthylester hergestellt. Die *Bremen-Besigheimer Ölfabriken* fabrizierten in den Jahren 1917 bis 1918 monatlich 70 bis 80 t Esteröl, welches der Margarine im Kernansatz in einer Menge von 2 bis 10 Proz. zugesetzt wurde. Insgesammt wurden von Mai 1917 bis Oktober 1918 1268 t Esteröl hergestellt. *H. Heinrich Franck* untersuchte die Ausnutzung solcher synthetischer Ester und gelangte zum Ergebnisse, daß diese Produkte, wenn sie einen gewissen Prozentsatz des Nahrungsfettes nicht überschreiten (50 Proz. des Gesamtfettes), bis zu 90 Proz. ausgenützt werden können, daß sie somit als Streckungsmittel der natürlichen Fette benützt werden können[2].

Für die Versuche zur Darstellung der Glykolester hatte der Kriegsausschuß einen Posten verdorbener Margarine zur Verfügung gestellt; dieselbe wurde ausgeschmolzen, filtriert und verseift. Die im Wasserstoffstrom destillierten Fettsäuren wurden mit Glykol verestert, raffiniert und ergaben ein hellgelbes,

---

[1] Berichte d. Deutsch. chem. Gesellschaft 1921, S. 294.
[2] *H. H. Franck*, Vortr. 86. Deutsche Naturforscherversamml. in Nauheim. Chem. Ztg. 1920, S. 743; Münch. mediz. Wochenschr. **64**, 9; **65**, 1216 und dessen Habilitationsschrift „Die Verwertung von synthetischen Fettsäureestern", (*Friedr. Vieweg & Sohn*) 1921, deren Korrekturbogen der Autor in dankenswerter Weise zur Verfügung stellte.

gut ölartig riechendes Produkt vom Schmelzp. 39 bis 42°. Die Konstanten waren die folgenden:

Säurezahl	1,2
Verseifungszahl	186,2
Jodzahl	53,8

Franck[1] beschäftigte sich auch mit den Bedingungen, unter welchen Fettsäureglykolester fabrikmäßig hergestellt werden können. Das Erhitzen der Äthylenhalogenide mit den Alkalisalzen der Fettsäuren oder das Kochen des Äthylenglykols mit den Säureanhydriden ist nur für niedere Fettsäuren anwendbar. Gegen die Anwendung konzentrierter Schwefelsäure für die Veresterung mit Glykol sprach die Angreifbarkeit desselben und die zu befürchtende Zersetzung zu Äthylenoxyd. Dennoch zeigte es sich, daß unter Einhaltung gewisser Vorsichtsmaßnahmen Fettsäuren mit Glykol durch konzentrierte Schwefelsäure verestert werden können.

280 g Ölsäure wurden mit 60 g Äthylenglykol und 15 g konzentrierter Schwefelsäure auf dem Dampfbade unter intensivem Rühren mit einem Wittschen Rührer während dreier Stunden erhitzt. Das Reaktionsprodukt wurde mit warmem Wasser zweimal gewaschen und mit $CaCO_3$ geschüttelt. Nach der Filtration ergab sich ein Säuregehalt von 1,15 Proz.

Stearinsäure, ebenso behandelt, nur mit 25 g konzentrierter Schwefelsäure verestert, zeigte nach vierstündiger Reaktion einen Säuregehalt von 0,8 Proz. — Gleich gut lassen sich die Gemische natürlicher Fettsäuren verestern.

Ferner wurden 100 g Talgfettsäure mit 20 g Glykol und 3 g Naphthalinsulfosäure im Vakuumkolben, durch den ein getrockneter Kohlensäurestrom strich, auf dem Wasserbade erhitzt. Nach 4 Stunden zeigte der Glykolester noch 7,8 Proz. freie Säure.

Die Glykolester höherer Fettsäuren stellen ziemlich dickflüssige Öle bzw. harte Fette vom gleichen Geruch wie die Glycerinester der gleichen Fettsäuren dar. So ist z. B. Leinölglykolester von Leinöl dem Geruch nach nicht zu unterscheiden. Während aber Leinöl bei Zimmertemperatur flüssig ist, scheidet Leinölglykolester einen festen Bodensatz aus. Die Schmelzpunkte der Glykolester betragen für:

	Glycerinester	Glykolester
Stearinsäure	71,5°	76°
Arachinsäure	86°	82°

Weitere Daten gibt die folgende Zusammenstellung:

	Leinöl	Leinöl-glykolester	Leinöl-äthylester
Verseifungszahl	192,9	191,8	192,4
Säurezahl	1,3	1,2	1,2
Spez. Gew./25°	0,8968	0,8730	0,8540
Calorien für 1 g	9,422	9,112	9,592[1]

---

[1] *Franck*, l. c.

Zur Darstellung der Äthylester wurden technische Talgfettsäuren in der vierfachen Menge absoluten Alkohols, der 3 Proz. gasförmige Salzsäure enthielt, am Rückflußkühler 5 Stunden erhitzt. Danach wurden der größere Teil des Alkohols abgedampft, das rückständige Alkohol-Estergemisch in kaltes Wasser gegossen und die wässerige Lösung abgelassen. Nachdem die Ester mineralsäurefrei waren, wurden sie in einer Lösung von niedrig siedendem Petroläther durch Waschen mit einer in bezug auf Alkohol 50 proz. berechneten 2n alkoholischen Kalilauge neutralisiert und im Vakuum destilliert. Die Talgester hatten folgende Konstanten:

    Verseifungszahl . . . . 198,3 | Jodzahl 43,4
    Säurezahl . . . . . .   0,9 | Smp. . . . . 20°

Die destillierten Talgester waren hellgelb, von schwach aromatischem, etwas brenzlichem Geruch und bei Zimmertemperatur flüssig.

Zur Fabrikation der Ester im großen wurde ursprünglich konzentrierte Salzsäure angewandt, die in vergleichsweise geringen Mengen gute Ausbeuten gab. Da aber die Veresterungskessel in den Fabriken nicht dicht gegen ihre Dämpfe waren, diese auch das Material sehr angriffen, mußte schon aus diesem Grunde davon abgesehen werden. Die aromatische Sulfosäure schied nicht nur wegen ihres relativ hohen Preises aus, sondern auch deshalb, weil die erhaltenen Produkte sehr dunkel waren und sich schlecht raffinieren ließen. Daher wurde mit konzentrierter Schwefelsäure gearbeitet, welcher bei einigen Versuchen noch Natriumsulfat zugegeben wurde.

Als Alkoholqualität kam 92- bis 94 proz. vergällter Sprit zur Verwendung, welcher später unvergällt geliefert wurde. Veresterungsversuche mit „Protolsprit" der Firma *Brüggemann* in Heilbronn ergaben ebenfalls ein brauchbares Produkt. Die im Protolsprit vorhandenen Acetaldehydbeimengungen waren im raffinierten Speiseester nicht mehr bemerklich.

Den technischen Prozeß schildert *Franck* folgendermaßen: Die technischen Rohfettsäuren werden in das erwärmte Veresterungsgefäß gebracht. Nun werden unter Rühren Alkohol und Säuren zugefügt, der Apparat geschlossen und auf 70 bis 80° C erwärmt. Von Zeit zu Zeit werden Proben auf freien Fettsäuregehalt titriert. Beträgt derselbe 7 bis 9 Proz., so wird der Prozeß abgestellt. — Der Inhalt des Kessels setzt sich in zwei Schichten ab, und man kann nun auf zwei Arten verfahren: Entweder man stellt den Kühler um und destilliert möglichst weitgehend den Alkohol ab, gibt danach Wasser oder Salzlösung zum Auswaschen des Rohesters zu und zieht nach Absitzen die beiden Schichten getrennt ab, worauf der Rohester zur Raffination kommt, oder man trennt erst beide Schichten und destilliert das Abwasser, das aus Alkohol, Wasser, Schwefelsäure, Schmutz und Spuren von Fett besteht, für sich. Eventuell kann man das erste Waschwasser des Rohesters noch dazugeben.

Die Äthylester waren schwer zu raffinieren, da schon das Rohmaterial sehr verunreinigte Abfallfettsäuren vorstellte; dazu kam ihr niedriges spezifisches Gewicht, welches sie flüssiger, weniger viskos oder „ölig" als die natürlichen Fette machte; sie hielten also Niederschläge von Seifen u. dgl. lange in Schwebe und setzten sich in Emulsionen schwerer ab. Schließlich enthielten die Rohester im Durchschnitt 4 bis 5, selbst 7 Proz. freie Säure, so daß der bei der Laugenraffination sich ablagernde Seifensatz 10 bis 17 Proz. der Rohester ausmachte. Daraus und aus der Verunreinigung des Ausgangsmaterials erklärt sich auch die niedrige, in der Praxis erhaltene Ausbeute von etwa 98 Proz. gegen die von der Theorie geforderte von 110 Proz.

Da die Veresterung mit Schwefelsäure wie ein Abkochen der Öle mit Säure wirkt, so setzte sich immer nach der Veresterung an der Grenze der beiden Schichten ein mehr oder minder beträchtlicher Satz der verkohlten Verunreinigungen von flockiger, meist schleimiger Beschaffenheit ab, und in manchen Fällen war es nötig, nach der Laugenraffination noch einmal mit 10 Proz. verdünnterer Säure vom spez. Gew. 1,5 oder über Alaunlösung abzukochen.

Die vom Säuretrieb abgezogenen Rohester wurden gewaschen und dann mit Lauge raffiniert. Da die Äthylester Neigung besitzen, Seife zu lösen, kommt es bei der Laugenraffination darauf an, die Alkaliseifen in flockiger Form niederzuschlagen. Dies läßt sich durch konzentrierte Laugen von mindestens 12° Bé erreichen, woferne für feine Verteilung Sorge getragen wird. Da bei niedriger Säurezahl die Menge an konzentrierter Lauge nicht für eine hinreichende Verteilung im Ester ausreicht, wurde durch Kochsalzzusatz eine verdünntere Lauge auf die gewünschte Konzentration gebracht und derart eine flockige Ausscheidung der Seife bewirkt.

Die aus der Laugenraffination kommenden Ester hatten eine grünliche, rotgelbe Farbe. Als sie mit Rongalit gebleicht wurden, dunkelten sie nach; daher wurden sie mit Frankonit oder mit Tonsil derart gebleicht, daß sie z. B. bei einem Säuregehalt über 0,5 Proz. mit 1 bis 2 Proz. „Tonsil X 15" etwa 1 Stunde bei 95 bis 100° C behandelt, erforderlichenfalls noch mit „Tonsil AC III" unter Rühren nachbehandelt wurden. Nachher wurden sie noch mit 10 proz. Kochsalz- oder Alaunlösung gekocht und rasch gekühlt, um den Nachgeschmack zu entfernen.

Die durch den Krieg bedingten Schwierigkeiten verhinderten es, die Ester in vacuo zu destillieren, um diejenigen Fraktionen, die einen charakteristischen, unangenehmen Geruch hatten, getrennt aufzufangen. Daher erwies es sich als notwendig, die Ester zu desodorisieren.

Die Ester der niedrigen Fettsäuren beeinträchtigen nämlich durch ihren aromatischen, teils obst-, teils cognacähnlichen Geruch den Geschmack und erzeugen auf die Dauer eine Abneigung gegen den Genuß des Esteröls, weshalb dieses von ihnen befreit werden muß.

In großen, mit Vakuum und Einrichtungen für überhitzten sowie indirekten Dampf versehenen Destillierblasen wurden die Ester im Vakuum bei einer Temperatur zwischen 100 und 140° gedämpft. Um die Spaltbarkeit herabzusetzen, wurde ein wenig Calciumcarbonat zugesetzt. Dadurch wurden sämtliche Geruchsträger abgetrieben, so daß gut gedämpftes Esteröl völlig geruchsfrei war. Die überdestillierenden Verunreinigungen betrugen etwa 2 Proz., die als technisches Öl wieder Verwendung fanden.

Vorzeitiges Abziehen des noch heißen Esteröles aus den Apparaten wurde vermieden, da dieses für den oxydierenden Einfluß der Luft ziemlich empfindlich ist. Um Härtungsversuche mit Äthylestern aus Tranfettsäuren vorzunehmen, wurde von *Franck* ein für Reduktionen gasförmiger Stoffe sehr wirksamer Katalysator durch vorsichtiges Reduzieren von Nickelformiat im elektrischen Horizontalröhrenofen bei etwa 210° hergestellt. Der so erhaltene Katalysator ist derart luftempfindlich und pyrophor, daß bei Abstellen des Wasserstoffstromes und dem somit erfolgenden Eindringen von Luft der ganze Rohrinhalt im Augenblick unter Aufglühen sich oxydiert. Schaltet man aber nach beendeter Reduktion vor dem Ofen einen Dampfentwickler ein und treibt nach Heruntergehen der Ofentemperatur auf etwa 95 bis 98° den Wasserstoffstrom durch den Dampfentwickler, so wird die ganze Katalysatorschicht im Rohr mit Wasserdampftröpfchen umhüllt. Es wird so lange Dampf durchgeleitet, bis sich im Abgas Wasser kondensiert, worauf man im Wasserstoffstrom erkalten läßt. Ein solcher Katalysator stellt eine feuchte, schwarze Masse dar und ist in gut geschlossenen Gläsern monatelang haltbar. 200 g Tranester, die durch alkoholytische Veresterung eines Waltrans hergestellt waren, wurden mit 2 Proz. dieser Katalysatormasse versetzt und im Wasserstoffstrom bei 180° bis zu einer Jodzahl von 45,2 gehärtet. Das Produkt war bei Zimmertemperatur flüssig und nach dem Raffinieren und Dämpfen von gutem Geruch und Geschmack.

Bei der Fabrikation von Margarine band das Esteröl infolge seiner Dünnflüssigkeit die Feuchtigkeit nicht so gut wie die anderen Öle, so daß als Hartfett die (Feuchtigkeit gut bindenden) gehärteten Öle und Trane mitverarbeitet werden mußten.

Franck studierte auch die Verseifungsgeschwindigkeiten von natürlichem Leinölglycerid und den synthetischen Äthyl- und Glykolleinölestern[1].

Je 5 g dieser Ester wurden in Benzin gelöst, mit je 50 ccm der gleichen Lauge versetzt und mit Benzin zu 100 ccm aufgefüllt. Die Versuchskolben wurden in Eiswasser bei 4°C gehalten. Nach gleichen Zeiten wurden je 10 ccm titriert. Aus den relativen Verseifungszahlen wurden die Prozente der totalen Verseifung berechnet:

Zeit	Leinöl Proz.	Äthylester Proz.	Glykolester Proz.
15 Stunden	16,8	7,3	12,8
30 „	20,0	16,8	15,9
45 „	31,4	17,7	27,0
75 „	31,2	18,0	27,5
115 „	19,9	19,2	22,0
145 „	21,4	21,4	23,9
205 „	27,0	25,3	27,9
265 „	29,3	29,8	31,1
325 „	35,4	34,2	33,8
445 „	36,6	36,5	39,0

[1] *Franck*, Die Verwertung von synthetischen Fettsäureestern; vgl. auch *Klimont*, Zeitschr. f. angew. Chemie 1901, S. 1269, und die entsprechenden Darstellungen in *Ulzer-Klimont*, Allgemeine und physiologische Fettchemie. (Berlin.)

Die Prozentzahlen der Verseifung und der Zeit, in ein Koordinatensystem eingetragen, stellen den Verlauf der Verseifungsgeschwindigkeit in folgender Kurve vor:

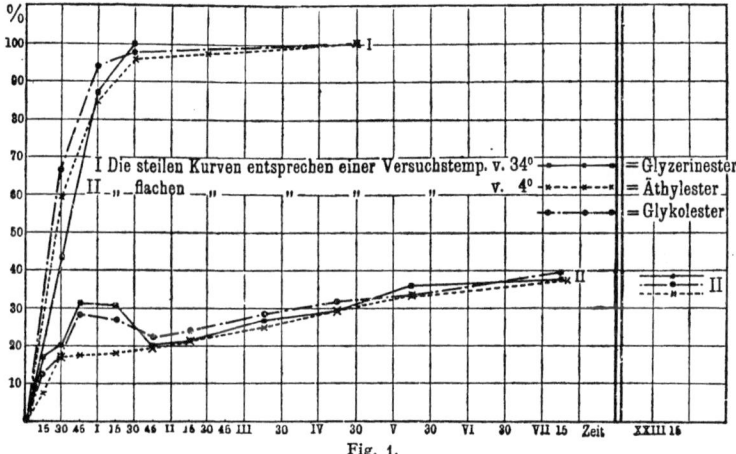

Fig. 1.

Es ergibt sich, daß nach 23 Stunden das Leinöl am weitesten verseift ist und dann Glykol- und Äthylester folgen.

Die Kurve der Reaktionsgeschwindigkeit zeigt nach anfänglichem Anstieg ein deutliches Minimum, das nach etwa 90 Minuten bei den angegebenen Bedingungen seinen tiefsten Stand erreicht. Die Ursache liegt nach *Franck*[1] in folgendem:

Die Untersuchungen von *Henriques*[2] ergaben, daß die Verseifung der Glycerinester mit alkoholischer Lauge über die Äthylester geht.

$$C_3H_5O_3(R)_3 + 3 C_2H_5ONa + 3 H_2O$$
$$\longrightarrow C_3H_5(OH)_3 + 3 C_2H_5O \cdot R + 3 NaOH$$
$$\longrightarrow 3 C_2H_5(OH) + C_3H_5(OH)_3 + 3 R \cdot Na,$$

wobei R einen Acylrest bedeutet. Die vorübergehend entstehenden Äthylester lassen sich mit Petroläther extrahieren. Glycerin- und Glykolester verhalten sich hier analog. Durch die alkoholische Lauge werden zunächst Fettsäuren frei gemacht, die nach Erreichung eines gewissen Maximums an Seifenkonzentration durch eine synthetische, antihydrolytische Reaktionsbewegung zu einer Synthese der Äthylester verwendet werden, was zur Abnahme der an Na gebundenen Fettsäuren führt. Erst allmählich beginnt dann die Verseifung der Äthylester, welche im oben angegebenen Sinne in einer gewissen Parallelbewegung zur Verseifung der ursprünglichen Äthylester verläuft.

---

[1] Näheres hierüber und über die experimentellen Einzelheiten in der zitierten Habilitationsschrift.
[2] Zeitschr. f. angew. Chemie 1898, S. 697.

Um den Zusammenhang von Resorptionsgröße und Verseifungsgeschwindigkeit zu ermitteln, wurden von *Franck* noch Versuche mit enzymatischer Spaltung durch Lipase gemacht, und zwar wurde das „Steapsin Grübler", das stark fettspaltendes Vermögen haben soll, verwendet [1].

Sie ergaben ein ähnliches Resultat wie die Ermittlung der vergleichenden Verseifungsgeschwindigkeit und in Übereinstimmung mit dem Ausnutzungsversuch die Reihe

Glycerin | Äthyl | Glykolester [2].

Über die Bedeutung dieser synthetischen Fette äußert sich *Franck* in nachfolgender Weise [2]:

„Die Frage der Glykolester hat während des Krieges nie wirtschaftliche Bedeutung annehmen können, da das nötige Glykol, das die *Th. Goldschmidt-A.-G.* aus Kohle liefern sollte, nie zur Verfügung stand. Es aber aus Alkohol zu machen, wäre trotz der Vorteile der Glykolester in physikalischer, geschmacklicher und geruchlicher Beziehung unrentabel gewesen. In physiologischer und technischer Beziehung wurden sie aber dennoch in den Kreis der Bearbeitung gezogen, namentlich als sich gewisse Mängel der Äthylester auf die Dauer stärker bemerkbar machten. Diese „schlagen" nämlich nach der Raffination kurze Zeit „um", d. h. ihr charakteristischer Geschmack und Geruch kommt bei längerem Lagern, namentlich nach schlechter Raffination und Verarbeitung, wieder hervor. Gut arbeitende Margarinefabriken haben tadellose Produkte herausgebracht, auch noch, als die Qualität der anderen Rohstoffe sank. Als aber eine größere Zahl von Fabriken das „Esteröl" verarbeitete und dasselbe manchmal bis zur Verarbeitung länger lagern ließ, wurden häufiger Klagen laut. Die Margarinefabrikanten beanstandeten das Esteröl, das zum überwiegenden Teil aus Rübölfettsäureestern bestand, mit dem Bemerken, daß sich aus ihm keine wohlschmeckende Margarine herstellen lasse. Da manche Ergebnisse dagegen sprachen, wurde schon im Jahre 1917 beschlossen, unter strengster Beaufsichtigung durch die Margarinekommission des Kriegsausschusses in einigen Margarinefabriken Probekirnen herzustellen mit je 10 Proz. und 20 Proz. Esteröl und diese auf Haltbarkeit und Geschmack zu prüfen. Als Material wurden überall die gleichen Rohstoffe genommen..."

„... Die Zusammenfassung der Probenkontrolle beider Versuchsreihen ergibt folgendes Resultat:

brauchbar	36 Proben
eben noch genießbar	26 „
nicht mehr konsumfähig	48 „
	110 Proben

Die Bezeichnung „gut" ist mit der Einschränkung zu verstehen, daß aus den verwendeten Probematerialien überhaupt ein einwandfreies Produkt im

---

[1] Vgl. *Wohlgemuth*, Grundriß der Fermentmethoden, S. 118.
[2] *Franck*, l. c.

Sinne der normalen Beurteilung nicht zu erzeugen ist. Bei allen Proben machte sich der eigentümliche Geschmack des Esteröls bemerkbar, auch beim Ausschmelzen der Margarine und in den damit zubereiteten Speisen (geröstete Kartoffeln, Gemüse, Tunken) war er unverkennbar, häufig auch verstärkt unangenehm vorhanden.

Demnach gelang es trotz aller bei der Herstellung und Aufbewahrung angewandten Sorgfalt nicht, den unerwünschten Geschmack und Geruch des Esteröls zu beseitigen. Bezüglich der Haltbarkeit waren Beanstandungen gegenüber gewöhnlichen Proben nicht zu erheben, im Gegenteil fiel auf, daß auch die älteren, bei höheren Temperaturen aufbewahrten Proben nur ganz vereinzelt ranzig schmeckten.

Diese Ergebnisse und vor allem die Notwendigkeit, im Sommer 1918 den Rest der Fettsäuren für militärische Leder- und Tuchfabrikation heranzuziehen, machte der Esterfabrikation im Oktober ein Ende. Nach dem politischen Umsturz ist sie nicht wieder aufgenommen worden."

Nach der Patentschrift des D. R. P. 317 717 besitzen die Alkylester genuiner Fettsäuren den Nachteil großer Dünnflüssigkeit, der sich bei vielen Verwendungszwecken sehr unangenehm bemerkbar oder die Verwendung überhaupt unmöglich macht, z. B. bei der Herstellung von Lederölen, Schmierölen, Ölen für die Herstellung von Farbbändern und Kohlepapieren, Salben, Brillantine, Bohrölen usw [1].

Dieser Mangel läßt sich dadurch beheben, daß man solche Fettsäureester durch Erhitzen auf höhere Temperatur polymerisiert oder durch Behandeln mit Ozon oder Luft im ultravioletten Licht verdickt. Diese Ester trocknen nicht wie Firnis ein. Der Grad der Dickflüssigkeit läßt sich durch Einhalten bestimmter Temperaturen und Zeiten variieren. Statt die fertigen Ester zu verdicken, kann man auch, von Fettsäuren ausgehend, diese zuerst verdicken und nachher verestern.

So z. B. wird Leinölfettsäureäthylester 4 bis 5 Stunden lang bei Luftabschluß auf 300° erhitzt. Die Jodzahl sinkt auf etwa 100 und man erhält ein Produkt, welches bezüglich seiner Viscosität zwischen Oliven- und Ricinusöl steht.

Oder es werden Tranfettsäureäthylester bei 80 bis 90° in Uviollicht mehrere Stunden mit Luft oder Sauerstoff behandelt, bis die gewünschte Konsistenz erreicht ist.

Wird Leinölfettsäure so lange auf eine Temperatur von 250 bis 300° erhitzt, bis die Jodzahl ungefähr 90 bis 100 beträgt, so kann die so erhaltene verdickte Fettsäure durch mehrstündiges Erhitzen mit einem Alkohol unter Zusatz katalytisch oder wasseranziehend wirkender Stoffe verestert werden.

Dazu muß bemerkt werden, daß diese Art Polymerisation nur bei den mehrfach ungesättigten Fettsäuren gelingt [2].

Einen möglicherweise auch für die Technik noch praktikablen Weg bedeuten die in den letzten Jahren vorgenommenen Versuche einer Synthese von Fetten durch Enzymwirkung. *Dunlop* und *Gilbert* haben den Grundsatz

---

[1] D. R. P. 317 717 erteilt an die Byk-Guldenwerke, Chem. Fabr. A.-G. in Berlin v. 18. Mai 1918 ab.

[2] Vgl. hierzu *Ulzer-Klimont*, Allgem. u. physiolog. Chemie d. Fette, Berlin, woselbst der sich hierbei abspielende Vorgang geschildert ist.

von der Reversibilität der Enzymwirkung zu Versuchen benutzt, um aus Glycerin und Ölsäure mittels Ricinussamens neutrale Ölsäureglyceride herzustellen[1]. 5 Teile entölte Ricinussamen, 5 Teile Hanfkörner, 25,5 Teile Glycerin und 16,7 Teile Ölsäure wurden von ihnen mit Wasser in einem Mörser emulgiert, wobei der Hanfsamen nur als Mittel zur Emulsionsbildung diente; die Mischung wurde 11 Tage sich selbst überlassen, während eine regelmäßig vorgenommene Filtration den Fortschritt der Reaktion kontrollierte; sie ergab schließlich eine Veresterung von 26 Proz. der Ölsäure. Jedenfalls kann daraus auf die synthetisierende Wirkung des Ricinusenzyms so viel geschlossen werden, daß eine Verbesserung der Ausbeute durch geeignete Vorkehrungen nicht ausgeschlossen ist[2].

Technische Umwandlung natürlicher Triglyceride in Mono- und Diglyceride.

Die Möglichkeit, ein natürliches Fett mit Glycerin anzureichern, ist aber keineswegs mit der Überführung der freien Fettsäuren in Triglyceridester erschöpft. Die Anreicherung kann auch durch Umwandlung der Triglyceride in Mono- und Diglyceride bewirkt werden.

$$C_3H_5(RCO_2)_3 \rightarrow C_3H_5OH(RCO_2)_2 \rightarrow C_3H_5(OH)_2RCO_2$$
Triglycerid Diglycerid Monoglycerid

Es ist ohne weiteres klar, daß in den Di- und Monoglyceriden der prozentuelle Gehalt an Glycerin größer ist als in den Triglyceriden; davon abgesehen muß auch der absolute Gehalt an Glycerin größer werden, weil die Fettsäureester im Endprodukte in einer größeren Zahl von Molekeln gruppiert erscheinen. Demnach muß für die aus den Triglyceriden abgespaltenen Fettsäureester mindestens deren äquivalente Menge Glycerin zum Ausgangsprodukte hinzugefügt werden, soll der eingangs erwähnte Zweck erreicht werden. Legt man der Reaktion die Gleichung der direkten Umsetzung von Triglyceriden zu Mono- und Diglyceriden zugrunde

$$C_3H_5(RCO_2)_3 + C_3H_5(OH)_3 \rightarrow C_3H_5(OH)_2RCO_2 + C_3H_5(OH)(RCO_2)_2,$$

so könnte es auf den ersten Blick scheinen, als ob die Reaktion auch umkehrbar wäre. Nach den experimentellen Erfahrungen trifft dies nicht zu *Belluci* hat gezeigt, daß bei genügendem Vorrat an Glycerin vorwiegend Monoglyceride im Endprodukt erscheinen[3].

Als er äquimolekulare Gewichtsmengen von Palmitin-, Stearin-, Ölsäure und Glycerin unter einem Druck von 30 bis 40 mm auf 215 bis 220° C erhitzte und von Zeit zu Zeit die Reaktionsprodukte durch geeignete Titration

---

[1] *Dunlop* und *Gilbert*, siehe Refer. d. Zeitschr. f. angew. Chemie 1912, S. 1787.

[2] Über die Herstellung von Estern der aus Mineralölen gewonnenen synthetischen Fettsäuren vgl. das Kapitel „Gewinnung von Fettsäuren aus Naphtha und Naphthaprodukten".

[3] *Belluci*, Gaz. chim. ital. 1912, S. 283, auch Chem. Centralbl. 1913.

prüfte, zeigte es sich, daß zwar die Esterifikationsgeschwindigkeit der einzelnen Säuren verschieden ist, sich aber in allen Fällen im Endprodukt und stets im Überschusse Monoglyceride bildeten. Obgleich nach *Belluci* erst Gemische von Mono-, Di- und Triglyceriden entstehen, wird durch die nachträgliche Wirkung von Glycerin auf die gebildeten Di- und Triglyceride das Monoglycerid vorherrschend. *Krauß*[1] hat ebenfalls gezeigt, daß die Glyceridsynthese durch Enzymwirkung analog verlaufe.

In paralleler Weise führen die *Naamlooze Vennootschap „Ant. Jurgen's Vereenigte Fabricken"* in dem D. R. P. 277 641 v. 26. Mai 1914 aus, daß beim Erhitzen von Glycerin mit Fettsäuren nicht nur die entsprechenden Triglycerinester, sondern daß auch, je nach dem Verhältnis von Glycerin und Fettsäuren, Mono-, Di- oder Triglyceride bzw. Gemische dieser Verbindungen entstehen. Desgleichen können durch Erhitzen von Triglyceriden mit Glycerin Di- oder Monoglyceride sich bilden. Allein die Umwandlung der Triglyceride in die ein- und zweisäurigen Glycerinester geht selbst dann nur langsam vor sich, wenn das Reaktionsgemisch auf 200° erhitzt und bei dieser Temperatur erhalten wird. Um nun die Veresterung zu beschleunigen, setzen die Erfinder des zit. Patents während des Erhitzens auf 200 bis 250° C zerkleinerte feste, katalytisch wirkende Substanzen dem Reaktionsgemische zu, insbesondere Metalloxyde, wie Thorerde, Titanoxyd, Tonerde. Ist der Prozeß vollendet, so kann der Überschuß an Glycerin durch Auswaschen entfernt werden. Die zugesetzten katalytischen Substanzen, sowie die glycerinhaltige Flüssigkeit können durch Schleudern oder Abhebern und Filtrieren von den Glyceriden getrennt werden. Wenn z. B. 100 Teile Baumwollensaatöl mit 10 Teilen Glycerin und 3 Teilen Tonerde in einem mit Rührwerk versehenen emaillierten Behälter eine Stunde lang auf etwa 250° erhitzt werden, während zur Vermeidung der Oxydation ein langsamer Strom Wasserstoffgas hindurchgeht und nach 3 Stunden das überschüssige Glycerin durch Waschen mit Wasser entfernt wird, so kann eine Zunahme des Glyceringehaltes um 3,45 Proz., entsprechend einem Gehalt an Diglyceriden um 66 Proz., festgestellt werden. Eine ähnliche Wirkung wie durch die genannten Oxyde wird auch durch Kieselgur hervorgerufen. Der Wert des Verfahrens besteht darin, daß z. B. Lebertran, Ricinusöl usw. durch die Anreicherung mit Glycerin eine Geschmacksverbesserung erfahren.

Technische Herstellung von Estern der Montansäure und Adipinsäure.

Die technische Gewinnung von Glyceriden wurde nicht nur für die in vegetabilischen, eventuell in animalischen Fetten vorkommenden Fettsäuren, sondern auch für die aus Braunkohlen gewinnbare Montansäure $C_{28}H_{57}COOH$ erstrebt, weil deren Ester hoch schmelzend sind und als Ersatz für Carnaubawachs dienen können[2]. Wie nämlich die *Ernst Schliemanns Export-Ceresin-*

---

[1] *Krauß*, Journ. Soc. chem. Ind. 1911, S. 633.
[2] Technische Gewinnung der Montansäure: Wenn grubenfeuchte, mit 50 Proz. Wasser geförderte Braunkohle in Schweelretorten destilliert wird, so resultieren 7 bis

Fabrik gefunden hat (D. R. P. 244 786 v. 5. Oktober 1911), bildet Montansäure beim Erhitzen mit Glycerin selbst bei Anwesenheit wasserentziehender Mittel in glatter Weise, also lediglich durch Erhitzen mit Glycerin, einen **Glycerindimontansäureester**, indem 2 Mol. Montansäure mit 1 Mol. Glycerin reagieren. Obzwar die Reaktion auch bei gewöhnlichem Atmosphärendruck vor sich geht, wenn man für Entfernung des Reaktionswassers, z. B. durch Absaugen oder Gasdurchleitung, sorgt, ist es vorteilhaft, im Autoklaven zu arbeiten, weil sich das Wachs nicht so leicht gelb färbt, wie beim Arbeiten in offenen Gefäßen, zumal die Esterbildung durch Einhaltung hoher

---

10 Proz. an Braunkohlenteer, welcher durch wiederholte Destillation in verschiedene Fraktionen, hauptsächlich aus flüssigen und festen Kohlenwasserstoffen (Mineralölen und Paraffin) bestehend, zerlegt werden kann. Behandelt man diese Fraktionen mit konzentrierter Schwefelsäure und Natronlauge, so kann aus den höchstsiedenden Anteilen Paraffin in einer Menge von 15 Proz. vom Braunkohlenteer herauskrystallisiert werden. Das derart gewonnene Paraffin muß behufs weiterer Reinigung ähnlich dem Prozesse in Mineralölfabriken wiederholt mit Benzin gepreßt und mit Entfärbungspulver behandelt werden. Die restierenden 85 Proz. verteilen sich auf Mineralöle (70 Proz.), Phenole und Pyridinderivate (5 Proz.) und Retortenkohle nebst Abgasen (D. R. P. 101 373).

Um die festen Anteile in größerer Menge gewinnen zu können, hat *v. Boyen* ein Verfahren zur Herstellung von Montanwachs ausgearbeitet, nach welchem aus der Schweelkohle Montanwachs in größerer Ausbeute geliefert wird, und zwar derart, daß die 7 bis 10 Proz. gewonnenen Bitumens 50 Proz. ihres Gewichts an Montanwachs liefern, während Mineralöl nur als Nebenprodukt erscheint, Retortenkohle 10 Proz. und Abgase 40 Proz. vom Bitumen betragen.

Das Bitumen kann aus den Braunkohlen (Schweelkohlen) nach diesem Verfahren auf zweierlei Art gewonnen werden. Entweder wird die Kohle in Schweelzylindern mit überhitztem Wasserdampf von 250° C bis zur Verkokung behandelt oder die getrocknete Braunkohle wird mit Benzin extrahiert. Im ersten Falle entsteht ein Produkt mit Schmelzp. 70° C, im zweiten Falle ein solches mit Schmelzp. 80° C. Beide Bitumina unterscheiden sich vom gewöhnlichen Braunkohlenteer, der höchstens bei 35° C schmilzt, noch durch die leichte Verseifbarkeit durch Alkalien. Durch weitere Behandlung mit überhitztem Wasserdampf von 250° C und nachfolgende mehrfache Dampfdestillation erhält man aus diesen Bitumina die sog. Montanwachs, eine wachsgelbe Masse, welche durch Umpressen aus Benzin und Behandlung mit Entfärbungspulver weiß wird und bei 70° C und darüber schmilzt. Das Montanwachs unterscheidet sich vom Paraffin durch leichte Verseifbarkeit mittels Alkalien und seine geringe Resistenz gegenüber konzentrierter Schwefelsäure, von welcher es vollständig verkohlt wird. Dieser Unterschied ist in der chemischen Zusammensetzung begründet. Während Paraffin aus gesättigten Kohlenwasserstoffen besteht, setzt sich Montanwachs aus ungesättigten Kohlenwasserstoffen und einer Säure, der sog. **Montansäure**, zusammen. Durch wässerige Alkalien kann die Montansäure leicht vom Kohlenwasserstoff getrennt und mittels ihres Kalisalzes durch Krystallisation aus Alkohol gereinigt werden. Die freie Montansäure löst sich in den gewöhnlichen Fettlösungsmitteln und zeigt, daraus krystallisiert und gereinigt, eine strahlige Struktur, eine Bruttoformel $C_{28}H_{57}COOH$, einen einheitlichen Schmelzp. von 80° C und eine Dichte von 0,915. Die Alkalisalze dieser Säure, in Wasser löslich, scheiden sich wie die Seifen der Fettsäuren aus konzentrierten Lösungen in der Kälte gallertartig ab. (Auch der ungesättigte Kohlenwasserstoff, der sog. „Montankohlenwasserstoff", ist fest, schmilzt bei 60,5° C und besitzt eine Dichte von 0,920.) Durch die Behandlung mit überhitztem Wasserdampf bei Atmosphärendruck kann jedoch eine teilweise Zersetzung der Montansäure in einen paraffinähnlichen Körper und Mineralöle nicht vermieden werden, wodurch die Ausbeute an erstklassigem Montan-

Temperaturen beschleunigt wird. Ein Überschuß an Glycerin ist zweckmäßig. Das nicht verbrauchte Glycerin, das sich am Boden des Gefäßes ansammelt, kann abgezogen und erneut verwendet werden. Der Glycerindimontansäureester besitzt Aussehen und Bruch von fast weißem Carnaubawachs. Er zeigt einen Schmelzpunkt von 80 bis 81° und einen Tropfpunkt von über 100° C, ist in den üblichen Fettlösungsmitteln löslich und kann, da er auch die Eigenschaft äußert, die Schmelzpunkte niedriger schmelzender Fette und Wachsarten zu erhöhen, als Zusatz zu diesen statt Carnaubawachses verwendet werden. —

Nach der Patentschrift des R. R. P. 318 222 v. 10. August 1917[1] sollen die bisher noch nicht bekannten Ester von dihydroxylierten Kohlenwasserstoffen der Adipinsäure, oder ihrer Homologen und Derivate, technisch wertvolle Ersatzstoffe für Fette und Wachse darstellen. Sie können dadurch erhalten werden, daß man die Adipinsäure oder ihre Derivate und Homologe mit dihydroxylierten Verbindungen, wie Glykol, oder ihren Derivaten, verestert.

Werden z. B. 200 Gewichtsteile Adipinsäuredichlorid in dem dreifachen Volumen Pinakolin gelöst und diese Mischung zu einer Lösung von 71 Gewichtsteilen Äthylenglykol und 250 Gewichtsteilen Pyridin, wasserfrei, in dem dreifachen Volumen Pinakolin hinzugefügt, so erfolgt unter starker Erwärmung und Abscheidung von salzsaurem Pyridin Umsetzung. Der neutrale Ester löst sich in dem Pinakolin und hinterbleibt als talgähnliche Masse, wenn man nach dem Auswaschen des Pyridins mit verdünnter Salzsäure die über Chlorkalium getrocknete Pinakolinlösung im Vakuum auf dem siedenden Wasserbade von dem Lösungsmittel befreit.

Derselbe Ester entsteht, wenn man 170 Gewichtsteile Äthylendibromid mit 200 Gewichtsteilen adipinsaurem Kalium im Autoklaven 5 Stunden auf 180° erhitzt. Das hierbei entstehende Bromkalium wird durch sorgfältiges Waschen mit heißem Wasser entfernt. Das zurückbleibende Öl erstarrt in der Kälte talgartig. Ebenso bildet sich der Ester nach der bekannten *Schotten-Baumann*schen Veresterungsmethode.

In analoger Weise kann mit Methyladipinsäure, Äthylenoxyd usw. verfahren werden.

---

wachs herabgedrückt wird. Zugleich ist der Schmelzpunkt des technischen Montanwachses niedriger, als dies ohne diese Zersetzung der Fall sein würde. Behufs Vermeidung dieser Nachteile wurde eine Verbesserung des Verfahrens durch Einführung der Dampfdestillation im Vakuum vorgenommen (D. R. P., Zus. 116 453 v. 10. Oktober 1899). Dabei ist es nicht notwendig, das Bitumen einer wiederholten Behandlung mit überhitztem Dampf zu unterwerfen; vielmehr geht bei einer einzigen Destillation im Vakuum von 10 mm Quecksilbersäule das Montanwachs völlig unzersetzt über. Das so gewonnene Produkt zeichnet sich durch einen höheren Gehalt an Montansäure, der bis auf 70 Proz. ansteigt, und durch eine erheblich hellere Farbe aus. An Stelle des überhitzten Wasserdampfes können auch indifferente Gase insbesondere dann mit Vorteil verwendet werden, wenn sie als Nebenprodukte erhältlich sind. — Weitere Einzelheiten über Chemie und Technologie des Montanwachses und der Montansäure vgl. *Holde*, Unters. der Mineralöle, Berlin 1909; ferner *Scheithauer*, Die Schwelteere, Leipzig 1911.

[1] D. R. P. 318 222 erteilt den *Farbenfabriken vorm. Friedr. Bayer & Co.* in Leverkusen.

Der Fetthärtungsprozeß.
Die älteren wissenschaftlichen und technischen Versuche zur Reduktion ungesättigter Fettsäuren.

Die wichtigste unter den auf Fette angewandten Synthesen bildet die in den letzten Jahren in die Industrie eingedrungene **Hydrogenisierung oder Härtung der Fette.** Zwar hatte das Problem, die Fettsäuren vom Typus $C_nH_{2n-2}O_2$, in solche vom Typus $C_nH_{2n}O_2$ durch Anlagerung von Wasserstoff überzuführen, schon seit geraumer Zeit die Chemiker beschäftigt, ohne daß dessen Lösung befriedigend gelungen wäre[1]; daß aber die Überführung der Säuren $C_nH_{2n-2}O_2$, $C_nH_{2n-4}O_2$, $C_nH_{2n-6}O_2$ und sogar $C_nH_{2n-8}O_2$ in solche vom Typus $C_nH_{2n}O_2$ technisch glatt gelingen könnte, erschien trotz gelegentlich auftauchender Patentanmeldungen den meisten Chemikern als Utopie, obgleich die experimentelle Reduktion im Laboratorium bereits im Jahre 1874 gelungen war. In diesem Jahre fand nämlich *Guido Goldschmiedt* im Öle des schwarzen Senfsamens **Erucasäure** $C_{22}H_{42}O_2$ und **Behensäure** $C_{22}H_{44}O_2$. Es gelang ihm nicht nur, erstere durch Erhitzen mit Jodwasserstoff und Phosphor im zugeschmolzenen Rohr in Behensäure, sondern 2 Jahre später auf analoge Weise auch die Ölsäure $C_{18}H_{34}O_2$ in die **Stearinsäure** $C_{18}H_{36}O_2$ überzuführen. Durch diese, im Wiener Universitätslaboratorium ausgeführte Reduktion hat sich *Goldschmiedt* das Verdienst erworben, der erste gewesen zu sein, welcher Fettsäuren gehärtet hat[2].

1886 reduzierte *Karl Peters* die Leinölsäure $C_nH_{2n-4}O_2$ gleichfalls durch Erhitzen mit rauchender Jodwasserstoffsäure und amorphem Phosphor in Röhren aus starkem Glase. Über 210° C erfolgte die Reaktion momentan und so energisch, daß die Röhren zertrümmert wurden. Bei 200 bis 210° hingegen verlief die Reaktion ruhig und war nach 8 bis 10 Stunden beendigt. Das hierdurch gewonnene Produkt stellte, gereinigt, abermals Stearinsäure (vom Schmelzp. 69° C) vor[3]. Dem Boden Österreichs, welchem diese ersten

---

[1] Vgl. hierüber und über die Konstitution der Fettsäuren: *Ulzer* und *Klimont*, Allgem. u. physiolog. Chemie der Fette. Berlin 1906.

[2] *Goldschmiedt*, Sitzungsber. d. Wiener Akad. d. Wissensch. **70**, 451; ferner **72**, 366. — Vorher hatte *Kekulé* die Monobromcrotonsäure durch Na-Amalgam und H_2O in Buttersäure, *Linnemann* die Acrylsäure durch Zn und H_2SO_4 in Propionsäure umgewandelt. — Bei der Reduktion der Ölsäure durch *Goldschmiedt* war der größte Teil durch Jodwasserstoffsäure selbst reduziert worden. Nur ein kleiner Teil des bei 70° schmelzenden Reaktionsproduktes konnte als Jodstearinsäure angesehen und durch Behandlung mit Na-Amalgam in alkoholischer Lösung leicht in Stearinsäure übergeführt werden. Ganz ähnlich waren die Verhältnisse bei der Reduktion der Elaidinsäure, der Erucasäure und Brassidinsäure. Auch bei der Reduktion der Linolsäure durch *Peters* war Jodwasserstoffsäure das hauptsächlich hydrierende Agens. Freilich mußte dort das Reaktionsprodukt in alkoholischer Lösung mit Na-Amalgam am Rückflußkühler versetzt werden, weil bereits erheblichere Mengen jodierter Säuren nicht anders zu reduzieren waren.

[3] *Peters*, Monatshefte f. Chemie, Wien 1886, S. 552. — Diese Umwandlungsfähigkeit von Linolsäure in Stearinsäure war angezweifelt worden. Später hat jedoch *Refor-*

Laboratoriumsexperimente auf dem Gebiete der Fetthärtung entstammen, entsprang auch der erste Versuch, dieses Problem technisch auszugestalten. 1886 nahm nämlich *Josef Weineck* in Grafendorf bei Wien ein Privilegium, um aus Ölsäure und elektrolytisch gewonnenem Wasserstoff Stearinsäure herzustellen[1]. Während dieses Privilegium ziemlich unbeachtet blieb, erregte 1889 ein Verfahren von *P. de Wilde* und *A. Reychler* einiges Aufsehen. Es betraf eine Experimentalstudie dieser Chemiker über die katalytische Umwandlung von Ölsäure in Stearinsäure und von Erucasäure in Behensäure[2].

Die genannten Forscher geben an, daß aus Ölsäure, welche mehrere Stunden mit nur 1 Proz. Jod auf 270 bis 280° C im Autoklaven erhitzt werde, ein bei 50 bis 55° C schmelzendes Produkt resultiere. Werde dieses durch Versetzen mit einer für das Jod berechneten Menge fettsauren Natrons (Talgseife), sodann durch Waschen mit siedendem Wasser und schließlich durch Destillation mit überhitztem Dampf gereinigt und das Produkt weiterhin in Kälte und Wärme gepreßt, so ergebe es bis zu 70 Proz. feste Stearinsäure; das Jod gehe nur bis zu $1/_3$ in die Waschwässer und bleibe hauptsächlich im teerartigen Rückstande; Brom reagiere in gleicher Weise wie Jod, ja selbst Chlor zeige gute Wirkung.

Da die Benutzung von Jod immerhin kostspielig ist, versuchten *Roubaix, Oedenkoven & Co.* in Antwerpen das Verfahren mittels Chlor auszubauen. Dennoch hat das *Wilde-Reychler*sche Verfahren keine technische Bedeutung erlangt[3]. Trotz des Mißlingens aller ähnlichen Versuche tauchten immer wiederum neue Vorschläge zur Härtung von Ölen auf, sei es, daß diese durch nascierenden[4] Wasserstoff oder durch Hydroxylierung erfolgen sollte. Die

---

matsky (Journ. f. pr. Ch. 1890, **41**, 529) aus Linolsäure die Jodstearinsäure $C_{18}H_{35}JO_2$ hergestellt und diese, in Alkohol gelöst, durch Zink und Salzsäure zu Stearinsäure vom Schmelzp. 70° C zu reduzieren vermocht. *Reformatsky* konnte erst durch zweimalige Behandlung mit Jodwasserstoffsäure zur Jodstearinsäure gelangen. Nach ihm wird zuerst die ungesättigte Säure $C_{18}H_{33}O_2J$, aus dieser die ungesättigte Säure $C_{18}H_{34}O_2$ unter Jodbildung entwickelt. Erst letztere geht in die Jodstearinsäure $C_{18}H_{35}JO_2$ über· Schon aus dieser Stufenreaktion geht hervor, daß Jodwasserstoff für sich hydrierend zu wirken vermag. Vgl. auch die negativen Resultate bei *Fred Bedfords* Inauguraldissertation, Halle 1906, „Über die unges. Säuren des Leinöls usw."

[1] Über das Verfahren *Weinecks*, Stearinsäure synthetisch herzustellen, siehe S. 23.
[2] *de Wilde* und *Reychler*, Bull. Soc. chim. 1889, 3. Ser. **1**, 295, 296.
[3] *Hefter* (Technologie d. Fette **3**, 796) gibt an, daß die Schwierigkeit in der Beschaffung eines haltbaren Autoklavenmaterials bestand. Allein auch die Reaktion als solche verläuft keineswegs technisch genügend. *De Wilde* und *Reychler* geben nämlich dafür folgende Erklärung: Jod wird zunächst an ungesättigte Fettsäuren addiert; es spaltet sich sodann aus den jodierten Produkten Jodwasserstoff ab, welcher seinerseits wiederum in Jod und Wasserstoff zerlegt wird. Letzterer ist es nun, der an die Doppelbindung der Ölsäure sich anlagert. Da die Erfinder den Zusatz von Harz zur Reaktionsmasse empfehlen, so rührt der Wasserstoff sehr wahrscheinlich zum großen Teil aus diesem Material her. Unter keinen Umständen konnte ein solches Verfahren technische Wichtigkeit erlangen.
[4] Durch das russische Privilegium 1499 vom 16. Januar 1897 ist weiterhin ein Verfahren *Ch. Tissiers* bekannt geworden, um ölsäurehaltige Neutralfette in Stearinsäure

Werterhöhung der minderwertigen Öle war ein zu verlockendes Problem, als daß es nicht zu hartnäckigen Versuchen herausgefordert hätte, aber erst die katalytischen Reduktionsversuche von *Sabatier* und dessen Schülern gaben einen solchen Impuls, daß die Lösung glückte und die katalytischen Verfahren sich in der Industrie dauernden Eingang verschafften.

Elektrolytische Reduktion der ungesättigten Fettsäuren.

Den Fetthärtungsversuchen auf rein katalytischer Basis gingen zeitlich jene voraus, welche zur Lösung der gleichen Aufgabe die Elektrizität benutzen wollten. Freilich sind auch diese vielfach katalytische. — Wie bereits erwähnt, **gebührt das Verdienst, zum ersten Male ein technisches Verfahren für die Fetthärtung erfunden zu haben, dem** Österreicher *Josef Weinecke* Das am 19. Juli 1886 unter Nr. 36/1484 erteilte Privilegium auf ein „Verfahren zur Darstellung von Stearinsäure" stellt unter Schutz: „**Die synthetische Herstellung von Stearinsäure aus Ölsäure und Wasserstoff** oder aber eines Gemenges eigentlicher Fettsäuren aus einem Gemenge **von Säuren der Ölsäurereihe in der Weise, daß man in Gegenwart der Ölsäure oder des Säuregemisches bei einer Temperatur von mehr als 50° C unter einem Druck von mehr als 5 Atm Wasser durch den elektrischen Strom zersetzt und dabei den Sauerstoff an der positiven Elektrode bindet.**"

In der Beschreibung dieses historischen Patentes setzt *Weineck* nach Darlegung der bis dahin erfolgten Laboratoriumsversuche der Umwandlung ungesättigter in gesättigte Fettsäuren das Wesen seiner Erfindung, „welche sich in eminenter Weise zur gewerblichen Ausführung eignet", dahin auseinander, daß man der erhitzten Ölsäure oder dem technischen Fettsäuregemenge auf elektrolytischem Wege erzeugten, unter Druck stehenden Wasserstoff in statu nascendi zuführt.

Den technisch erforderlichen Vorgang beschreibt *Weineck* wie folgt: Zur Ausführung des Verfahrens bringt man die Ölsäure oder das Gemenge von Säuren der Ölsäurereihe in ein gut ausgebleites Gefäß, das einen Druck von 24 Atm auszuhalten vermag und

---

überzuführen. Nach demselben wird zerkleinertes Zink (Zinkpulver) im Autoklaven mit Wasser übergossen, Fett hinzugefügt und unter Druck auf hohe Temperatur erhitzt. Es erfolgt zunächst Spaltung in Fettsäuren und Glycerin. Die Ölsäure der ersteren soll weiterhin durch den Wasserstoff, welcher infolge Einwirkung des Zinks auf Wasser entsteht, in Stearinsäure übergeführt werden. Im Privilegium selbst wird die Zeitdauer der Reaktion vom Drucke abhängig erklärt. Jedenfalls ist dieselbe unvollständig, da in der Beschreibung ein Abpressen der flüssig gebliebenen Anteile der Ölsäure vorgesehen ist. Obwohl *Tissier* ferner angibt, daß statt des Zinks jedes andere Metall von ähnlicher Wirkungsweise benutzt werden kann, muß es dennoch dahingestellt bleiben, ob dieses Verfahren tatsächlich zu den synthetischen Verfahren zu zählen ist. Denn der Hauptsache nach dürfte es nur die entstandene Zinkseife sein, welche, im Überschusse der Ölsäure gelöst, diese zu einem härteren Produkte gestaltet. Auch dieses Verfahren, welches übrigens in noch anderer Form Nachahmer gefunden hat, ist ohne technische Bedeutung geblieben.

auf $^1/_4$ seiner Höhe mit einer zweiprozentigen Lösung von Schwefelsäure in Wasser gefüllt ist; mit der Ölsäure oder dem Säuregemisch wird das Gefäß dann bis auf $^3/_4$ seiner Höhe gefüllt. Im unteren, das angesäuerte Wasser enthaltenden Teil des Gefäßes befinden sich zwei isolierte Elektroden, welche man mit den Polen einer Dynamomaschine in Verbindung setzt; die positive Elektrode wird aus einer oberflächlich amalgamierten oder besser noch mit Zinkamalgam überzogenen Zinkplatte gebildet und die darüber angebrachte negative Elektrode aus einer Platin- oder Kohlenplatte. Der bei Zersetzung des Wassers gebildete Sauerstoff wird sich also mit dem Zink verbinden, und das entstehende Oxyd vereinigt sich mit der Schwefelsäure zu Sulfat, während der Wasserstoff frei emporsteigen kann.

Zum Zwecke der erforderlichen Erwärmung taucht das Gefäß in ein Ölbad, welches durch eine Dampfschlange erhitzt wird. Sobald die Temperatur des Gefäßinhaltes auf 50° C gestiegen ist, läßt man den elektrischen Strom durchtreten und die Spannung im Innern des Gefäßes infolge der Wasserstoffentwicklung und durch langsame Erhöhung der Temperatur auf 100° C bis auf mindestens 6 Atm steigen. Man unterbricht nun die Leitung, erhöht die Temperatur sukzessive auf 150° C und erhält nun durch ungefähr 6 Stunden Temperatur und Spannung auf gleicher Höhe, wozu man von Zeit zu Zeit wieder den Strom auf das angesäuerte Wasser wirken läßt. Zeigt eine nach dieser Zeit dem Umwandlungsgefäß entnommene Probe, daß der Prozeß in ungenügender Weise vor sich geht, so kann die Spannung bis auf 12 Atm, die Temperatur bis auf 200° C erhöht werden.

Die vollständige Umwandlung der Säuren der Ölsäurereihe in eigentliche Fettsäuren erfolgt in der Regel nach 12- bis 18stündiger Einwirkung des Wasserstoffes in der angegebenen Weise.

Es läßt sich nicht verkennen, daß dieses Verfahren schon die wesentlichsten Merkmale der heutigen Fetthärtungsmethode, nämlich den unter Druck stehenden Wasserstoff und den Platinkatalysator enthält, so daß diese Erfindung zweifellos als die Stammerfindung der modernen Hydrierungspatente betrachtet werden muß[1].

13 Jahre später entdeckten *Paul Magnier, Pierre Armand Brangier* und *Charles Tissier* in Paris das Verfahren *Weinecks* im wesentlichen wieder, nur bedienten sie sich der Schwefelsäure auch zur Behandlung der Fettstoffe in üblicher Weise. Der Fettsubstanz wird in der Kälte oder bei 80° C konzentrierte Schwefelsäure in kleinen Portionen derart zugesetzt, daß die Temperatur nicht wesentlich steigt. Das so erhaltene Produkt wird in die fünf- bis sechsfache Menge Wasser geschüttet und die entstandene Emulsion in einen Autoklaven eingeführt, welcher mit passend angeordneten Elektroden versehen ist. Nach Schließung desselben wird dessen Inhalt erhitzt, bis ein Druck von 3 bis 5 Atm vorhanden ist; nun läßt man durch die Masse einen elektrischen Strom hindurchgehen, welcher genügend stark ist, Wasser zu zersetzen. Nach einiger Zeit ist die durch Verseifung entstandene Ölsäure zum größten Teile oder ganz in feste Fettsäure übergeführt[2].

---

[1] Über *Josef Weineck* siehe *Klimonts* Darstellung seiner Bedeutung in der „Öl- und Fettindustrie", Wien 1919. — *Josef Weineck* (geb. 21. Juni 1852 in Stockerau in Niederösterreich, gest. ebendaselbst 12. Juli 1919) war ein Schüler *Schrötters* am Polytechnikum in Wien. Auf der Weltausstellung in Paris 1889 stellte er große Stücke Stearinsäure aus, welche nach dem von ihm erfundenen Verfahren aus Ölsäure gewonnen worden waren.

[2] *Magnier, Brangier, Tissier* D. R. P. 126 446 v. 3. Oktober 1899; D. R. P. 132 223 v. 23. Februar 1900.

Trotzdem die Umwandlung der Ölsäure in Stearinsäure auf elektrolytischem Wege durch die Patentliteratur längst bekannt geworden war, machten sich in den wissenschaftlichen Zeitschriften keinerlei in derselben Richtung zielende Bestrebungen geltend. Erst im Jahre 1905 erregte eine Abhandlung von *Julius Petersen*, welche die elektrolytische Reduktion der Ölsäure zur Stearinsäure zum Gegenstand hatte, einige Aufmerksamkeit. *Petersen* bediente sich hierbei einer alkoholischen Lösung des Reduktionsgutes. Es wurde nämlich Ölsäure in alkoholischer Lösung unter schwacher Säuerung mit Schwefelsäure oder Salzsäure der Einwirkung des elektrischen Stromes ausgesetzt, wobei ein Nickeldrahtnetz als Kathode, ferner eine Tonzelle mit verdünnter Schwefelsäure als Diaphragma und darin Platin oder Kohle als Anode verwendet wurde. *Petersen* arbeitete mit ca. 1 Amp Stromstärke, einer Spannung von ca. 20 Volt und einer Temperatur von 30 bis 35° C. Nach vollendeter Reduktion krystallisierte aus dem Alkohol Stearinsäure aus. *Petersen* konnte jedoch die Reduktion nicht glatt durchführen. Er war der Meinung, daß sie größer oder kleiner werde, je nachdem die Ölsäurelösung kürzere oder längere Zeit mit der Säurelösung stehen bleibe, ehe die Elektrolyse vorgenommen wird. Statt Nickel hat *Petersen* auch Platin, Blei, Zink und Quecksilber als Kathodenmaterial benutzt, sowie verschiedene Metallchloride zum Katholyt zugesetzt, ohne wesentlich bessere Resultate zu erzielen [1].

Sergius Fokin stellte nach *Petersens* Versuchen solche über die elektrolytische Reduktion der ungesättigten Fettsäuren an [2] und wandte sich gegen dessen Behauptung der Abhängigkeit des Gelingens des Prozesses von der Dauer des Stehens der alkoholischen Ölsäurelösung; desgleichen gegen die These, daß der Charakter der Kathode ohne merkbaren Einfluß auf die Vollständigkeit und Geschwindigkeit der Reaktion sei. Die mit verschiedenen Metallen an Ölsäure angestellten elektrolytischen Reduktionsversuche erwiesen, daß bei Verwendung von Kathoden aus Palladium, Rhodium, Ruthenium, Platin, Iridium, Osmium, Nickel, Kobalt und Kupfer an Ölsäure Wasserstoff angelagert wurde; für Eisen ist das Gelingen zweifelhaft. Bei Anwendung der Metalle spielt aber auch deren physikalische Beschaffenheit eine erhebliche Rolle: so z. B. wächst die Fähigkeit der Wasserstoffaufnahme bei einer Nickelkathode durch deren zunehmende Porosität — sie ist bei Nickelmoor am stärksten — und damit auch die Fähigkeit, Wasserstoff anzulagern [3].

---

[1] *Jul. Petersen*, Zeitschrift f. Elektrochemie 1905, S. 549.

[2] *S. Fokin*, Zeitschrift f. Elektrochemie 1906, Nr. 41 S. 749.

[3] Über den Einfluß, welchen die Oberflächenbeschaffenheit auf die katalytische Aktivität ausübt, vgl. „Konstitutive Einflüsse in der Katalyse", „Physikalische Faktoren in der Katalyse" und „Theorien in der Katalyse" in *Woker*, „Die Katalyse". — Über das Okklusionsvermögen verschiedener Metalle für Gase hat *Hamburger* eingehende Versuche angestellt. Dabei ergab sich, daß Molybdän und Wolfram das Gas erst bei so hoher Temperatur abgeben, daß diese Metalle als Katalysatoren nicht in Betracht kommen. Nur in sehr fein verteiltem Zustande tritt zwischen Molybdän und Wasserstoff eine gewisse Wirkung auf. Ein im hohen Vakuum erhitzter Metalldraht von Molybdän nimmt bei gewöhnlicher Temperatur Wasserstoff auf und gibt ihn bei 300° C wieder ab. Auch Thorium, Uran, Zirkonium, Titan eignen sich nicht als Wasserstoffkatalysatoren. Vgl. Chem. Centralbl. 1916, I., S. 92.

Negative Resultate erhielt *Fokin* bei Anwendung von Silber, Blei, Quecksilber, Mangan, Chrom, Zink, Wismut, Wolfram, Vanadin, Aluminium. Jedenfalls konnte *Fokin* unter günstigen Bedingungen bereits 90 Proz. der Ölsäure in Stearinsäure umwandeln.

Die Firma *C. F. Boehringer & Söhne* versuchte im Jahre 1906 die elektrolytische Fetthärtungsmethode technisch zu verwerten. Es stellte sich jedoch heraus, daß bei Verwendung von Nickelkathoden höchstens 15 bis 20 Proz. Ausbeute an Stearinsäure aus Ölsäure gewonnen werden könne. Bei Benutzung einer blanken Platinkathode gelang es überhaupt nicht, Stearinsäure zu erhalten. Dagegen konnte die genannte Firma nach den Angaben des D. R. P. 187 788 [1] gute Ausbeuten erhalten, als sie als Kathode eine Elektrode aus **platiniertem Platin** anwandte. Die Hydrierung erfolgt in saurer Flüssigkeit unter zweckmäßig gering gehaltenen Stromdichten. Die zu hydrierende ungesättigte Fettsäure oder deren Ester kann entweder in Suspension oder in alkoholischer Lösung vorhanden sein.

Um die Ölsäure in Stearinsäure umzuwandeln, werden z. B. 25 Volumteile Ölsäure in 200 Volumteilen Spiritus und 25 Volumteilen Wasser gelöst und mit 5 bis 10 Volumteilen verdünnter, 30 proz. Schwefelsäure angesäuert. Als Kathode dient eine Elektrode aus platiniertem Platin. In den durch eine Zelle getrennten Anodenraum wird verdünnte Schwefelsäure und eine indifferente Anode gebracht. Stromdichte: etwa 1 Amp pro Quadratmeter; Temperatur: 20° bis 50°; Spannung: 4 bis 6 Volt. Es kann während der Elektrolyse noch etwas verdünnte Schwefelsäure dem Kathodenraum zugefügt werden, um die Konzentration annähernd konstant zu halten. Nach etwa 7 Amp-St. ist die ganze Ölsäuremenge hydriert und fällt beim Abkühlen als Stearinsäure, gemengt mit wenig Stearinester, aus.

In analoger Weise läßt sich Erucasäure in Behensäure, Ölsäure und deren Äthylester in Stearinsäure und deren Äthylester umwandeln. Ähnlich dem platinierten Platin vermag auch eine mit **Palladiumschwarz überzogene Palladiumelektrode** zu wirken. Gewiß handelt es sich hier, wie auch das D. R. P. 189 332 [2] ausführt, vorzüglich um eine katalytische Beschleunigung der Hydrierung. Ganz allgemein kann diese Wirkung an Kathoden, obwohl in verschiedenem Grade, durch zweckmäßige Präparierung der Oberfläche der Elektrode durch deren Überzug mit einem Schwamm des betreffenden Metalls hervorgerufen werden. Wie bei Anwendung einer Platinkathode ist auch hier geringe Stromdichte zweckmäßig; notwendig ist sie bei katalytisch wenig wirksamen Metallen. Während z. B. eine schwammige Nickelelektrode schon bei 100 Amp pro Quadratmeter Stromdichte beträchtliche Reduktionswirkung zeigt, tritt bei Kupfer nur bei einer Stromdichte von 10 Amp pro Quadratmeter und selbst dann nur in geringerem Maße die Reduktionswirkung ein.

---

[1] *C. F. Boehringer & Söhne*, Patent v. 10. März 1906 ab.
[2] *C. F. Boehringer & Söhne* D. R. P. v. 24. April 1906 ab. Zus. zum D. R. P. 187 788.

Wie die Beispiele der zit. Patentschrift ausführen, kann bei Verwendung einer Palladiumelektrode, die elektrolytisch mit Palladiumschwarz überzogen ist, durch Elektrolyse einer angesäuerten alkoholischen Ölsäurelösung bei einer Stromdichte von 100 bis 500 Amp pro Quadratmeter nach etwa 300 Amp-St. pro Kilogramm des Ausgangsmaterials die Ölsäure vollkommen hydriert werden.

Wird aber an Stelle der Palladiumelektrode eine solche aus Nickel, auf welche ein feiner Nickelschwamm elektrolytisch niedergeschlagen ist, verwendet, so kann man mit derselben Stromdichte nach Ablauf von 300 Amp-St. pro Kilogramm nur ein Drittel der angewandten Ölsäuremenge in Stearinsäure überführen. Verringert man jedoch die Stromdichte, so kann die Ausbeute auf mehr als das Doppelte gesteigert werden.

In neuerer Zeit hat Dr. *Bruno Wäser* sich ein Verfahren schützen lassen[1], um aus ungesättigten Fettsäuren und deren Estern gesättigte Fettsäuren herzustellen. Er geht hierbei von den Sulfosäuren des Oleins aus, indem er das durch die Behandlung der technischen Ölsäure mit Schwefelsäure erhaltene Reaktionsprodukt von der überschüssigen Schwefelsäure durch Waschen trennt und mit elektrolytisch gewonnenem Wasserstoff bei mäßiger Temperatur ohne Anwendung von Druck reduziert. Wird statt der Ölsäure ein Fett angewandt, so hydrolisiert dieses unter dem Einflusse der Schwefelsäure ohnehin in Fettsäuren und Glycerin. Jedenfalls kann das nach der Entfernung der Schwefelsäure leicht lösliche Sulfofettsäureprodukt in warmem Wasser gelöst oder an und für sich als Katholyt verwendet werden. Als Anodenflüssigkeit dient 30 proz. Schwefelsäure, welche durch ein Diaphragma vom Kathodenraum getrennt ist. Als Elektroden können passend geformte Bleibleche benutzt werden. Nach *Wäser* beträgt das Temperaturoptimum der Reaktion 90 bis 100° C. Mit einer Stromausbeute von 50 bis 75 Proz. lassen sich bei einer kathodischen Stromdichte von 0,25 bis 1,00 Amp auf den Quadratzentimeter Oberfläche (Badspannung 2,5 bis 3,0 Volt) 60 bis 70 Proz. der Oleinsäure in Stearinsäure überführen, welche sich nach dem Erkalten des Elektrolyten rein abscheidet. Da sich schon bei einer geringeren als der berechneten Strommenge die Fettsäuren unlöslich ausscheiden, ist es zweckmäßig, letztere abzuhebern, neuerdings zu sulfurieren und abermals zu reduzieren. Bei mehrmaliger Wiederholung dieser Operation kann man bei fast quantitativer Stromausbeute eine Materialausbeute von 98 Proz. Stearin erhalten.

Reduktion ungesättigter Fettsäuren und ihrer Glyceride unter Einwirkung elektrischer Glimmentladungen.

Die Umwandlung ungesättigter Fettsäuren und deren Glyceride in gesättigte Produkte mittels Katalysatoren durch Wasserstoff war schon bekannt, als *de Hemptinne* die Beobachtung machte, daß eine Addition von Wasser-

---

[1] D. R. P. 247 454.

stoff an ungesättigte höhere Fettsäuren auch unter der Wirkung elektrischer Glimmentladungen stattfinden kann, und daß sich dabei aus Ölsäure 50 bis 60 Proz. Stearinsäure bilden[1]. Aber neben dieser gesättigten Fettsäure entstehen auch Kondensationsprodukte und harzartige Körper. Die Vermeidung der letzteren erfordert die Beobachtung gewisser Vorsichtsmaßregeln.

In der Patentbeschreibung bezieht sich *de Hemptinne* darauf, daß *Berthelot* bereits gezeigt hat, wie sich unter der Wirkung von Glimmentladungen Wasserstoff an Benzol und Terpentinöl anzulagern vermag, daß aber dabei auch feste und harzartige Polymerisationsprodukte entstehen. — Die Bildung derartiger schädlicher Nebenprodukte läßt sich aber verhüten, wenn man den Wasserstoff nicht mehr auf eine stille stehende, sondern auf eine in Bewegung erhaltene Flüssigkeitsschicht einwirken läßt. Die Verwendung einer solchen Schicht hat noch den Vorteil, daß sie der Einwirkung der Glimmentladungen eine beständig frische Oberfläche darbietet, wodurch die Ausbeute erhöht wird. Ebenso sind Gasdruck und Temperatur bei gegebener elektrischer Energie auf die Ausbeute von Einfluß.

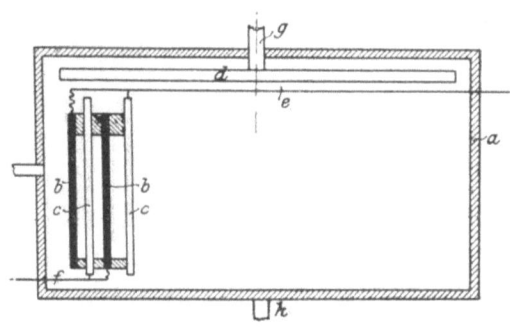

Fig. 2.

Bezüglich der technischen Einzelheiten führt die zit. Patentschrift aus: Die elektrischen Glimmentladungen werden am besten zwischen einer Reihe von Metallplatten, die parallel zu- und einige Millimeter voneinander angeordnet sind, erzeugt, wobei eine Platte aus Glas oder anderer isolierender Masse zwischen je zwei aufeinanderfolgenden Metallplatten eingeschaltet ist, um Kurzschluß zwischen je zwei aufeinanderfolgenden Metallplatten zu vermeiden und ein völlig gleichmäßiges Glimmen zwischen den Platten zu erhalten. — Die Metallplatten ungerader Zahl sind untereinander und mit dem einen Pol der elektrischen Kraftquelle, die Platten gerader Zahl ebenfalls untereinander, aber mit dem anderen Pol dieser Quelle verbunden. — Durch eine Berieselungsvorrichtung oder dgl. erzeugt man auf der Oberfläche der Platte eine dünne, bewegliche Ölschicht, die in Gegenwart des Wasserstoffes der Wirkung der zwischen den Platten auftretenden elektrischen Glimmentladungen unterliegt, wobei die Anlagerung des Wasserstoffes an das Olein unter Bildung einer beträchtlichen Menge von Stearin und anderen ähnlichen Körpern, deren Schmelzp. über dem Schmelzp. des Ausgangsproduktes liegt, stattfindet.

So z. B. besteht die in der Fig. 2 dargestellte Vorrichtung aus einem an eine Druckleitung angeschlossenen Wasserstoffbehälter *a*, einer größeren Anzahl von in denselben eingesetzten und durch Glastafeln *c* voneinander isolierten Metallplatten *bb* und einer Berieselungsvorrichtung *d*. Die Stromleitung *f* von den Metallplatten gerader Zahl und die Leitung *e* von den Metallplatten ungerader Zahl führt nach einer geeigneten Stromquelle.

---

[1] Dr. *Alexander de Hemptinne* in Gent, D. R. P. 167 107 v. 30. März 1904. — Über den Einfluß optischer und elektrischer Wirkungen im Verein mit stofflichen Katalysatoren vgl. „Physikalische Faktoren in der Katalyse", *Woker*, a. a. O.

Man leitet eine gewisse Menge Ölsäure durch Rohr g in die Berieselungsvorrichtung d ein, aus der die erstere in äußerst dünner Schicht an den Platten b c herabrieselt und in der Wasserstoffatmosphäre im Behälter a der Einwirkung der elektrischen Glimmentladungen unterliegt. Die sich bildende Flüssigkeit sammelt sich am Boden des Behälters a an und kann bei h abgeleitet, bzw. bei g wieder zugeleitet werden.

Dieser Arbeitsvorgang wird so lange wiederholt, bis etwa 20 Proz. Ölsäure in Produkte von höherem Schmelzp. übergeführt sind. Infolge der elektrischen Glimmentladungen zwischen den durch die Glasplatten c voneinander getrennten Metallplatten bb erhitzt sich die Vorrichtung bis auf 30 bis 40°, und die Körper, die sich eigentlich in fester Form ausscheiden sollen, bleiben infolge der Erwärmung im Olein aufgelöst; sie können sich daher nicht an den Platten niederschlagen. Aus diesem Grunde läßt man die Flüssigkeit in einen gekühlten Aufnahmebehälter ablaufen, in dem die betreffenden Substanzen mit höherem Schmelzp. sich absetzen, fest werden und durch Abklärung oder Filtration von der zurückbleibenden Ölsäure getrennt werden. — Das in der angegebenen Weise abgeschiedene Öl enthält nun ungefähr 80 Proz. Ölsäure und 20 Proz.

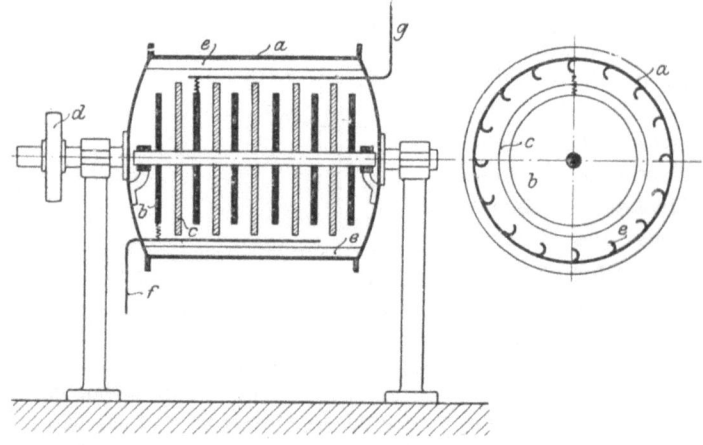

Fig. 3 u. 4.

flüssige Kondensationsprodukte; man kann weiterhin die 20 Proz. gewonnene Stearinsäure durch 20 Proz. reine Ölsäure ersetzen und dieses Gemisch abermals der Einwirkung der Glimmentladungen unterwerfen. Auch nach diesem zweiten Vorgang kann man wiederum 10 oder 20 Proz. Stearinsäure ausziehen und die Arbeitsvorgänge wiederholen. Immerhin ist es unter Berücksichtigung des chemischen Massenwirkungsgesetzes zweckmäßig, die Vorgänge nicht zu oft zu wiederholen, da wegen der Bildung von Kondensationsprodukten der Gehalt des Öles an Ölsäure vermindert wird. — Für zwei Arbeitsvorgänge bei 100 kg Ausgangsmaterial z. B. scheidet man zunächst 20 kg Stearinsäure aus und setzt den verbleibenden 80 kg Öl 20 kg frische Ölsäure zu, worauf man das Gemisch der Einwirkung der Glimmentladungen unterwirft und neuerdings 20 Proz. Stearinsäure ausscheidet. Die zurückbleibende Flüssigkeit enthält nun ungefähr 60 Proz. Ölsäure und 40 Proz. flüssige Kondensationsprodukte, deren saure Eigenschaft gleich derjenigen der Ölsäure ist. Der Handelswert dieses Gemisches ist demjenigen der Ölsäure mindestens gleich; es tritt also in diesem Sinne bei dem Verfahren ein Verlust nicht auf, während ca. 33 Proz. Stearinsäure gewonnen wurden. Wenn man bei jedem Stromdurchgang die Umwandlung weiter treiben will, so macht sich eine Anwärmung des Apparates nötig, um das Gemisch in flüssigem Zustande zu erhalten. Die Verluste an Substanzen sind unter diesen Verhältnissen unbedeutend.

Um Fischöl geruchlos zu machen, kann man es in einer Wasserstoffatmosphäre der Einwirkung von elektrischen Glimmentladungen aussetzen. Es wird dabei Wasserstoff an das Öl chemisch angelagert und hierdurch bei genügender Einwirkungsdauer der elektrischen Entladungen der Geruch allmählich zum Verschwinden gebracht. Gleichzeitig wird jedoch das Öl konsistenter[1].

Technische Ausführung nach D. R. P. 169 410: Man füllt das Fischöl in eine Trommel a (in Fig. 3 im Längsschnitt und in Fig. 4 in einem Querschnitt gezeigt), in welcher auf einer gemeinschaftlichen Achse eine Reihe von Platten bzw. Scheiben mit gegenseitigem Abstand von einigen Millimetern angeordnet sind, die abwechselnd aus Metall und aus Glas oder einem anderen geeigneten Stoff bestehen. Von den Metallscheiben b sind die ungeradzahligen unter sich und mit dem einen Pol einer Elektrizitätsquelle durch einen Leiter f verbunden, ebenso sind die geradzahligen Metallscheiben unter sich und mit dem entgegengesetzten Pol durch einen Leiter g in Verbindung. Die Glasscheiben c haben größeren Durchmesser als die Metallscheiben.

Die Trommel wird mittels Riemscheibe d in Drehung versetzt. Sie ist auf der Innenwandung parallel zur Achse mit Schöpfrinnen e ausgestattet, welche Öl aus dem unten befindlichen Trommelteil schöpfen und oben auf die Scheiben ausgießen, so daß dieselben von einer dünnen Ölschicht überrieselt werden. Sobald die Trommel mit Wasserstoff gefüllt ist, bewirkt man die elektrischen Entladungen. In dem Maße, als Wasserstoff vom Öl gebunden wird, verliert dieses allmählich den Geruch. Von Zeit zu Zeit hält man die Trommel an und ersetzt den aufgebrauchten Wasserstoff. Die Trommel ist zur Einführung des Wasserstoffs und zum Ablassen des behandelten Öles mit Hähnen geeignet versehen. Sie kann auch geheizt werden.

Da unter dem Einflusse elektrischer Entladungen in einer verdünnten Atmosphäre irgendeines Gases auf eine Flüssigkeit Öle durch Polymerisation eine beträchtliche Erhöhung der Viscosität erfahren, kann man durch deren Mischung mit flüssigen Mineralölen wertvolle Schmieröle erhalten. So bilden rein pflanzliche oder tierische Öle, bei einer Verdickung von ungefähr 70 Englergraden Viscos, gelatinöse Produkte; das Öl gerinnt zu einer dicken Masse, die sich nicht filtrieren sowie weiterverarbeiten läßt; vermischt man nun ein solches Öl mit 50 Proz. Mineralöl, so sinkt die Viscosität bis unter 30 Englergrade.

De Hemptinne hat nun ein Verfahren ausgearbeitet[2], durch welches Gemische von Mineralölen mit pflanzlichen und tierischen Ölen in einer verdünnten Atmosphäre eines beliebigen Gases der Einwirkung elektrischer Entladungen unterworfen werden, wodurch die Bildung von Stearin herabgesetzt wird und viscose Produkte mit hohem Mineralölgehalt erhalten werden, die sich zur Herstellung von Schmiermitteln eignen. Man kann auf diese Weise Öle gewinnen, die bei der Temperatur von 50° eine Viscosität von 173 Englergraden aufweisen.

Die Verdickung wird in einem Apparat ausgeführt, der dem im D. R. P. 169 410 erwähnten analog gebaut ist.

---

[1] *Alex. de Hemptinne*, D. R. P. 169 410 v. 22. Juni 1905. — Die Beseitigung des Geruchs von Fischölen durch Anlagerung von Wasserstoff hat M. Tsujimoto, Journ. of the Coll. of Engineer., Tokyo Imp. Univ. 1906, S. 1, experimentell aufgeklärt und bewiesen.
[2] *Alex. de Hemptinne*, D. R. P. 234 534 v. 24. April 1909.

Nach D. R. P. 234 534 findet sie unter folgenden Bedingungen statt: Ein entsprechend großer Apparat wird z. B. mit 200 kg einer 50 Proz. tierisches Öl und 50 Proz. Mineralöl enthaltenden Mischung derart beschickt, daß er nur bis zu einem gewissen Abstand vom Plattensystem gefüllt ist und genügt, um ein gutes Begießen der Platten zu gestatten. Darauf wird in dem Apparat Vakuum bis höchstens $^1/_{10}$ Atm erzeugt. Nachdem der Apparat in Drehung versetzt ist, läßt man einen Strom von ungefähr 8 bis 10 kW hindurchgehen und denselben angemessen lang wirken. — Die Entladung wirkt nun auf die Ölmischung so ein, daß man die Verdickung des Öles ohne Bildung einer gelatinösen Masse viel weiter führen kann, als ohne Zusatz von Mineralöl; auf diesem Wege kann eine Viscosität von etwa 170 Englergraden erreicht werden.

Ein solches Produkt ist für viele Verwendungszwecke zu viscos und muß in den meisten Fällen noch weiter mit Mineralöl vermischt werden.

Da ein Gemisch von fettem Öl und Mineralöl, das von Anfang an 50 Proz. Mineralöl enthält, eine ziemlich lang andauernde Behandlung erfordert, hat *Alex. de Hemptinne* noch eine Verbesserung ausgearbeitet[1], die durch die zit. Patentschrift folgendermaßen charakterisiert ist:

Die elektrische Entladung wird zunächst gesondert auf das reine pflanzliche oder tierische Öl einwirken gelassen. Nun entnimmt man von Zeit zu Zeit eine Probe; erst wenn eine Viscosität von ungefähr 70 Englergraden erreicht ist, versetzt man das verdickte Öl mit 10 Proz. Mineralöl und läßt die elektrische Entladung neuerdings solange einwirken, bis eine Probe des Öles, das durch den Mineralölzusatz dünnflüssiger geworden war, wiederum eine Viscosität von 70° zeigt. Nun versetzt man abermals mit 10 Proz. Mineralöl, und nach Erzielung einer Viscosität von 90 Englergraden fügt man einen weiteren Zusatz von 10 Proz. Mineralöl zu. In dieser Weise kann die Viscositätssteigerung ohne Bildung von gelatinösen Produkten erreicht werden. Erfolgt der Zusatz des Mineralöles zu spät oder von Beginn an, so bildet sich entweder ein gelatinöses, schwer filtrierbares Produkt oder die Behandlungsdauer wird verlängert.

Die Deutsche *Elektrion-Öl-Gesellschaft*[2] erzeugt gemäß einem Berichte ihres Direktors *Friedrich*[3] diese hochviscosen Öle, sog. Voltol-Öle, aus vegetabilen, animalen und Mineralölen in einem Betriebe, dessen Einrichtung aus den Fig. 5 u. 6 ersichtlich ist:

In den geschlossenen, zylindrischen Kesseln von je etwa 30 m Rauminhalt ist eine wagrechte Achse gelagert, die vier Elektrodenkörper trägt, an deren Umfang je eine in der Abbildung nicht dargestellte Schöpfrinne befestigt ist, welche bei der Drehung das Öl des Kessels vom Boden hebt und durch die Zwischenräume, welche die isolierten Elektrodenplatten trennen, gießt. Von den Elektrodenplatten, welche abwechselnd aus Aluminium und Preßspan bestehen, stellen die letzteren das Dielektrikum dar und bilden in steter Abwechselung miteinander Gegenpole. Die gesamte wirksame Oberfläche der Platten beträgt in jedem Kessel etwa 600 m². Der elektrische Strom wird durch isolierte Durchführungen, welche luftdicht in den Kessel eingesetzt sind, nach Schleifringen geleitet, die an den Elektrodenkörpern befestigt sind. Zwei längs der Elektrodenkörper gelagerte Stromschienen stellen durch Litzen die elektrische Verbindung mit den Aluminiumplatten her. Die hölzernen Randbrettchen *a*, die an den Preßspanplatten befestigt

---

[1] *Alex. de Hemptinne*, D. R. P. 236 294 v. 10. November 1910.
[2] Zweigunternehmen der *Ölwerke Stern-Sonneborn A. G.* in Hamburg.
[3] Zeitschrift d. Vereins deutsch. Ingenieure **65**, Nr. 45. 1921.

Reduktion ungesättigter Fettsäuren und ihrer Glyceride usw. 31

sind, dienen zur Lagerung der etwas kleineren Aluminiumplatten, deren Rand einen verhältnismäßig großen Abstand vom Rande der Preßspanplatte haben muß, soll das Überspringen der Lichtbögen verhütet werden. Zur Herstellung der Glimmentladungen wird Einphasenstrom von 4300 bis 4600 Volt und 500 Per./s, also 1000 Stromstößen in einer Sekunde, verwendet. Indessen treten die Glimmentladungen erst bei einem Unterdruck im Raume von etwa 0,9 Atm auf, weshalb die Kessel ständig mittels Luftpumpe evakuiert werden müssen, um den Druck konstant zu erhalten, da bei dessen Abnahme

Fig. 5.

die Stromstärke, gewöhnlich 19 bis 23 Atm betragend, sinkt. Die Stromstärke wird daher durch Erhöhung oder Verminderung des Druckes reguliert. Um Oxydationen zu verhüten, wird das Öl mit Wasserstoff behandelt.

Sobald im Kessel ein Unterdruck von etwa 60 cm Q. S. hergestellt ist, wird der Wasserstoff zur Verdrängung der Luftreste eingelassen und durch weiteres Absaugen ein Gasunterdruck von ca. 65 cm Q. S. hergestellt. Der Strom von 500 Per./s wird in Dynamomaschinen von je 300 kVA Leistung mit Antrieb durch Hochspannungsmotoren erzeugt. Die Auslöseschalter arbeiten auch bei 500 Per./s zuverlässig und die Kessel nehmen nahezu gleichbleibenden Strom auf. Für den Wärmebedarf und die Raumheizung sorgt eine kleine Dampfkesselanlage[1]. Die zu behandelnden Öle werden derart eingefüllt, daß der unterste Elektrodenkörper eben in das Öl taucht und 60 bis 80° C Wärme zeigt. Sodann wird mit Wasserstoff gefüllt und die Achse durch einen Elektromotor mit 1 Uml./mm gedreht. Die Glimmentladungen verwandeln das Ganze alsbald in eine Feuerwalze von rosavioletter Färbung. Das die Elektroden berieselnde Öl gerät in hohe Schwingungen, wobei es hochviscos wird. Die Voltol-Öle, bei niedriger Temperatur flüssig, bei hoher viscos, werden für Verbrennungsmaschinen, Heißdampfcylinderöle, Hochdruckkompressoren, schwerbelastete Ringschmierlager benutzt. Die rein vegetabilischen Öle zeigen z. B folgende Daten: Aus Rüböl D (15°) = 0,974; B. J. (15°) = 1,485; Viscos (100°) = 83,6; S. Z. = 11,7; J. Z. = 52; M. Mol-Gew. = 1200. Aus Tran D (15°) = 0,902; B. J. (15°) = 1,485; Viscos. (100°) = 74,9; S. Z. = 15,4; J. Z. = 51. M.-Mol-Gew. = 1000[2].

Fig. 6.

Ein eigenartiges Verfahren, welches sowohl mit **Kontaktsubstanz** als auch mit **Glimmentladung** arbeitet, ist dasjenige des D. R. P. 266 662 vom 18. Februar 1912 von *F. Utescher*. Es benutzt die elektrische Glimmentladung zur Erhöhung der Aktivität der Kontaktsubstanz und zur dauernden Erhaltung derselben. Zur Ausführung des Verfahrens werden die Fettkörper mit einer fein verteilten Kontaktsubstanz vermischt und dann in geeigneten Vorrichtungen in dünner Schicht bei Gegenwart von Wasserstoff der Einwirkung elektrischer Glimmentladung ausgesetzt; will man die Mischung mit Kontaktsubstanz vermeiden, so kann man auch Platten aus Kontakt-

---

[1] Die Maschineneinrichtung stammt von *Wegelin & Hübner*, die elektrische Einrichtung von den *Siemens-Schuckert-Werken*.

[2] *Chemische Umschau* 1920, S. 205.

metall oder Kontaktsubstanz in geeigneter Weise im Reaktionsraum anordnen. Jedenfalls sollen die Strahlen der elektrischen Glimmentladungen die Fläche der Kontaktsubstanz treffen. Behufs Erzielung entsprechender Wirkung genügen die chemisch-aktiven Strahlen der Glimmentladung der bekannten Quecksilberlampe.

Davon abgesehen, daß nach diesem Verfahren eine glatte Angliederung des Wasserstoffs an die ungesättigten Fettsäuren gelingen soll, würde es dort, wo es ohne Zumischung des fein verteilten Kontaktmetalles ausgeübt wird, den Vorteil besitzen, die Kosten für die Wiedergewinnung des Kontaktmetalles aus dem Öl und für Regenerierung der Kontaktsubstanz zu ersparen, weil es bei Verwendung von Metallplatten genügt, sie ab und zu zu erhitzen. Eine Abänderung des Verfahrens besteht darin, die Glasröhren, in denen die Glimmentladung vor sich geht, mit Kontaktmetall dünn zu überziehen[1].

Henrick Aubert Wielgolaski unterzieht die Verfahren mit elektrischer Glimmentladung in bezug auf deren praktische Anwendungsfähigkeit einer Kritik[2], nach welcher bei diesen elektrischen Methoden zwar die Elektroden gleichzeitig katalytisch wirken und somit die elektrische Wirkung verstärken, aber beide Wirkungen zusammen nicht genügend sind, um den für eine große praktische Anwendung erforderlichen Effekt zu erreichen. *Wielgolaski* führt dies auf die Details der Arbeitsweise, die Konstruktion der Apparate, ferner auf die ungenügenden Berührungsflächen zwischen den Metallflächen, den Fettsäuren und dem Wasserstoff, weiter auf die verschiedene Bewegungsschnelligkeit der flüssigen und gasförmigen Materialien zurück.

Um nun auf gleiche Weise organische Stoffe zur Aufnahme von Wasserstoff, Sauerstoff, Hydroxylgruppen, Wasser oder anderen Stoffen zu veranlassen oder eine Spaltung von Fett in Fettsäure und Glycerin zu bewirken und diese Reaktion zu beschleunigen, benutzt *Wielgolaski* unter Anwendung der gleichen elektrischen Wirkung die Elektroden in poröser, filterartiger Form, wodurch eine Vergrößerung der Oberfläche, gleichzeitig aber auch durch Pressen oder Saugen eine feine Verteilung der vorher gemischten Reaktionsstoffe mit den porösen Elektroden unter gleichzeitiger Einwirkung der Elektrizität herbeigeführt wird. Die Reaktionsstoffe können mit fördernden Zusätzen, z. B. mit Kontaktsubstanzen versetzt sein. Werden solche Substanzgemische mit großer Schnelligkeit gegen elektrisch wirkende Filter getrieben, so erzielt man einen raschen Wechsel von reagierenden mit noch nicht reagierenden Partikelchen, somit eine kräftigere und raschere Wirkung als ohne solche Filter. Bei diesem Verfahren kann, je nach den Zusätzen, ferner der Anwendung von Kathoden oder Anoden oder wechselstromführender Elektroden, Reduktion, Oxydation oder Aufnahme von Hydroxylgruppen bzw. der Elemente des Wassers bewirkt werden.

---

[1] Bezüglich einer weiteren Ausbildungsform des Verfahrens, welches sich jedoch auf reine Mineralöle erstreckt, siehe *Alex de Hemptinne*, D. R. P. 251 591 vom 30. August 1911.
[2] *H. A. Wielgolaski*, Norwegisches Patent 25 009 v. 26. Februar 1913. (Eine Übersetzung ist in der Seifensieder-Zeitung 1915, Nr. 4, enthalten.)

Behufs Hydrierung mit elektrolytischer Wasserstoffentwicklung im Reaktionsgemisch selbst bringt *Wielgolaski* die wirkende Filterelektrode als Kathode, die andere Elektrode als Anode in einem geeigneten Bad hinter einer Diaphragmawand an. — Die umgekehrte Anordnung findet bei der Oxydation mit elektrolytischer Sauerstoffentwicklung statt. — Bei Anwendung des Verfahrens behufs Hydrolyse oder unter gleichzeitiger Behandlung mit Wasserstoff und Sauerstoff mittels Elektrolyse von Wasser werden beide Elektroden als Filterelektroden in einer Reihe seitlich nahe beieinander angebracht, und zwar als parallele, zwar isolierte, aber nicht durch isolierende Wände (wie Glasplatten u. dgl.) geschiedene Filterelektroden. Je zwei alternierende Elektroden werden mit dem einen Pol, die übrigen mit dem anderen Pol der Elektrizitätsquelle, die entweder Gleichstrom oder Wechselstrom liefern kann, verbunden. Das Reaktionsgemisch strömt zwischen der Reihe der Filterelektroden hindurch, indem es erst die Poren der ersten Elektrode, darauf diejenigen der nächsten usf. passiert.

Die elektrisch leitenden Filterplatten können aus porösen Kohlenplatten, aus Graphitplatten, aus einzelnen oder zusammengelegten Metalldrahtstoffen, aus porösen oder durchlochten Metallplatten, aus gut leitenden granulierten, auf einer geeigneten Unterlage hergestellten Stoffen bestehen.

Ein Verfahren zur Durchführung elektrochemischer Reaktionen in Gasen und Dämpfen nebst einem dazugehörigen Apparat rührt von *Hugo Spiel* her. Nach demselben lassen sich auch ungesättigte Fettsäuren mittels Hochspannungs- und Wechselstromentladungen hydrogenisieren[1].

Reduktion ungesättigter Fettsäuren und ihrer Glyceride mittels Katalyse.
Der Nickelkatalysator und dessen Verwendung.

Wenngleich die im vorigen Jahrhundert entdeckten, von *Mitscherlich* und *Berzelius* begrifflich bestimmten katalytischen Reaktionen der chemischen Industrie organischer Stoffe nie fremd waren (Fettspaltung, Herstellung der Phthalsäure, des Formalins, Halogensubstitution in Benzolderivaten usw.), so scheinen sie dennoch erst in neuester Zeit eine eigenartige bedeutende Epoche in der chemischen Industrie zu begründen. Zweifellos haben die gegen Ende des vorigen Jahrhunderts von *Sabatier* und dessen Schülern vorgenommenen Versuche, durch welche gezeigt wurde, daß Nickel in außerordentlichem Maße befähigt ist, Wasserstoff katalytisch an ungesättigte Kohlenstoffverbindungen anzulagern, zur Entwicklung dieses Teils der organischen Chemie beigetragen. Sie haben es bewirkt, daß heute bei Reduktions- und Oxydationsversuchen katalytische Reaktionen bevorzugt werden[2].

Die Wasserstoffanlagerungen *Sabatiers* sind pyrochemische Reaktionen. Sie wurden z. B. in einem im Verbrennungsofen gelegenen Rohre aus schwer schmelzbarem Glase vorgenommen, das mit einer Schicht Bimssteinstückchen beschickt war, welche ihrerseits mit Nickeloxydpulver bestäubt worden

---

[1] Dr. *Hugo Spiel* in Wien (Ö. P. 79425 vom 19. Juli 1917; D. R. P. 317502 vom 19. Juli 1918).

[2] Vgl. über die *Sabatier*schen Reaktionen: Annales de chim. et de phys. 1905 (8), **4**, 319 (auch das Chem. Zentralblatt vom Jahre 1905 enthält eine Zusammenstellung dieser Arbeiten). — Über die Genesis der *Sabatier*schen Reaktionen sowie überhaupt über die modernen katalytischen Prozesse der organischen Chemie gibt der instruktive Vortrag: „Metalle als Katalysatoren in der organischen Chemie" von *Ludwig Taub*, Zeitschr. f. angew. Chemie 1910, Heft 4 eine gute Übersicht.

waren. Durchgeleiteter Wasserstoff reduzierte erst das Nickeloxyd bei 250° C zu Nickelpulver, ehe er zur Anlagerung verwendet wurde. Wie *Sabatier* beobachtete, ist eine höhere Reduktionstemperatur des Nickeloxyds für katalytische Reaktionen unvorteilhaft, sie kann sogar niedriger liegen; die geeignetste Hydrierungstemperatur liegt 10 bis 20° C über dem Siedepunkt der betreffenden Substanz. Behufs Ausführung der Reduktion wurde das Rohr auf diese Temperatur gebracht und das Reduktionsgut in das Rohr unter gleichzeitiger Durchleitung von Wasserstoff eintropfen gelassen. Das hydrogenisierte Produkt floß am anderen Ende des Rohrs ab. Es ist klar, daß diese Methode nur für Verbindungen angewandt werden konnte, deren Dämpfe unzersetzt sieden.

Sabatier und *Senderens* hatten zwar mittels dieser pyrochemischen Reaktion Kohlenoxyd und Kohlensäure in Methan[1], Olefine in Paraffine, cyclische ungesättigte Verbindungen in gesättigte übergeführt[2], keinesfalls aber ungesättigte Fettsäuren oder deren Glyceride mit Wasserstoff gesättigt. Diese Reaktion wurde 1905 von *Erdmann* und *Bedford* in Angriff genommen, welche nämlich fanden, daß die Dampfform organischer Verbindungen, für welche die Reaktion ausgearbeitet ist, bei schwer flüchtigen Substanzen vermieden werden kann, wenn man letztere auf Bimssteinstücke, die mit metallischem Nickel imprägniert sind, bei relativ mäßiger Temperatur allmählich auftropfen läßt und gleichzeitig Wasserstoff durchleitet. Auf diese Weise wurde **Ölsäure zu Stearinsäure, Crotonsäureäthylester zu Buttersäureäthylester und Linolensäureäthylester zu Stearinsäureäthylester** reduziert[3].

Mittlerweile aber hatte bereits Dr. *Normann* ein Verfahren ausgearbeitet, um nicht nur Fettsäuren, sondern selbst natürliche Fette durch katalytische Methoden mit Wasserstoff zu sättigen. Er legte seine Erfahrungen in einem bis dahin wenig beachteten, aber bereits 1902 erteilten deutschen Patente nieder, dessen Anspruch auf ein „Verfahren zur Umwandlung ungesättigter Fettsäuren oder deren Glyceride in gesättigte Verbindungen, gekennzeichnet durch die Behandlung der genannten Fettkörper mit Wasserstoff bei Gegenwart eines als Kontaktsubstanz wirkenden, fein verteilten Metalles" lautete[4]. Der Erfinder erklärt in der Patentschrift, daß es mit Hilfe der Kontaktmethode von *Sabatier* und *Senderens* auch leicht sei, ungesättigte Fettsäuren in gesättigte überzuführen, wenn man die Fettsäuredämpfe mit Wasserstoff über das Kontaktmetall leitet, welch letzteres zweckmäßig auf einem geeig-

---

[1] *Sabatier* und *Senderens*, Chem. Zentralbl. 1902, **1**, 802, 974.
[2] ibid. 1901, **1**, 818.
[3] Näheres siehe: „Über die ungesättigten Säuren des Leinöls und ihre quantitative Reduktion zu Stearinsäure". Inaug.-Dissertation von *Fred Bedford* (Halle a. S. 1906). — Über die Reduktion von Ölsäure und Elaidinsäure zu Stearinsäure durch *Sabatier* und *Mailhe* vide Chem. Centralbl. 1909, I.
[4] D. R. P. 141 029 v. 14. August 1902 der Herforder Maschinenfett- und Ölfabrik *Leprince & Siveke* in Herford, entspr. dem engl. Patent 1515/1903 von *Normann*, später in den Besitz von *Crosfield & Sons* übergegangen.

neten Träger, z. B. Bimsstein, verteilt ist. „Es genügt aber auch, das Fett oder die Fettsäure in flüssigem Zustand der Einwirkung von Wasserstoff und der Kontaktmasse auszusetzen. Gibt man z. B. feines Nickelpulver, durch Reduktion im Wasserstoffstrom erhalten, zu chemisch reiner Ölsäure, erwärmt im Ölbad, und leitet einen kräftigen Strom von Wasserstoffgas längere Zeit hindurch, so wird die Ölsäure bei genügend langer Einwirkung vollständig in Stearinsäure übergeführt. Die Menge des zugesetzten Nickels und die Höhe der Temperatur sind unwesentlich, beeinflussen höchstens die Dauer des Prozesses. Die Reaktion verläuft, abgesehen von der Bildung geringer Mengen Nickelseife, die sich mit verdünnten Mineralsäuren leicht zerlegen läßt, ohne Nebenreaktion. Dasselbe Nickel kann wiederholt gebraucht werden."

Wie die reine Ölsäure lassen sich auch technisch gewonnene Fettsäuren, überhaupt alle Arten ungesättigter Fettsäuren, sowie die natürlichen Fette und Öle leicht hydrogenisieren. So z. B. entstehen aus Olivenöl, aus Leinöl oder Tran nach dem beschriebenen Verfahren harte, talgartige Massen[1].

Die Fetthärtung ist ein im heterogenen System erfolgender katalytischer Prozeß, bei welchem die Frage nach der Funktion des Katalysators heute mit voller Klarheit noch nicht beantwortet werden kann. Obgleich nach der herrschenden Ansicht Katalysatoren eine Reaktion nur zu beschleunigen vermögen und der Katalysator scheinbar unverändert aus der Reaktion hervorgeht, muß man in vielen Fällen dennoch eine Teilnahme des Katalysators an vor sich gehenden Zwischenreaktionen annehmen. Palladiummetall, welches in hervorragendem Maße befähigt ist, Wasserstoffanlagerungen zu vermitteln, vermag bekanntlich Wasserstoff in großer Menge aufzunehmen. *Mond, Ramsay* und *Shields* haben die Menge des von Palladiumschwarz aufnehmbaren Wasserstoffs zu 873 Volumen ermittelt; sie beträgt nach anderen Versuchen sogar 930 Volumina. In diesem Zustande besitzt Palladium die Eigenschaften eines den Wasserstoff leicht abgebenden Hydrürs. Auch für Nickel ist die Existenz eines solchen Hydrürs nachgewiesen. *S. Fokin*, welcher sich mit diesem Problem eingehend beschäftigte, schöpfte seine Vermutung daß die Anlagerung von Wasserstoff durch Übertragung des von Metallen okkludierten Wasserstoffs stattfinde, zunächst aus der von *Glaser*[2] fest-

---

[1] Das *Normann*sche Verfahren hatte anfangs in Deutschland ebensowenig Glück, wie die vorangegangenen Fetthärtungsmethoden. Erst die Firma *J. Crosfield and Sons* in Warrington, welche es übernahm, bildete es derart aus, daß schon im Jahre 1906 erhebliche Mengen fertiger Ware geliefert werden konnten. Das deutsche Patent (*Leprince & Sivecke*) ging in den Besitz der *Naamlooze Venootschap Ant. Jurgens* in Oß in Holland über, welche 1911 in Emmerich die *Germania-Ölwerke* errichtete; deren Produktion an gehärtetem Tran betrug 1914 täglich 1000 Meterzentner. Es ist weiter bekannt geworden, daß der zur Härtung erforderliche Wasserstoff nach dem Eisen-Wasserdampfverfahren hergestellt wird und daß der Katalysator aus Nickel, welches auf Kieselgur niedergeschlagen wurde, besteht. (Vgl. *Bergius*, Zeitschr. f. angew. Chemie 1914, S. 516.)

[2] *Glaser*, Jahresber. f. anorg. Chemie 1903, S. 9.

gestellten Existenz von zwei Kobalthydrüren, nämlich CoH_3 und CoH_2. Daß nun Nickelhydrür ebenfalls existenzfähig sei, schloß *Fokin* aus der Tatsache, daß Nickel bis 18 Volumen, als Elektrode sogar aber 168 Volumen Wasserstoff absorbiert.

Von diesen Vermutungen abgesehen, hat *Fokin* die Übertragung des Wasserstoffs durch Metallhydrüre direkt nachgewiesen. Er zeigte dies an der Ölsäure. 0,5 g Palladium, in einer Platinschale geglüht, behandelte *Fokin* mit Salzsäure und glühte nochmals. Nun leitete er über das in ein Reagensglas gebrachte Palladium Wasserstoff, bis die von der Okklusion hervorgerufene Wärme verschwand. Er goß weiterhin einige Tropfen einer alkoholischen Ölsäurelösung hinzu, verdrängte den Wasserstoff aus dem Reagensglase durch Luft und erwärmte schwach. Das Reaktionsprodukt schmolz bei 65 bis 66°C, war demnach hochprozentige Stearinsäure.

Den gleichen Beweis erbrachte *Fokin* auch für das Nickelhydrür. Ein bei 350°C reduziertes Nickel, in gleicher Weise behandelt, und Ölsäure im Verhältnis 2 : 1 mit Glycerin bei konstantem Umrühren 30 Minuten erwärmt, ergab ein zwischen 28 bis 30°C erstarrendes Produkt [1].

Weiterhin nimmt *Fokin* für die Wasserstoffabgabe durch Metallhydrüre eine Übersättigung der Metalle an Wasserstoff an, welch letzterer von den Metallen daher um so leichter abgegeben wird. *Fokin* stützt sich hierbei auf die Versuche von *Mond*, *Ramsay* und *Shields*, welche zeigten, daß Palladium und Platin im Vakuum fast ihren gesamten Wasserstoff abgeben [2]. Ungesättigte Verbindungen vermögen nun wie ein Vakuum zu wirken und den Wasserstoff dem Metalle abzunehmen, sich selbst ihn aber anzulagern. Weiter aber erklärt *Fokin*, nachdem der in Form der Hydrüre von Metallen okkludierte Wasserstoff am aktivsten sei, wirke dasjenige Metall katalytisch am vorteilhaftesten, welches fähig ist, die größte Gasmenge zu absorbieren [3]. Die Ak-

---

[1] *Fokin*, Zeitschr. f. Elektrochemie 1906, S. 754.
[2] *Mond*, *Ramsay* u. *Shields*, Jahresber. f. Chemie 1897, S. 191.
[3] Ob in okkludierenden Metallen der Wasserstoff gelöst oder ob er mit ihnen chemisch verbunden ist, konnte noch nicht entschieden werden. Vielleicht läßt sich dieses Problem nach einer der beiden Alternativen deshalb nicht entscheiden, weil hier ein Grenzzustand vorliegt. Während z. B. *Tammann* (Zeitschr. f. angew. Chemie 1920, S. 90) behauptet, im Palladium sei der Wasserstoff atomar gebunden, widersprechen *Willstätter* und *Waldschmidt-Leitz* dieser Annahme. — *Sabatier* erklärt die Sonderstellung des Nickels als Reduktionskatalysator durch die Existenz mehrerer Nickelhydride. So nimmt er für das durch Reduktion aus dem Chlorid und das über 400°C aus dem Oxyd erhaltene Ni ein einfaches Hydrid, hingegen für das aus einem Nitrat, resp. Oxyd bei niedriger Temperatur gewonnene Ni ein Perhydrid an, weil letzteres auch den Benzolkern zu reduzieren vermag, während ersteres sich nur zur Reduktion von Nitriten, NO_2-Gruppen und Äthylenbindungen eignet. Dem einfachen Hydrid käme die Formel Ni_2H_2, dem Perhydrid die Formel NiH_2 zu. Damit hat *Sabatier* nicht nur die Hydrüre des Ni als chemische Verbindungen angenommen, sondern auch den Reaktionsmechanismus der Hydrogenisierungskatalyse als rein chemisch erklärt. Es würde demnach das Hydrür dissoziieren, den Wasserstoff leicht abgeben und das Metall wiederum regenerieren, welches in neue Reaktion sofort einzutreten befähigt ist. Die Annahme rein physikalischer Kondensationsphänomene der

tivität des aus Hydrüren entwickelten Wasserstoffs wäre durch einen atomaren Zustand zu erklären, wie *van't Hoff* ihn bezüglich des aus Palladiumhydrür entwickelten Wasserstoffs annimmt. Dazu käme, daß ein solcher Wasserstoff sich nach *Mendelejeff* im Zustande eines physikalisch komprimierten Gases befindet[1]. Aus dem gleichen Grunde könnte eine Temperatursteigerung über eine gewisse Grenze nachteilig sein, weil die Fähigkeit des Metalls, Gase zu okkludieren, von einem gewissen Momente an abnimmt

Es sei noch weiterhin die Ansicht *Bodensteins*, welche ganz allgemein für Katalysatorenwirkung abgegeben wurde, erwähnt. Nach derselben bildet sich am Katalysator eine Absorptionsschicht des Reaktionsproduktes, durch welches die Ausgangsstoffe diffundieren müssen. Sie gelangen zum Katalysator, wo sie unendlich schnell in Reaktion treten. Demnach wirken fein verteilte Metalle in der Weise als Katalysatoren, daß sich an ihrer stark vergrößerten Oberfläche Gase oder gelöste Stoffe verdichten und zufolge ihrer größeren Konzentration auch eine größere Reaktionsgeschwindigkeit veranlassen. Ganz allgemein vermögen Stoffe mit sehr großer Oberfläche katalytisch mehr oder minder zu wirken. Für diese Tatsache wurde die Fähigkeit solcher Stoffe angenommen, insbesondere Gase zu kondensieren und derart reaktionsbeschleunigend zu wirken (vgl. die Note über die Ansicht *Sabatiers*). Inwieweit die Wirkung bei demselben Katalysator sich auf Dissoziation, Kondensation, chemische Reaktion und Diffusion zurückführen läßt, ist Sache der experimentellen Untersuchung, welche in ihren Resultaten bisher nur spärlich vorliegt. Indessen wird sich für besonders wirksame Katalysatorenpräparate eine Wirkungssummierung nicht von der Hand weisen lassen[2]. Speziell für die Hydrogenisierung von Fetten mit einem Nickelkatalysator nehmen *E. F. Armstrong* und *T. P. Hilditch* auf Grund der Reaktionsgeschwindigkeit des Prozesses an, daß sich zunächst Nickel an die ungesättigte Bindung anlagere, und daß diese unbeständige Verbindung durch Wasserstoff wiederum in gesättigtes Fett und metallisches Nickel zerlegt werde[3].

Gase in porösen Substanzen, welche von der damit verbundenen Kompression und lokalen Erhitzung, etwa auch zufolge elektrischer Einflüsse, die Reaktion erst hervorrufen sollen, weist *Sabatier* schon deshalb zurück, weil damit die spezifische Wirkung der Katalysatormetalle und deren Oxyde nicht in Einklang zu bringen ist. — Für Palladiumwasserstoff nimmt *Sabatier* ebenfalls eine chemische Verbindung mit der von *Dewar* aufgestellten Formel Pd_3H_2 an. (*Paul Sabatier*, La catalyse en chimie organique, Tome XIII d'Encyclopédie de science chimique appliquée. Paris 1914.) Dagen halten *Willstätter* und *Waldschmidt-Leitz* die Metallhydrüre überhaupt für katalytisch unfähig, schreiben hingegen speziell für Palladium und Platin die spezifisch katalytische Wirkung der Wasserstoffanlagerung einem chemischen Vorgang zu, welcher sich zwischen den Superoxyden dieser Edelmetalle und Wasserstoff vollzieht (vgl. die weiteren Ausführungen).

[1] Die Reaktionsbeschleunigung wächst naturgemäß mit der Konzentration der Reagenzien; wenn demnach Gase in Form des komprimierten Zustandes vorhanden sind, erklärt sich die katalytische Wirkung ebenso leicht, wie wenn sie durch den Katalysator dissoziiert werden.

[2] Vgl. hierüber auch die Ausführungen in *Woker*, Die Katalyse.

[3] *Armstrong* und *Hilditch*, Proc. Roy. soc. London, Serie A 96; 137.

Nun führen aber *Willstätter* und *Waldschmidt-Leitz* eine Reihe von Versuchen an, aus welchen hervorgeht, daß weder Platin, noch Palladium, noch Nickel ohne Anwesenheit von Sauerstoff als hydrogenisierende Katalysatoren zu wirken vermögen[1]. In der zit. Abhandlung beziehen sie sich zunächst auf Versuche von *Willstätter* und *Jaquet*, nach welchen Phthalsäure, Naphthalsäure und Maleinsäure katalytisch nur reduziert werden können, woferne die Reaktion mit Platin und Sauerstoff eingeleitet und der Platinkatalysator wiederholt mit Sauerstoff neu belebt wird. Sie führen ferner die Untersuchungen von *Boeseken* und *Hofstede* an, welche dartun, daß Zimtsäureester mit kolloidalem Palladium erheblich leichter von sauerstoffhaltigem Wasserstoff reduziert wird als von reinem, und stützen sich auf die Erfahrung von *G. Vavon*, nach welcher ein ermüdeter Platinkatalysator durch Erwärmen an der Luft auf 200°, ja selbst bei längerem Lagern sich erholt.

Mond, *Ramsay* und *Shields* nehmen in einem Platinmohr, welches Wasserstoff absorbiert hat, die Koexistenz von Sauerstoff und Wasserstoff an. Dagegen halten *Willstätter* und *Waldschmidt-Leitz* dafür, daß ein solches Platin sauer- und wasserstoffhaltige Gruppen chemisch gebunden enthält. Auch akzeptieren sie nicht den Standpunkt, als ob im Palladium und Platinhydrür der Wasserstoff atomar vorhanden wäre, da sonst schon dieser Zustand der Unfähigkeit reiner Palladium- und Platinhydrüre, Wasserstoff an organische Doppelbindungen anzulagern, widersprechen würde. Vielmehr enthalten nach *Willstätter* und *Waldschmidt-Leitz* Platin und Palladium den Wasserstoff dann in leicht dissoziierbarer, reaktionsfähiger Form, wenn sie oxydiert werden. Diese Chemiker halten weiter dafür, daß das oxydierte Platinmetall, das erste Zwischenglied der Hydrierung, mit Wasserstoff derart reagiert, daß das zweite Zwischenglied zugleich Superoxyd (auch Oxyd) und Hydrür ist.

Für die Wasserstoffübertragung selbst nehmen sie folgenden Reaktionsverlauf an:

$$1. \quad Pt + O_2 = Pt\begin{matrix}O\\|\\O\end{matrix},$$

$$2. \quad Pt\begin{matrix}O\\|\\O\end{matrix} + H_2O = Pt\begin{matrix}OOH\\OH\end{matrix} \quad \text{(Superoxydhydrat)},$$

$$3. \quad Pt\begin{matrix}OOH\\OH\end{matrix} + H_2 = \begin{matrix}H\\H\end{matrix}\!\!>Pt\begin{matrix}O\\|\\O\end{matrix} + H_2O.$$

Unter solchen Umständen würde die Funktion des Katalysators darauf beruhen, daß das Platin die Valenz wechselt.

Da mit der Wasserstoffübertragung eine Reduktion des Platinoxyds einhergeht, ist Ermüdung und Wiederbelebung des Katalysators leicht zu erklären.

Beim Nickel erklären die genannten Chemiker die den Wasserstoff übertragenden Sauerstoffstufen jedoch nicht für peroxydisch.

---

[1] *Willstätter* und *Waldschmidt-Leitz*, Berichte der Deutsch. chem. Gesellschaft 1921, S. 113. *Willstätter* und *Jaquet*, Berichte der Deutsch. chem. Gesellschaft 1918, S. 767.

Auf jeden Fall halten sie die Menge des Sauerstoffes, welcher notwendig ist, um ganz reines metallisches Nickel, welches für sich nicht Wasserstoff anzulagern vermag, zu aktivieren, für sehr gering.

Wie aus dem Patentanspruche des D. R. P. 141 029 ersichtlich, ist Nickel nicht ausdrücklich als Katalysator genannt, sondern es sind lediglich fein verteilte Metalle, welche als Kontaktsubstanz wirken, ganz allgemein bezeichnet. Es hatten nämlich schon *Sabatier* und *Senderens* in ihren Arbeiten darauf aufmerksam gemacht, daß nicht allein Nickel, sondern auch Platin, Kobalt, Kupfer und Eisen als Katalysatoren für Wasserstoffübertragung zu wirken vermögen. Die Wirksamkeit dieser Metalle ist gegeben durch die Reihenfolge Pt, Ni, Co, Cu, Fe. Wenngleich sie vornehmlich für die Reaktion von Acetylen mit Wasserstoff aufgestellt wurde[1], kann sie dennoch auch in allen analogen Fällen als Regel gelten. Auch *Fokin* gibt die Folge, in welcher die Metalle den Verlauf der Reaktion günstig gestalten, in gleicher Weise an, nur stellt er Palladium voran[2]. Erwähnt sei noch die Ansicht, welche dieser Chemiker beim Studium der einschlägigen Reaktion sich bildete. Er meinte nämlich, daß die Reduktion der Ölsäure auf das Vorhandensein eines galvanischen Paares, welches aus Zink oder Magnesium einerseits, aus Palladium, Platin, Nickel oder Kobalt andererseits besteht, in Gegenwart von Wasserstoff zurückzuführen sei.

Wenn man z. B. 10 g Ölsäure, 1 g Palladiummohr und 100 cm³ Alkohol mit möglichst viel Schwefelsäure (1 : 4) und granuliertem Zink digeriert, erhält man nach kurzer Zeit ein Produkt vom Erstarrungspunkt 48 bis 47° C. Die Härtung geht auch vor sich, wenn das Palladiummohr durch Platinmohr ersetzt und das Reaktionsgemisch unter Zusatz metallischen Magnesiums erwärmt wird. In gleicher Weise konnte Platin durch (aus Ni(OH)$_2$ bei 360° reduziertes) Nickel oder durch Kobalt (aus dem Oxydul gewonnen), das granulierte Zink durch Magnesium, die Schwefelsäure durch andere Mineralsäuren ersetzt werden[3].

Es mag jedoch hervorgehoben werden, daß außer den Metallen der Platingruppe, deren Wirkungsweise später erörtert werden wird, bis nun kein anderes Metall als Nickel zu technischen Reduktionsversuchen herangezogen wurde; denn die katalytischen Eigenschaften nehmen in der aufgestellten Reihe der Metalle so sehr ab, daß bei Kupfer die erforderliche Reaktionstemperatur schon sehr hoch ist und die Reaktion unvollständig verläuft[4].

---

[1] *Sabatier* und *Senderens*, Ann. chim. phys. [8] 4, 319 bis 432. — Auch colloidales Osmium und Silber können zur Reduktionskatalyse benutzt werden. Sie sind weniger wirksam als Pt. — Hingegen ist Gold ganz inaktiv. (*Paal* und *Gerum*, Ber. D. chem. G. 1907, S. 2209.)

[2] *Fokin*, Zeitschr. f. Elektrochemie 1906, S. 754.

[3] *Fokin*, Zeitschr. f. Elektrochemie 1906, S. 754.

[4] Vgl. auch *O. Sachs*, Vortr. im niederrheinischen Bezirksverein der Deutschen Chemiker (Zeitschr. f. angew. Chemie, November 1913).

Freilich genügt die Anwesenheit des Katalysators, des Wasserstoffs und des Reduktionsgutes nicht allein zum glatten Verlauf der Hydrogenisierung. Er ist nämlich ferner von der physikalischen und chemischen Beschaffenheit des Katalysators, von der Reinheit der verwendeten Materialien, von der Reaktionstemperatur und vom Drucke, unter welchem das Wasserstoffgas wirkt, abhängig.

Obgleich das *Normanns*che Patent gegenüber dem Verfahren von *Sabatier* einen sehr erheblichen Fortschritt bedeutet, waren die weiteren technischen Arbeiten, welche sich die Härtung der Ölsäure zum Ziele setzten, dennoch ziemlich streng den Arbeiten *Sabatiers* angepaßt. *Philipp Schwoerer*, einer der ersten, welche sich mit diesem Problem beschäftigten, kämpfte noch mit den für die Reaktionsbedingung günstigsten Temperaturen; wie die Arbeiten von *Sabatier* und *Senderens* erweisen, steigt die Ausbeute des Produkts mit der Temperatur. Da aber diese bei der Behandlung von Ölsäure im Dampfzustand begrenzt ist, weil ca. 270° den Zersetzungsbeginn für Fettsäuren bedeuten, und gleichzeitig die schwer flüchtigen

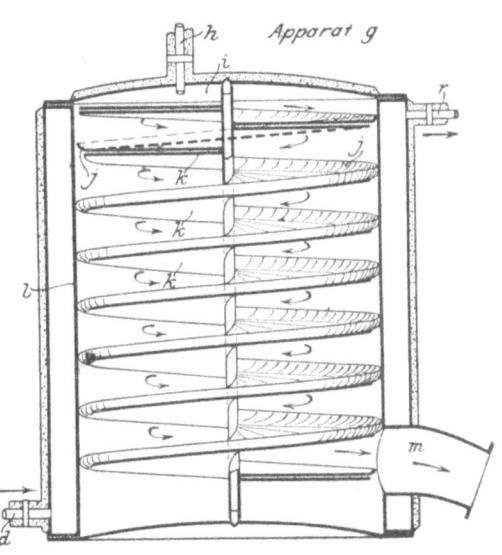

Fig. 7.

Zersetzungsprodukte die Aktivität der Kontaktsubstanz zerstören, arbeitete *Schwoerer* ein Verfahren aus, bei welchem die Durchführung der Reduktion in der Verdampfungskammer selbst derart erfolgt, daß die angegebene Temperatur nicht überschritten und durch das verdampfende Medium leicht zu regulieren ist. Hierdurch sollte die Schwierigkeit der Aufrechterhaltung der Temperatur in einer getrennten Reaktionskammer sowie auch die besondere Heizung und Wartung vermieden werden[1].

Bezüglich der technischen Einzelheiten des Reduktionsverlaufes führt das D. R. P. 1 999 909 aus, daß die Durchführung des Prozesses in einem kolonnenartigen Gefäße (Fig. 7) erfolgt, welches mit einer vom Deckel bis zum Boden reichenden Schnecke i versehen ist, damit der allmählich innerhalb der Temperatur von 250 bis 270° im flüssigen Zustand gebildete Teer auf der Schnecke abwärts fließen und unten abgelassen werden kann. — In den Doppelmantel l strömt zwecks äußerer Heizung oder Regulierung der Reaktion und Verdampfungstemperatur bei d überhitzter Dampf ein und verläßt den Heizmantel durch das Ableitungsrohr r. Die Schnecke i, auf deren oberer Fläche j die

---

[1] *Schwoerer*, D. R. P. 199 909 v. 29. Dezember 1906.

ölsäurehaltigen Substanzen, durch das Einlaßrohr *h* einströmend, in dünner Schicht stetig herabfließen, wird mit einem nach oben gekrümmten Rand versehen oder mit dem inneren Zylindermantel direkt verbunden. Auf der unteren Fläche *k* der Schnecke *i* ist die katalytische Masse angebracht, welche aus Asbest (*k*) besteht, der eine möglichst große Oberfläche besitzt, ein Kupfer- oder sonstiges Metallgerippe enthält und mit Nickel nach dem Verfahren von *Sabatier* und *Senderens* imprägniert ist. Gegenüber der untersten Windung der Schnecke *i* ist das Abschlußrohr *m* angebracht. — Die Anwendung einer spiralförmigen Kammer erfüllt, im Gegensatz zu anderen Arten von Verdampfungskammern, den Zweck, die kontinuierliche Reaktion des Ölsäuredampfes mit Wasserstoff zu bewirken, ohne daß sich die katalytische Substanz mit flüssiger Ölsäure benetzt, was eine Teerbildung auf derselben und somit eine Störung der Reaktion zur Folge hätte. — Zur Ausführung treten die vorgewärmten Fettsäuren, wenn nötig gereinigt, durch das Rohr *h* oder fein zerstäubt durch einen Injektor in die Vorrichtung ein, welche durch die von außen regulierbare Heizung von 250 bis 270° erwärmt werden, und fließen in dünner Schicht auf der oberen Fläche *j* der Schnecke *i* herunter. Wasserstoff tritt gemeinsam mit überhitztem Dampf ein; durch letzteren werden sie bei einer Temperatur von 250 bis 270° verflüchtigt.

Da die Methode von *Sabatier* und *Senderens*, wie bereits erwähnt, darauf basiert, daß ungesättigte Substanzen in gasförmigem Zustande mit Wasserstoff über Nickel geleitet werden und Fettsäuren, insbesondere aber deren Glyceride, nicht ohne Zersetzung flüchtig sind, so läßt sich diese Methode nicht ohne weiteres auf solche Substanzen anwenden. Andererseits aber absorbiert Ölsäure, mit frisch reduziertem Nickelpulver versetzt und erwärmt, durchgeleiteten Wasserstoff nur mäßig; zu einer vollständigen Reduktion der Ölsäure ist nicht nur lange Dauer, sondern auch ein großer Überschuß von Wasserstoff erforderlich.

Nun hat *Erdmann* gefunden und bewiesen, daß eine sehr fein zerstäubte Flüssigkeit sich in dieser Hinsicht wie eine gas- oder dampfförmige Substanz verhält, so daß man weit ökonomischer arbeitet, wenn man die Fettsäuren oder deren Glyceride in feinen Tropfen überschüssigem, erhitztem, mit großer Oberfläche ausgestattetem Nickel zuführt und gleichzeitig die entstandenen Reduktionsprodukte entfernt[1]. Unter solchen Umständen erfolgt die Addition des Wasserstoffs sofort und quantitativ, so daß fast 100 Proz. der theoretischen Ausbeute an Stearinsäure aus Ölsäure erzielt werden können. Selbst ungesättigtere Säuren, wie Linol- und Linolensäure, lassen sich quantitativ nach diesem Verfahren in Stearinsäure überführen. Die Reaktionstemperatur wird für Fette und Fettsäuren am günstigsten zwischen 160 bis 200° C gehalten.

Die Ausführung des Verfahrens kann auf verschiedene Weise erfolgen. So z. B. kann in einem aus Nickel hergestellten heizbaren geschlossenen Zylinder sich um eine vertikale Achse ein innerer Zylinder drehen, welcher aus Ton, imprägniert mit fein verteiltem, frisch reduziertem Nickel, besteht. Die Ölsäure gelangt in den äußeren Zylinder durch eine seitliche Düse, durch welche sie mittels komprimierten Wasserstoffs gegen den inneren auf 180° erhitzten Zylinder gespritzt wird. Oder in einem aus Nickel hergestellten, heizbaren Turm befinden sich mit Nickel imprägnierte Tonscherben; bei einer

---

[1] D. R. P. 211 669 v. 19. Januar 1907.

Temperatur von 170 bis 180° wird durch den Deckel des Turms Ölsäure durch ein feines Verteilungssieb eingeführt, während von unten ein Wasserstoffstrom entgegengeführt wird. Bis die Ölsäure auf den Boden des Apparates gelangt, ist sie zu Stearinsäure reduziert.

Um dem Nickel eine große Oberfläche zu geben, führt *Erdmann* dessen Reduktion auf porösem Material durch, indem er die Tonscherben mit Nickeloxyd imprägniert und dieses durch Wasserstoff bei 280° C reduziert. Die Reduktion erfolgt mit dem Hydrogenisierungsprozeß kontinuierlich. Um eine größere Reinheit des Endproduktes und eine rasche Trennung desselben vom Katalysator zu erzielen, entfernt *Erdmann* dort, wo es möglich ist, z. B. bei der Reduktion der Ölsäure, die daraus gewonnene Stearinsäure aus dem Apparat durch Destillation im Vakuum[1]. Dies gelingt leicht, weil Stearin-

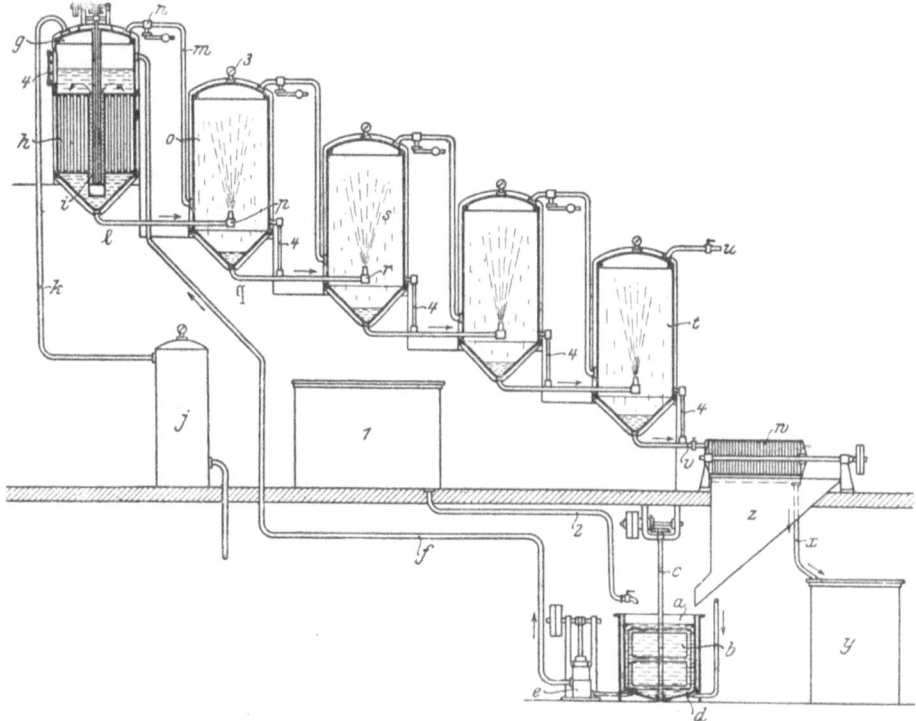

Fig. 8.

säure in Gegenwart eines Wasserstoffstromes bei gleichzeitiger Evakuierung schon bei 200° überdestilliert. Verbindet man das heizbare Reduktionsgefäß mit einer Kondensationsvorrichtung und einer Vakuumpumpe, so kann schon während der Reduktion evakuiert werden, so daß die frisch entstandene Stearinsäure sofort abdestilliert werden kann.

Einen wesentlichen Fortschritt bedeutet das *Testrup*sche Verfahren; es beruht darauf, daß das mit dem Katalysator (Palladium oder Nickel) ver-

---

[1] D. R. P. 221 890 v. 20. Juni 1909.

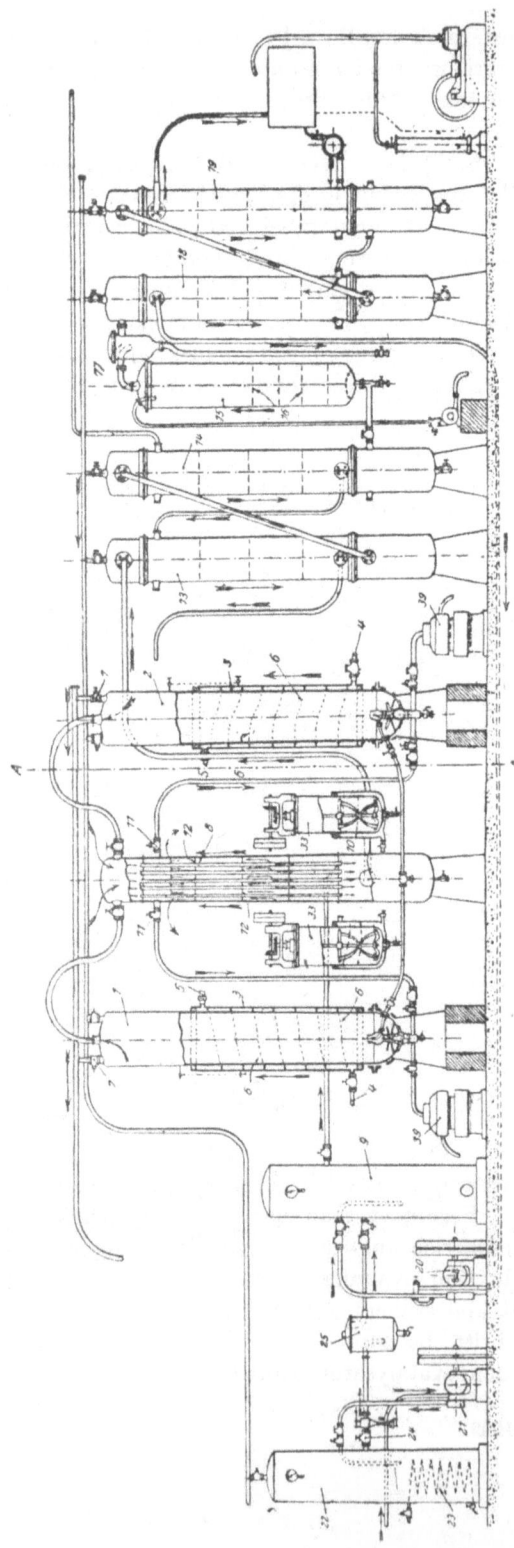

Fig. 9.

sehene Öl erst in einem geschlossenen Rührapparat mit Wasserstoff unter 15 Atm. Druck bei 160 bis 170° C gerührt und das so teilweise hydrogenisierte Öl durch eine Düse in einen zweiten geschlossenen Behälter gespritzt wird, in welchem sich komprimierter Wasserstoff unter geringerem Drucke befindet. *Testrup* konstruierte auf diese Weise eine ganze Batterie von Gefäßen mit stets abnehmendem Druck[1].

Den Arbeitsvorgang in den Werkstätten von *Lever Brothers Ltd.* in Port Sunlight schildert das amerikanische Patent 1 114 067 (v. 20. Oktober 1914)[2] (Fig. 8): Das Härtungsgut wird in einem Kessel a, welcher mit Rührwerk (b) und Mantel (d) versehen ist, mit 2 bis 3 Proz. fein verteiltem Nickel verrührt und durch eine den Duplikator durchströmende Flüssigkeit auf 160° C erwärmt. Nun wird das Gemisch durch eine Pumpe (e) in das mit Mantel versehene Gefäß (g) befördert. h sind Heizröhren, i ist ein zentrales Rührwerk. j ist ein Wasserstoffreservoir, von welchem Wasserstoff unter hohem Druck durch k nach g geführt wird. l ist ein Ablaßrohr für das Hydriergut, m ein solches für den Wasserstoff, wobei das Ventil n als Regulator benutzt wird. Das Hydriergut wird

---

[1] Engl. Patent 7726/1910.
[2] *Nils Testrup London*, Vertr. für *Lever Brothers Ltd.*, nach einer Übersetzung der Seifensieder-Ztg., 1915, Nr. 10.

durch l nach dem Gefäß o geführt, wo es mittels Düse p zerstäubt und dem Wasserstoff, welcher durch m in o eintritt, ausgesetzt wird.

Das Ölkatalysatorgemisch sammelt sich am Boden von o und wird von dort mittels des Gasdrucks durch q und Düse r in das weitere Gefäß s gedrückt und zerstäubt, wo sich der gleiche Vorgang wie in o wiederholt. Hat das Öl die ganze Batterie, welche durchaus auf 160° C heizbar ist, durchlaufen und ist in t angelangt, so wird das Gut durch v nach der Filterpresse w gedrückt, während der Wasserstoff durch u entweichen kann. In der Filterpresse wird das Öl vom Katalysator abfiltriert. Ersteres fließt nach y, der Katalysator wird mittels Rutsche x nach a gebracht. 1 ist ein Voratsgefäß für Öl. Für die Härtung von Kottonöl beträgt der H-Druck in g ca. 15 Atm, in o ca. 12 Atm, im nächsten Autoklaven nur mehr 9 Atm usw., auf diese Weise einen Differenzdruck behufs vollkommener Zerstäubung des Öls bedingend. Für Seifenmaterial ist 10- bis 15 malige Zerstäubung erforderlich.

Nach dem engl. Patente 107 969 der *Société de Stéarinerie et Savonnerie de Lyon* soll die Hydrogenisierung der Fette mit der Entfernung der freien Fettsäuren durch Wasserstoff verbunden werden. Die hierzu angewandte Apparatur der Fig. 9 wird von *Kantorowicz* folgendermaßen geschildert:

Die doppelwandigen Autoklaven I und II der Fig. 9 arbeiten abwechselnd oder parallel. Sie werden mit überhitztem Dampf oder mit kreisendem Öl geheizt. Der Eintritt des Dampfes oder der Heizflüssigkeit erfolgt bei 4, der Austritt bei 5. Bei Rohr 7 wird das Rohöl eingeführt und auf 180 bis 200° C erhitzt, der Wasserstoff wird durch den Kompressor 10 am Boden des Autoklaven mit geringem Überdruck eingedrückt (etwa 1 kg pro cm²). Das nicht absorbierte Gas entweicht am Deckel des Autoklaven bei 1, tritt in das Wärmeaustauschgefäß des Rohrsystems 8, gibt dort seine Wärme an Wasserstoff ab, welche frisch aus dem Reservoir 9 kommt, bei 10 eintritt und bei 11 entweicht. Zur Verteilung des Gases im Rohrsystem 8 sind die Prellplatten 12 angebracht. Die automatische Regelung des Wasserstoffs durch das Gefäß 8 erfolgt durch die während des Prozesses frei werdende Wärme gelegentlich der Absorption des Gases. Tritt wenig nicht absorbierter Wasserstoff aus dem Autoklaven, so fällt die Temperatur im Gefäß 8, wodurch eine plötzliche Temperaturerhöhung im Autoklaven vermieden wird. Die vom Wasserstoff mitgeführten freien Fettsäuren werden in 8 kondensiert und im Röhrenkühler 13/14 abgekühlt. Hinter den Kondensatoren tritt das Gas in die Kammer 15, welche durchlochte Platten 16 und Ätznatron zur Absorption flüchtiger Fettsäuren enthält; es wird weiterhin im Wasserabscheider 17 von flüssigen Beimengungen befreit, im Wärmeregler 18 auf die Temperatur des aus 19 austretenden Gases gebracht. Der Wasserstoff wird im Kühler auf —20° C abgekühlt, durchstreicht den Apparat 18, um in den Kompressor 20 einzutreten. Neu eintretender Wasserstoff wird im Kompressor 21 auf 20 Atm komprimiert, in das Reservoir 22 gedrückt und daselbst durch die Kühlschlange 23 mit Wasser gekühlt. Hierdurch wird vorhandenes Wasser kondensiert. Es tritt durch das Reduzierventil 24 in das Reservoir 9 durch den Wasserabscheider 25 ein. Weiterhin enthält das Patent noch eine Beschreibung des Apparates für den Zusatz des Katalysators.

Noch sei der Apparat *Kaisers* erwähnt, welcher dazu dient, ungesättigte Fettsäuren mittels Wasserstoffs auf katalytischem Wege in gesättigte überzuführen[1]. *Kantorowicz* beschreibt ihn folgendermaßen:

Der Apparat besteht aus einem geschlossenen horizontalen Zylinder, in dem ein Schaufelrad oder mehrere solcher Räder rotieren, die Flächen aus Drahtgaze oder ähnlichem Material besitzen. Fig. 10 zeigt einen vertikalen Längsschnitt eines solchen Apparates, Fig. 11—12 den Schnitt auf der Linie 3—3 der Fig. 10, Fig. 13 einen vertikalen

---

[1] Vgl. *Kantorowicz*, Die katalytische Fetthärtung, Der Seifenfabrikant, 1920, 4. Die Beschreibung ist diesem instruktiven Artikel entnommen.

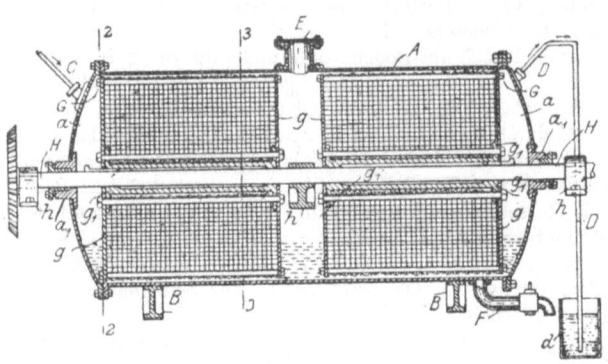

Fig. 10.

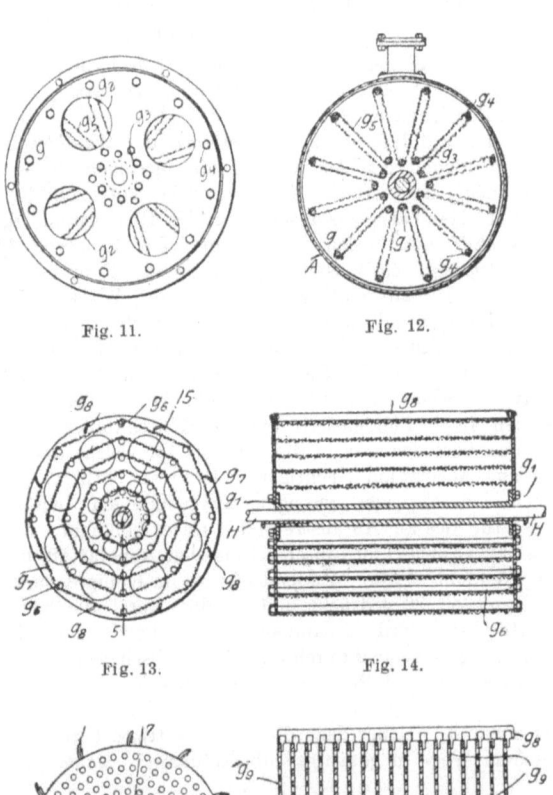

Fig. 11.   Fig. 12.

Fig. 13.   Fig. 14.

Fig. 15.   Fig. 16.

Querschnitt eines Schaufelrades, Fig. 14 einen Längsschnitt auf der Linie 5—5 der Fig. 13, Fig. 15 eine andere Form eines Schaufelrades, Fig. 16 einen Längsschnitt auf der Linie 7—7 der Fig. 15, Fig. 17 eine andere Form des Schaufelrades und Fig. 18 einen senkrechten Querschnitt auf der Linie 9—9 der Fig. 16. Der Zylinder A ruht auf Unterstützungen B. Bei C tritt der Wasserstoff ein und bei D aus. Der Austritt wird bei d durch Öl abgeschlossen. Öl und Metall werden bei F eingefüllt; F ist der Abfüllstutzen. G sind Schaufelräder, die auf der Welle H montiert sind; a sind die Stopfbüchsen. Die Schaufelräder besitzen Schlußplatten g, die auf einem Überzugsrohr g befestigt sind. Dieses Rohr sitzt über der Welle und besitzt Öffnungen g^2, durch die das Gas austreten kann, sowie Bolzen für die Befestigung der Stäbe g^3 und g^4. Diese Stäbe dienen als Halter für ein endloses Band g^5 aus Drahtgaze, das über die inneren und äußeren Bolzen der Fig. 10 entsprechend geführt ist. Fig. 11 bis 18 zeigen Modifikationen der Schaufelräder. Wird der Apparat für Wassergas statt Wasserstoff benutzt, so muß der Gasstrom hinreichend stark sein, um eine schädliche Ansammlung der indifferenten Beimengungen, insbesondere des Kohlenoxyds, zu verhindern, da dieses den Prozeß andernfalls verlangsamen oder vollständig aufheben kann. Wird unter Druck

Reduktion ungesättigter Fettsäuren und ihrer Glyceride mittels Katalyse. 47

gearbeitet, so muß das im Apparat angesammelte inerte Gas periodisch abgeblasen werden. Die günstigste Reaktionstemperatur ist 150 bis 160° C.

Das Verfahren, nach welchem viele europäische Fabriken arbeiten, ist dasjenige von *Wilbuschewitsch*[1]. Es besteht darin, daß eine innige Mischung der Katalysatoremulsion mit dem zu reduzierenden Fett durch Streudüsen in einen Autoklaven eingeführt

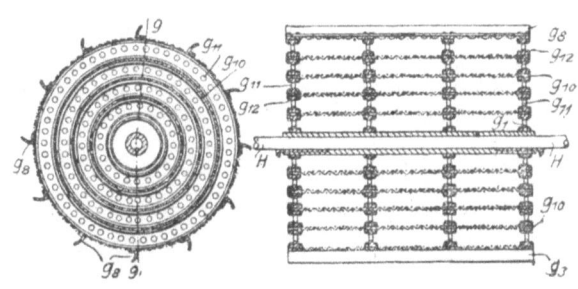

Fig. 17.   Fig. 18.

wird. Desgleichen tritt Wasserstoff durch eine Düse derart ein, daß nach dem Gegenstromprinzip zwischen dem Wasserstoff und dem oben herabrieselnden Öle ein außerordentlich inniger Kontakt beider entsteht. Die Temperatur wird auf 100 bis 160° C, der Druck des Wasserstoffgases auf 9 Atm gehalten. Die Reaktionsdauer beträgt $1/2$ bis 1 Stunde, die Menge des zugesetzten Katalysators 1 Proz.

Die Beschreibung des österreichischen Patents 66 490[2] enthält vollständig die Apparatur für die Hydrogenisierung der Fette, die Herstellung des Katalysators und dessen Wiedergewinnung usw., so daß sie ein gutes Bild für den Arbeitsvorgang in den nach dieser Methode arbeitenden technischen Betrieben gibt.

Die erwähnte Patentschrift zeigt zunächst, wie sehr das technische Gelingen von physikalischen Momenten abhängt und führt diesbezüglich aus:

Das Verfahren besteht darin, daß der zu behandelnde Stoff mit dem Katalysator aufs innigste gemischt und diese Mischung in einer Wasserstoffatmosphäre zerstäubt wird. Vorteilhaft wird die Reaktion unter Druck und Erwärmung so geführt, daß außerdem eine stetige Durchwirbelung der Massen eintritt, indem der dem feinst zerstäubten Gemisch von Fett und Katalysator entgegenströmende Wasserstoff durch eine sich am Boden des Behandlungsgefäßes ansammelnde Schicht der Fettmischung mit Hilfe einer geeigneten Vorrichtung derartig hindurchgeblasen wird, daß er diese Schicht immer wieder nach oben springbrunnenartig versprüht, so daß möglichst jedes Flüssigkeitsteilchen nicht nur während des Durchströmens des Wasserstoffes, sondern auch nachher noch in wiederholte innige Berührung mit demselben kommen muß. Da hierdurch eine außerordentlich intensive und anhaltende Durchlüftung der innigen Mischung aus Fett und Katalysator mit Wasserstoffgas erreicht wird, ist zur Härtung der Fette nur eine verhältnismäßig niedrige Temperatur (100 bis 160°) erforderlich. Das Verfahren geht im Kreislaufbetrieb vor sich, indem der Katalysator und der nicht aufgenommene Wasserstoff immer wieder von neuem verwendet werden.

In den Fig. 19 bis 23 ist ein zur Ausführung des Verfahrens geeigneter Apparat in einem Ausführungsbeispiel im Schnitt dargestellt.

Das Verfahren geht in folgender Weise vor sich:

---

[1] In den *Bremen-Besigheimer Ölfabriken* z. B. wird nach diesem Verfahren gearbeitet.
[2] Erteilt der *Georg Schicht A. G.* v. 15. August 1913. Engl. Patent 72/1912. Französ. Patent 426 343. Über Erfahrungen beim Verfahren von *Wilbuschewitsch* vgl. auch *Sjöquist*, Seifensieder-Zeitung 43; 234, 257 u. f.

Zunächst wird das zu behandelnde Fett in das Gefäß R (siehe Fig. 19—23) und der Katalysator, der in Form einer Ölsuspension verwendet wird, in das Gefäß O gebracht, Öl und Katalysator werden dann durch differential verbundene Speisepumpen A und A_1 in den Mischapparat B gebracht. Hier findet in einer besonders beschriebenen Weise eine innige Mischung des Öles mit dem Katalysator statt. Diese Mischung tritt dann durch das mit dem Ventil H versehene Rohr G in den einen doppelten Heizmantel aufweisenden, im unteren Teil zweckmäßig konisch gestalteten Autoklaven I_1 ein. Der Autoklav ist oben an

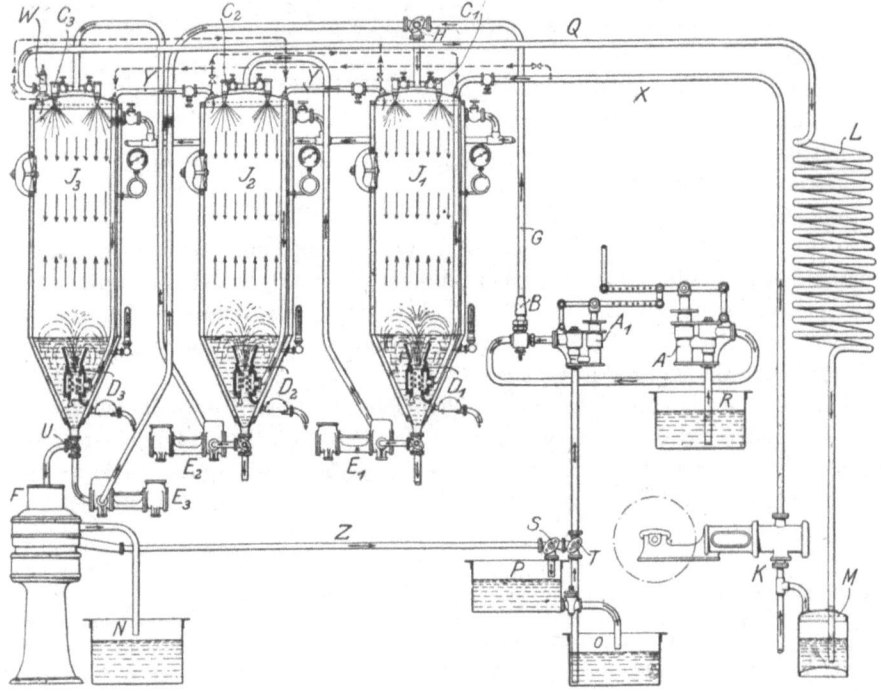

Fig. 19.

der Eintrittsstelle der Mischung mit Zerstäubungsvorrichtungen C_1 versehen. Diese Zerstäubungsvorrichtungen bestehen zweckmäßig aus einem System von Streudüsen, welche derart angeordnet sind, daß sie die Mischung von Öl und Katalysator gleichmäßig durch den ganzen Raum der Autoklaven ganz fein zerstäuben. Die Streudüsen sind zweckmäßig auswechselbar zum Zwecke der Reinigung angebracht. Der zur Reduktion dienende Wasserstoff wird vermittelst eines Kompressors K durch das Rohr X in den Autoklaven geführt, wo er bei D_1 unter Druck von etwa 9 Atm austritt. Die Austrittsöffnung D_1 besteht zweckmäßig aus einer ringförmigen Kammer, in welche der aus dem Rohr X eintretende Wasserstoff hineintritt. Die innere Wandung der Kammer weist ein an jedem Ende offenes Rohr auf und ist mit konischen, schraubenförmig angeordneten Durchbohrungen versehen, welche senkrecht zur Rohrachse gerichtet sind. Der Wasserstoff dringt durch diese Durchbohrungen hindurch und in den Autoklaven ein. Durch diese Vorrichtung wird nach dem Gegenstrom- und Gleichstromprinzip eine äußerst feine Berührung und Emulsionierung der Ölmischung mit dem Wasserstoff erreicht. Der Autoklav wird auf etwa 110 bis 160° erhitzt, je nach der Natur des zur Verwendung gelangenden Öles. Die Reduktion wird bereits im oberen Teil des Autoklaven durch den Wasserstoff eingeleitet. Die schon teilweise reduzierte Ölmischung sammelt sich im konischen Teil des Autoklaven an, hier wird durch den entgegenströmenden Wasser stoff die Ölmischung springbrunnenartig durch den Autoklaven versprüht, wodurch die Reduktion beschleunigt wird. Die Ölmischung wird dann aus dem konischen Teil des Autoklaven durch die Pumpe E_1 in den zweiten Autoklaven I_2 gepumpt. Der Wasserstoff tritt durch das Rohr Y in diesen Autoklaven ein. Hier wiederholt sich dasselbe Spiel wie im ersten Autoklaven. Es kann eine beliebige Anzahl derartiger Autoklaven hinter- oder nebeneinander angeordnet sein, je nachdem, wie weit die Reduktion getrieben werden soll. Erfahrungsgemäß verwendet man für etwa je 15° C Schmelzpunkterhöhung einen Autoklaven. Wenn das Öl den gewünschten Schmelzpunkt erreicht hat, was sich durch Probenentnahmen am Autoklaven kontrollieren läßt, tritt die Ölmischung durch das Ventil U in die Zentrifuge F. Hier findet durch Zentrifugieren eine Trennung des Öles vom Katalysator statt. Das fertig reduzierte Öl fließt in den Behälter N, während das den Katalysator enthaltende Öl durch das Rohr Z und die Hähne S und T von neuem in den Betrieb gelangt. Anfangs, wenn der Katalysator noch ganz frisch ist, ist nur wenig von ihm erforderlich. Man verwendet zweckmäßig etwa 1 Proz. Katalysator. Sobald jedoch im Laufe des Verfahrens seine katalytische Kraft abnimmt, muß entsprechend mehr davon verwendet werden. Die Dosierung der Katalysatormenge läßt sich durch entsprechende Stellung der Differentialpumpe erreichen. Ist der Katalysator vollkommen erschöpft, so läßt man ihn durch den Hahn S in das Gefäß P ab. Er wird dann regeneriert. Alsdann wird dem Getriebe durch den Hahn T frischer Katalysator zugeführt. Der Katalysator besteht zweckmäßig aus fein verteiltem, einen anorganischen Träger fest umkleidendem Metall, beispielsweise Nickel, Kupfer, oder einem sonstigen katalytisch wirkenden Metall, welches mit Öl zu einer emulsionsartigen Mischung angerieben ist. Der nicht verbrauchte Wasserstoff geht durch das Rückschlagventil W und die Leitung Q zur Kühlschlange L, wo er gekühlt wird, und von hier in das mit Natronlauge gefüllte Gefäß M, wo er gereinigt wird. Er wird von hier aus wieder dem Betriebe zugeführt.

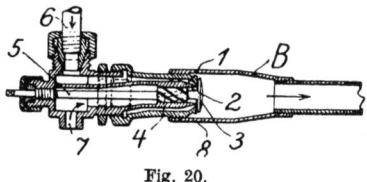

Fig. 20.

Der Apparat kann entweder kontinuierlich oder diskontinuierlich arbeiten, je nachdem man die Ventile H und U stellt. Man kann auch entweder alle Autoklaven hintereinanderschalten, oder man benutzt für das Verfahren nur einen einzigen Autoklaven. Es ist aber dann zur Durchführung des Prozesses eine entsprechend längere Zeit erforderlich. Das Verfahren kann in mehreren Stufen entweder unter wachsendem oder fallendem Druck ausgeführt werden. Statt der Zentrifuge können auch Filterpressen verwendet werden, und zwar zweckmäßig zwei, die mit Heizung versehen sind. Alle Apparate, die mit Öl in Berührung kommen, sind gut isoliert. Sollte die Temperatur im Autoklaven zu hoch werden, so wird in den Heizmantel kaltes Wasser eingeführt, bis die gewünschte Temperatur wieder erreicht ist.

Der zur Herstellung der Mischung von Öl und Katalysator dienende Mischapparat B ist in folgender Weise eingerichtet.

Der Apparat besteht aus zwei ineinandergelagerten konzentrischen Düsen 1 und 2 (Fig. 20). In der inneren Düse befindet sich eine mit einem Gewinde 4 versehene Schraube 5. Die äußere Düse enthält einen entgegengesetzt gerichteten Schraubenzug. Das Öl tritt bei 6 ein und geht durch die äußere Düse. Der Katalysator tritt bei 7 ein und passiert die innere Düse. Infolge der beiden entgegengesetzt gerichteten Schraubenzüge erhalten die durch die Düsen strömenden Stoffe entgegengesetzte Drehrichtungen, so daß an der Austrittsstelle 8 eine innige Vermischung des Öles mit dem Katalysator erzielt wird. Diese wird noch dadurch erhöht, daß in kurzer Entfernung vor den Düsenmündungen eine Prallplatte 3 vorgelagert ist, auf welcher die Stoffmischung verrieben wird, etwa in der Art, wie eine Salbe angerieben wird.

Als Kontaktmassen werden zweckmäßig bei dem Verfahren Katalysatorpräparate benutzt, welche in der Weise hergestellt sind, daß man eine beliebige Kontaktsubstanz

auf Kieselgur oder anderen Stoffen von feinpulveriger Beschaffenheit in möglichst fein
verteilter Form niederschlägt, wobei die Feinheit der Verteilung so weit getrieben werden
kann, daß das Katalysatormetall pyrophor, d. h. an der Luft selbstentzündlich wird.
Durch Verwendung eines feinpulverigen Trägers wird erreicht, daß man die Katalysatorpräparate mit Öl zu einer Paste verreiben und durch Rühren mit Öl suspendieren und
durch Düsen verstäuben kann. Um die Katalysatorpräparate haltbar zu machen, werden
dieselben nach der Reduktion unter Vermeidung von Luftzutritt mit Öl zu einer Paste
oder einer Suspension verrieben.

Beispielsweise wird das Katalysatorpräparat in folgender Weise hergestellt.

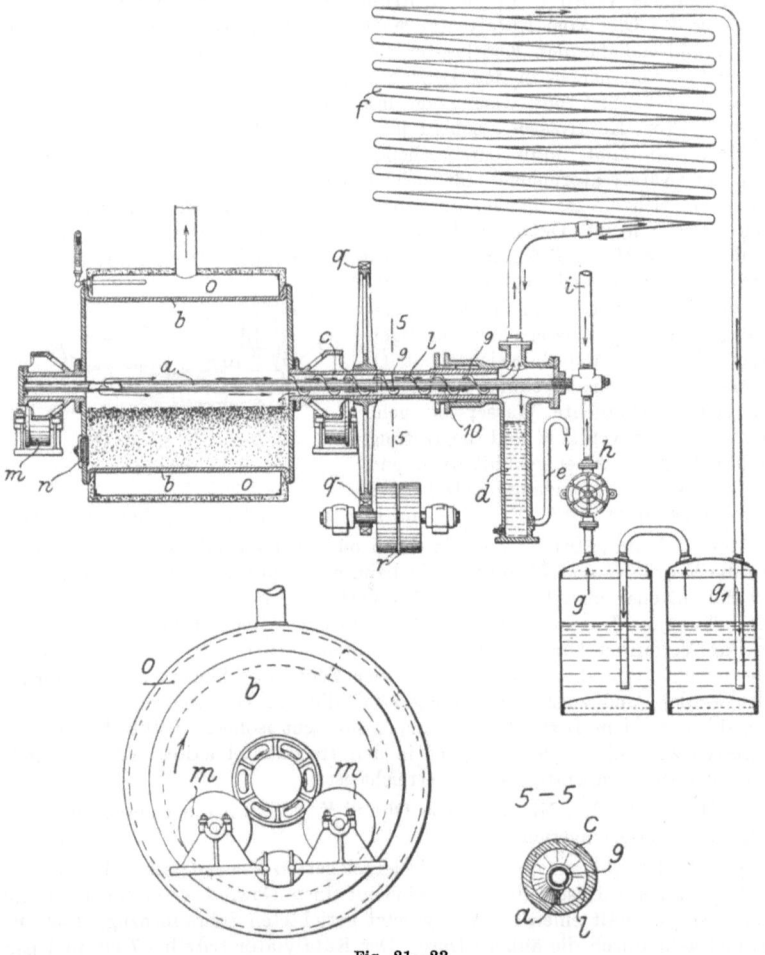

Fig. 21—23.

Es wird eine beliebige Kontaktsubstanz, wie Kupfer, Eisen, Nickel oder dgl. mit
Hilfe einer Säure in Lösung gebracht. Dieser Lösung, welche zweckmäßig 10 bis 14° Bé
aufweist, wird etwa die doppelte Menge einer anorganischen feingepulverten Substanz,
wie Kieselgur, Ton, Asbest, Bimsstein oder dgl., zugesetzt, aus welcher vorher mit Säure
die löslichen Bestandteile entfernt worden sind. Alsdann wird die Mischung mit Alkali,
Soda oder Natronlauge behandelt, wodurch das Metallsalz in das entsprechende Carbonat oder Hydroxyd übergeführt und auf dem zugefügten indifferenten Material nieder-

geschlagen wird. Das Carbonat bzw. Hydroxyd wird dann durch Glühen in das Oxyd und das Oxyd durch Reduktion mit Wasserstoff in sehr fein verteiltes Metall, welches den anorganischen Träger fest umkleidet, übergeführt. Dieses Produkt wird dann mit Öl angerieben, bis eine Paste oder eine fest zusammenhaftende Suspension entsteht. Hat man zwecks Aufbewahrung des Katalysators eine Paste hergestellt, so muß dieselbe vor der Verwendung mit Öl weiter verdünnt werden, bis die zur Verarbeitung in der beschriebenen Apparatur nötige Dünnflüssigkeit erreicht wird.

Zur Herstellung des Katalysators wird zweckmäßig der in Fig 21—23 dargestellte Apparat benutzt

Der Apparat besteht aus einer auf Rollen m drehbar angeordneten zylindrischen Retorte b, die mit einem Heizmantel o versehen ist. In dieser Retorte wird durch die Öffnung n die vorher hergestellte Mischung aus Metallcarbonat mit dem anorganischen Träger gebracht. Die Retorte wird alsdann mittels eines Zahnradgetriebes q, das durch Riemenscheiben angetrieben wird, in langsame Umdrehung versetzt und auf etwa $500°$ erhitzt. Alsdann wird durch das Rohr a Wasserstoff in die Retorte eingeführt. Derselbe durchströmt das zu reduzierende Material sowie den an der Retorte angebrachten, automatisch wirkenden Staubsammler c, tritt sodann in die Kühlschlange f ein und gelangt von hier aus in die mit Säure und Natronlauge oder sonstigen Reinigungsmitteln gefüllten Gefäße g und g_1, und wird dann durch die Pumpe h wieder in den Betrieb zurückgeführt. Das bei der Reduktion entstehende Wasser, welches zusammen mit dem Wasserstoff wieder entweicht, wird in der Kühlschlange f kondensiert, tropft zurück und gelangt in das Gefäß d, von wo es durch den Heber e abläuft. Die Reduktion ist beendigt, sobald sich im Gefäß d kein Wasser mehr kondensiert. Um zu verhüten, daß der entweichende Wasserstoff Staubteilchen mit sich reiße, ist an der Retorte ein automatisch wirkender Staubsammler c angebracht. Dieser ist mit einer Transportschnecke 1 versehen. Der Staub geht in der Pfeilrichtung durch die Kammer 10 und den Zwischenraum 9 des Staubsammlers und wird dadurch, daß die Geschwindigkeit des Gasstromes verlangsamt wird, abgesetzt. Er wird durch die Flügel der Schnecke 1 wieder in die Retorte zurückgeführt.

Auch die *Procter and Gamble Cy* benutzen zur Beschleunigung der Reaktion einen leichten, voluminösen Träger (Kieselgur), welcher mit Nickel imprägniert ist, verteilen ihn fein in dem zu reduzierenden Gute und blasen das Gemisch wiederholt in komprimierten Wasserstoff ein, oder sie rühren das den Katalysator enthaltende Fett in einem Horizontalzylinder, welcher mit einem Drahtgeflecht-Schaufelrad versehen ist, während der unter Druck stehende Wasserstoff bei einer Temperatur von 150 bis 160° C zugeleitet wird[1].

Nach *K. Birkeland* und *Q. Devik*[2] wird ganz analog den bisher geschilderten Verfahren gleichfalls ein Gemisch des Öls mit dem Katalysator durch eine oder mehrere Düsen in einen Autoklaven, dessen Raum oberhalb der Hauptmenge des Öles mit Wasserstoff erfüllt ist, gepreßt. Hier wird der Wasserstoff durch einen Injektor mit regulierbarer Öffnung mitgerissen und in das Öl getrieben; er steigt dann in kleinen Blasen im Öl empor. Die günstigsten Arbeitsbedingungen bestehen bei einem Druck von 10 bis 15 Atm und bei einer Temperatur von ca. 150° C. Durch plötzliche Verringerung des Druckes wird die Hydrogenisierung des Öles befördert. Die Dauer des Prozesses beträgt $1/2$ bis 1 Stunde.

---

[1] Amer. Patent *E. C. Kayser* 1 008 474 (18. Februar 1910); 1 004 035 (26. September 1911).

[2] Französ. Patent 456 632 v. 14. April 1913.

Bei metallischen Katalysatoren, wie Nickel, Kupfer, Mangan, Titan, Vanadin, genügt nach *Ellis* gewöhnlicher Druck, wenn man eine Leitung mit diesen Metallen in fein verteiltem Zustande füllt und das Fettmaterial in kontinuierlichem Strome hindurchführt, während nach dem Gegenstromprinzip das wasserstoffhaltige Gas in entgegengesetzter Richtung hinzutritt. Die Katalysatorrohre werden durch einen Dampfmantel geheizt und können schräg oder vertikal angeordnet sein. Da es indessen bei langen Schichten des Katalysators möglich ist, daß erhebliche Mengen desselben mit dem Wasserstoffgas gar nicht in Berührung kommen, hat *Ellis* das Verfahren derart abgeändert, daß auf 150 bis 200° C erhitztes Öl durch zwei oder mehrere Schichten eines festen porösen, katalytische Reagentien enthaltenden Materials durchgedrückt werden muß, während unter hohem Druck stehender Wasserstoff (10 Pfund pro Quadratzoll) in entgegengesetzter Richtung wirkt. Der Katalysator kann auf Tellern ruhen, die in einem Turm übereinander angeordnet sind, welche das Öl von oben nach unten durchläuft[1].

Wilhelm Fuchs behauptet, eine wesentliche Beschleunigung der Reaktion dadurch zu erzielen, daß er das zu hydrogenisierende Öl nur auf 90 bis 150° C, den Wasserstoff hingegen auf 200 bis 250° C erwärmt; hierdurch soll die Aktivität des Wasserstoffs um ungefähr 10 Proz. erhöht werden. Zur Erwärmung des Gasstroms dienen in einem Ölbad befindliche Kupfer- oder Nickelschlangen. — Eine weitere Erhöhung der Aktivität des Wasserstoffs um 15 bis 20 Proz. kann nach *Fuchs* erreicht werden, wenn man ihn nicht in molekularem, sondern in atomarem Zustande verwendet. Dies kann nun einerseits durch Anwendung chemisch aktiver Strahlen, andererseits durch Leitung des Wasserstoffs über katalytische Substanzen, wie Platinschwarz oder frisch hergestelltes Nickelpulver, dann bewirkt werden, wenn man in letzterem Falle **ihn nachher unter hohem Druck durch erhitzte Metallscheiben diffundieren läßt**. Die katalytische Substanz wird in einem heizbaren Rohr von geeigneter Länge oder auf den Platten eines heizbaren Kolonnenapparates untergebracht. Für die Ausführung des Verfahrens bedient sich *Fuchs* einer Beimengung von 1 Proz. eines Nickelkatalysators zum Reduktionsgut, einer Temperatur von 120° und eines unter 18 Atm. Druck stehenden Wasserstoffs, welcher durch ein Rohr von 3 m Länge und 60 mm lichter Weite, in dem sich als zweiter Katalysator Platinasbest in Form von Auskleidungsmaterial befindet, geleitet wird. Durch Erhitzen auf 250° C wird der Wasserstoff im Rohr aktiviert. Man soll auf diese Weise eine Verkürzung der Reaktionsdauer um mehr als die Hälfte gegenüber anderen Verfahren erzielen[2].

---

[1] *Ellis* und *New Jersey Testing Laboratories*, Amer. Patent 1 026 156 v. 14. Mai 1912. Amer. Patent 1 040 531 v. 8. Oktober 1912.

[2] Belg. Patent 256 574 v. 15. Mai 1913. — Der atomare Zustand des Wasserstoffes nach der Diffusion durch Metallscheiben ist nicht sichergestellt; jedenfalls stellten *Bellati* und *Lussana* fest, daß H, durch Fe diffundiert, gesteigerte Reaktionsfähigkeit besitzt. — Über die mögliche Spaltung der Moleküle durch Licht vgl. *Bodländer*, „Über langsame Verbrennung".

Reduktion ungesättigter Fettsäuren und ihrer Glyceride mittels Katalyse. 53

Um die Härtung unter verhältnismäßig niedrigem Druck zu bewerkstelligen und den Katalysator leicht wiedergewinnen zu können, hat *A. Kragerund* ein kontinuierlich arbeitendes Verfahren angegeben, nach welchem der Katalysator unter Druck durch ein erwärmtes Gemisch von Öl und Wasserstoff, welches unter Schleuderwirkung steht, getrieben wird. Der Katalysator kann sodann vom Reaktionsgut durch Zentrifugalkraft wieder getrennt werden. Hierbei wird das Gemisch von Öl und Wasserstoff tangential in das Reaktionsgefäß eingeführt, um es in eine kreisende Bewegung nach einem

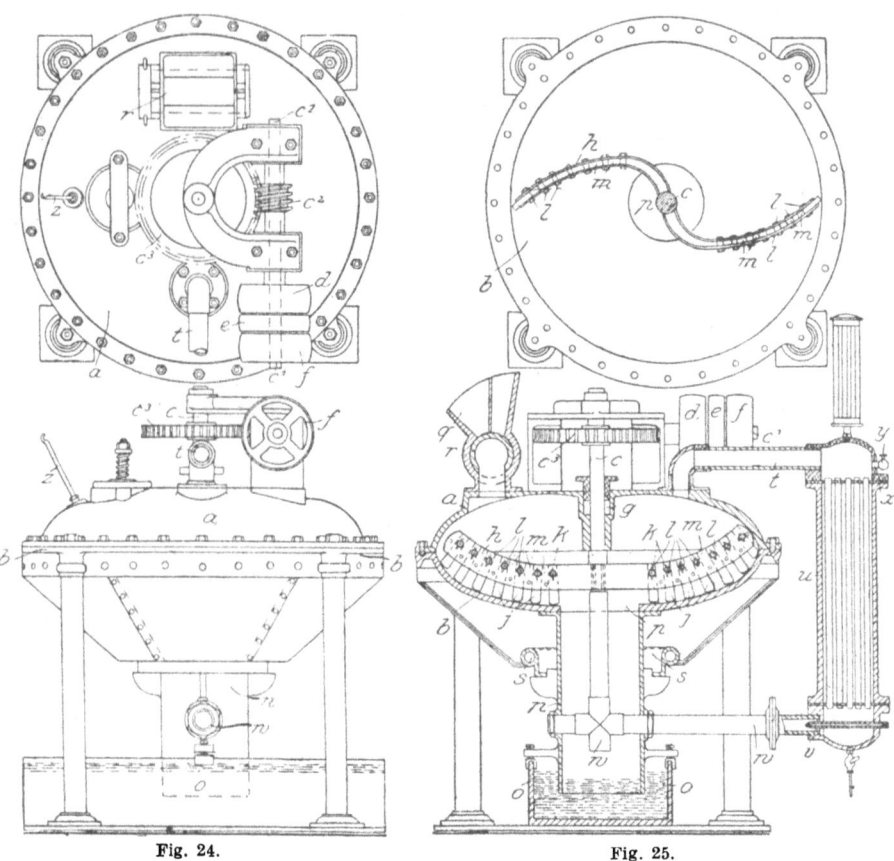

Fig. 24.   Fig. 25.

in der Mitte befindlichen Auslauf mit zunehmender Winkelgeschwindigkeit zu versetzen, während der Katalysator nahe der Mitte eingeführt und durch die Zentrifugalkraft allmählich an die Peripherie des Gefäßes getrieben wird[1].

Carleton Ellis nimmt die Behandlung von rohen Ölen mit Wasserstoff in einem Kessel vor, der mit Flügelrührern versehen ist. Als katalytisch wirkende Substanz dient Nickelcarbonyl oder Nickelmetall, gemischt mit

---

[1] D. P. A. v. 9. August 1913.

fein verteilter Holzkohle. Das Gemenge wird auf etwa 180 bis 185° C erhitzt und unter Rühren mit Wasserstoff behandelt, der von unten in den Kessel eintritt [1].

Lane empfiehlt einen praktisch bewährten Ofen, in welchem er den Katalysator in Gegenwart des Öles durch Reduktion herstellt [2]. *Kantorowicz* beschreibt diesen Apparat folgendermaßen [3]:

Man füllt in den Behälter *o* (Fig. 24) Öl soweit ein, daß das Rohr *n* abgeschlossen ist. Sodann wird die Luft aus dem hermetisch geschlossenen Rundofen *a*, *b* durch Wasserstoff oder ein anderes geeignetes Gas verdrängt, während man die Luft aus dem Rohr *s* und dem Ventil *y* entweichen läßt. Nun wird der Rührer *h*, *j* in solcher Richtung in Bewegung gesetzt, daß die Masse nach der Peripherie gedrückt wird, und in den Ofen *a*, *b* durch die Vorrichtung *r*, *q* das Ausgangsmaterial eingefüllt. Man heizt mit dem Gasbrenner *s* auf eine geeignete Temperatur, mißt diese mit dem Thermometer *z*, schließt völlig oder teilweise das Ventil *y* und öffnet den Injektor *v*, um frisches reduzierendes Gas zuzuführen. Die für die Reduktion nötige Zeit ist verschieden, wird aber dadurch bestimmt, daß das Wasser vom Kondensator *u* abzutropfen aufhört. Dann wird in umgekehrter Richtung mit dem Rührer *h*, *j* gerührt, so daß die Masse in der Mitte des Ofens gesammelt wird und dort durch das zentrale Rohr *p* in das vorgelegte Öl hinabfällt, ohne mit Luft in Berührung zu kommen.

Bezüglich eines Verfahrens, das gestattet, überhaupt chemische Reaktionen zwischen Flüssigkeiten und Gasen mit Hilfe von **katalytisch wirksamen Stoffen oder chemisch wirksamen Strahlen** bzw. gleichzeitig beider **ohne häufige Erneuerung** der Kontaktsubstanz möglichst rasch zu bewerkstelligen, führt *Dr. Johann Walter* im D. R. P. 257 825 (v. 27. Juli 1911) folgendes aus: Durch Einbringen einer Flüssigkeit in einen geschlossenen, mit Gasdurchfuhr und gegebenenfalls auch mit Strahlenquellen versehenen Raum, in welchem auf beweglichen Trägern sitzende, geeignet gestaltete Körper, welche zugleich als Kontaktstoffe dienen und, abwechselnd in die Flüssigkeit eingetaucht, hierauf in den darüber befindlichen Gasraum emporgehoben werden, wird eine solche Reaktion begünstigt. Zur weitgehenden Ausnutzung der Kontaktsubstanz werden mehrere Reaktionsgefäße so hintereinander geschaltet, daß die Flüssigkeit im ersten Gefäß mit der am wenigsten wirksamen, im letzten mit der wirksamsten Kontaktsubstanz in Berührung kommt. — Während des Eintauchens wird die katalytisch wirkende Substanz nicht nur vollständig von der Flüssigkeit durchtränkt, sondern bleibt auch während des Hebens von einer Flüssigkeitsschicht bedeckt. Diese Schicht schließt nun nicht, wie man erwarten sollte, den für die Reaktion erforderlichen Gaszutritt vom Katalysator ab, im Gegenteil, Flüssigkeit und Gas reagieren hierbei sehr rasch aufeinander. Die Löslichkeit des Gases in der Flüssigkeit und deren physikalische Eigenschaften scheinen dabei nicht einmal eine wesentliche Rolle zu spielen, denn der wenig lösliche Wasserstoff vollzieht z. B. seine reduzierende Wirkung ziemlich gleich schnell in einer dünnflüssigen alkoholischen Chininlösung wie im dickflüssigen Fischtran.

Da jede katalytische Substanz mit der Zeit ihre Wirksamkeit einbüßt, ist es für den technischen Betrieb von großer Wichtigkeit, die Benutzbarkeit solange als möglich zu erhalten. Oft hängt die Möglichkeit, eine katalytische Reaktion praktisch auszunutzen, ganz allein von der Dauerhaftigkeit des Katalysators ab, denn mit der Erneuerung bzw. Regenerierung sind Umständlichkeiten, Arbeits- und Materialkosten verbunden. Die Auffindung der Katalysatorgifte und ihre Beseitigung erweist sich wegen ihrer geringen Menge oft sehr schwierig. Zudem gelangen bei einer hierzu vorgenommenen Vorreinigung leicht wieder andere Gifte an die Kontaktstoffe. Die beste Reinigung von jenen Giften vollziehen die Kontaktsubstanzen selbst; wie sich fand, üben sie diese

---

[1] Amer. Patent 1 095 144 v. 28. April 1914.
[2] *Lane*, französ. Patent 489 943.
[3] *Kantorowicz*, Katalytische Fetthärtung, Der Seifenfabrikant 1920; 3.

Wirkung auch dann noch während längerer Zeit aus, wenn sie als katalytische Substanzen nicht mehr brauchbar wären und umgearbeitet werden müßten. Schaltet man mehrere Apparate hintereinander, die aufeinanderfolgend mit der nämlichen Flüssigkeit und, wenn eine Reinigung auch für das Gas nötig ist, auch mit dem nämlichen Gase in der gleichen Richtung gespeist werden, dann vollzieht sich eine sehr gute Reinigung in den zuerst geschalteten Apparaten.

Ferner vermögen chemisch wirksame Strahlen die Reaktion zwischen Flüssigkeit und Gas unter Beihilfe eines Katalysators zu beschleunigen, indem so eine katalytische Wirkung die andere unterstützt.

Die Fig. 26 zeigt einen der Einzelapparate in chematischem Vertikalschnitt. Zweckmäßig kommen eine Anzahl derselben nebeneinander zur Aufstellung, die so verbunden sind, daß sowohl in bezug auf die Flüssigkeits- als Gasspeisung jeder derselben als erster oder letzter benutzt werden kann. Sind beispielsweise vier Apparate vorhanden, so kann der erste bloß zur Strahleneinwirkung dienen, während seine Kontaktsubstanz regeneriert wird, im zweiten befindet sich die katalytisch am wenigsten wirksame, im dritten die mittelwirksame und im vierten die wirksamste Substanz. Ist die Operation in Nr. 4 beendet, dann wird dessen Inhalt abgezogen, jener aus Nr. 3 in Nr. 4 befördert usw., und Nr. 1 erhält wieder frische Füllung mit Flüssigkeit. Braucht schließlich nach längerer Benutzung die Füllung in Nr. 4 zu lange Zeit für Beendigung der Reaktion, dann erhält Apparat Nr. 1 frische Kontaktsubstanz und wird als Nr. 4, Nr. 4 als Nr. 3 geschaltet usw. Je nach den Stoffen, die zur Bearbeitung gelangen, kann das Abgas des einen Apparates unmittelbar oder nachdem es vorher durch geeignete Kühl-, Wasch- u. dgl. Vorrichtungen gegangen ist, in einen folgenden geleitet werden. Außerdem sind die erforderlichen Vorkehrungen zu treffen, um bei der geeigneten Temperatur und unter dem günstigsten Gasdruck arbeiten zu

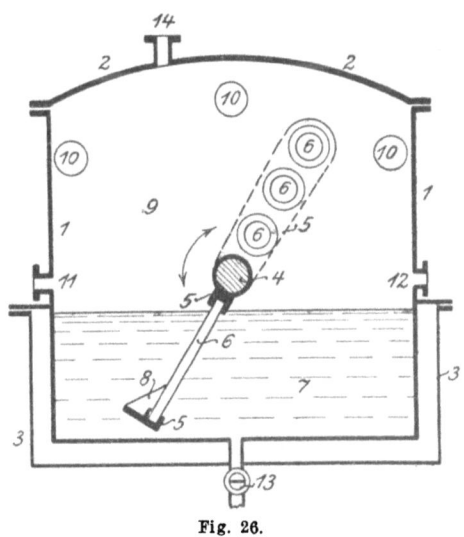

Fig. 26.

können, der, je nach der Reaktion, zwischen teiweisem Vakuum und vielen Atmosphären variirt.

Der Apparat Fig. 26 besteht aus dem trogförmigen Gefäße 1, das durch Deckel 2 verschlossen und von einem für Heizung oder Kühlung eingerichteten Mantel 3 teilweise umgeben ist. In dem Gefäße 1 schwingen, befestigt an der Achse 4, die Halterteile 5, welche die Kontaktkörper 6 tragen, sie in die Flüssigkeit 7 tauchen und wieder herausheben, auf und ab. Schöpfrinnen 8 ergießen auch während des Hebens noch Flüssigkeit über den Katalysator. Die Flüssigkeit 7 erfüllt nur zum Teil das Gefäß 1, über ihr befindet sich der Gasraum 9 und in ihm die Strahlenquellen 10. Stutzen 11 dient zum Einlassen der Flüssigkeit bzw. geschmolzenen Ware, 13 zum Ablassen, 12 zum Gaseintritt und 14 zum Gasaustritt.

Der auf der Zeichnung veranschaulichte Apparat eignet sich zwar auch sehr gut zum Arbeiten mit gelösten oder suspendierten Katalysatoren, bietet dagegen dann besondere Vorteile, wenn sich der Katalysator irgendwie in eine feste Form bringen bzw. in solcher auf geeigneten Trägern fixieren läßt. Verbrennliche, mit dem Katalysator versehene Gewebe werden beispielsweise auf die schwingenden Teile des Apparates gespannt oder um gelochte Ton-, Drahtnetz- oder dgl. Zylinder gewickelt oder sonst in geeigneter Weise auf jenen Teilen befestigt. Ferner kann die katalytische Substanz auf und in porösen Platten, Zylindern und ähnlichen Formkörpern als Träger, die auf den schwingenden Teilen befestigt werden, fixiert sein. Das nämliche kann mit Blechen oder Drahtnetzen geschehen, die an ihrer Oberfläche so aktiviert sind, daß sie als Kontaktkörper brauchbar werden.

Die Fig. 27—29 zeigen in schematischen Vertikalschnitten andere Formen des vorbeschriebenen Apparates, wobei die entsprechenden Teile mit den nämlichen Ziffern bezeichnet sind wie in Fig. 26.

Bei den Apparaten Fig. 27 und 28 wird das abwechselnde Eintauchen in, sowie das Heben aus der Flüssigkeit durch rotierende Bewegung erzielt. Das Gefäß 1 in Fig. 27 ist ein liegender doppelwandiger Zylinder, auf dessen Achse 4 an beiden Enden innerhalb des Behälters die (gestrichelt gezeichneten) Scheiben 16 sitzen, die durch Stäbe 5 verbunden sind, und über welche man z. B. einen mit katalytischer Substanz versehenen Baumwollstoff 6 spannt. Die Kontaktsubstanz kann auch in Form von Platten oder Stäben radial gestellt oder sonstwie für die Drehung geeignet eingebaut sein. Bei der Drehung der Achse 4 wird auch hierbei der Katalysator abwechselnd in die Flüssigkeit getaucht und aus ihr in den Gasraum gehoben. Außer den Strahlenquellen, die oben bei 10 fest eingebaut sind, können auch noch solche, die, wie bei 10 in der Nähe der Achse angegeben, mitrotieren, angebracht sein.

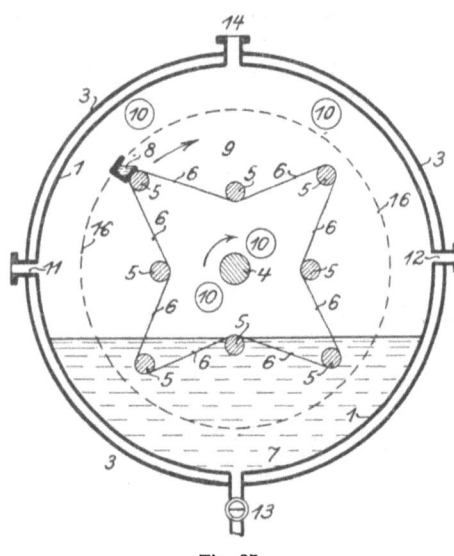

Fig. 27.

In dem Apparate nach Fig. 28 ist ein mit katalytischer Substanz versehenes Gewebe — Baumwolle, Asbest u. dgl. — über die beiden Walzen 5 gespannt, von denen die eine den Antrieb zur Drehung erhält. Dieses Gewebe kann auch aus Draht gefertigt sein, beispielsweise aus einem Metall, das sich als Katalysator wirksam machen läßt, oder auf welchem gelochte Behälter befestigt sind, die den Katalysator enthalten, wie bei 6 gezeichnet.

Die Ausführungsformen Fig. 26, 27, 28 eignen sich außer zum Arbeiten mit Katalysatoren und chemisch wirksamen Strahlen auch zum Arbeiten mit einem dieser Hilfsmittel allein, während die Ausführungsform Fig. 26 nur dann in Frage kommt, wenn mit katalytischer Substanz allein gearbeitet wird. Bei letzterer Form wird der den Katalysator 6 enthaltende gelochte Behälter 5 durch das Antriebsorgan 4, hier eine Kolbenstange, aus der Flüssigkeit in den Gasraum gehoben und wieder in diese gesenkt. Die Entleerung erfolgt durch das Abdrückrohr 13, das gleichzeitig ein Thermometerrohr 15 aufnimmt.

Wie schon erwähnt, ist es in manchen Fällen zweckmäßig, vor die Apparate mit katalytischer Substanz einen Apparat zu schalten, welcher nur zur Strahleneinwirkung dient. Gegebenenfalls erweist es sich auch vorteilhaft, vor die Apparate, welche den Katalysator in seiner wirksamsten Form enthalten, einen Apparat zu schalten, der den Katalysator in dauerhaftester oder am leichtesten zu regenerierender Form enthält bzw. auch eine andere katalytische Substanz enthalten kann, welche diesen Anforderungen bei gleichem Reinigungsvermögen von den Katalysatorengiften besonders gut entspricht.

Die Härtung des Ricinusöles wird im folgenden Beispiel geschildert:

Drei Apparate der Einrichtung Fig. 26 werden unter Vakuum gestellt, langsam Wasserstoff zuströmen gelassen, die Wasserbäder erhitzt, die schaukelnden Teile in Bewegung gesetzt und in Apparat Nr. 1 Ricinusöl eingefüllt. Nach etwa 2 Stunden wird der Inhalt aus Apparat Nr. 1 nach Nr. 2 gedrückt, während Nr. 1 frische Füllung erhält. Nach weiteren 2 Stunden gelangt der Inhalt aus Nr. 2 in Nr. 3, jener aus Nr. 1 in Nr. 2 und Nr. 1 wird wieder frisch beschickt. Jetzt ist die Apparatur im normalen Betriebe, man steigert den Wasserstoffdruck auf etwa 2 Atm und zieht den Inhalt aus Nr. 3 ab, sobald eine genommene Probe spröde, porzellanartig erstarrt. Der Schmelzpunkt ist dann 61 bis 71°, der Erstarrungspunkt von 62 bis 59°. Der Inhalt aus Nr. 2 kommt darauf in Nr. 3 usw. Während des Arbeitens läßt man stets etwas Wasserstoff abblasen, den man auffangen kann; er führt etwas Wasser und geringe Mengen fettiger Anteile mit fort.

Hier sowie in ähnlichen Fällen empfiehlt es sich, für einen Dauerbetrieb dem Apparate Nr. 1 einen anderen vorzuschalten, der vornehmlich zur Reinigung durch Bestrahlung dient. Über die Halter 5 der Fig. 26 kann feines Platindrahtnetz gespannt sein, oder schon größtenteils unwirksam gewordener Katalysator kann sich an diesen Stellen befinden. Dieser Apparat wird im Falle des vorliegenden Beispiels ebenfalls im Wasserbade erhitzt, der Inhalt bestrahlt, aber unter Vakuum gehalten. Vor dem Überdrücken nach Apparat Nr. 1 wird zuvor abwechselnd einige Male Wasserstoff einströmen gelassen und wieder Vakuum gegeben und schließlich das Öl durch ein geschlossenes Filter nach Apparat Nr. 1 geschickt. Dieses Vorgehen entlastet zum Teil die Strahlenarbeit in den folgenden Apparaten und gestattet hierbei die Verwendung von rohem, nur von seinen schleimigen Bestandteilen größtenteils befreitem Ricinusöl.

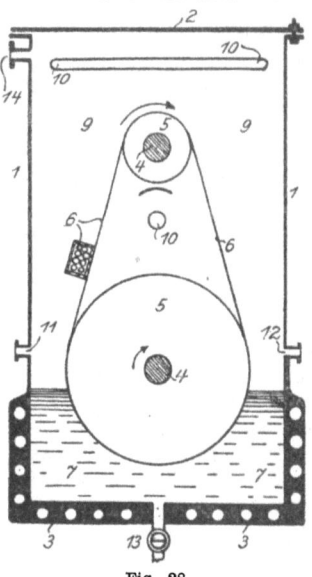

Fig. 28.

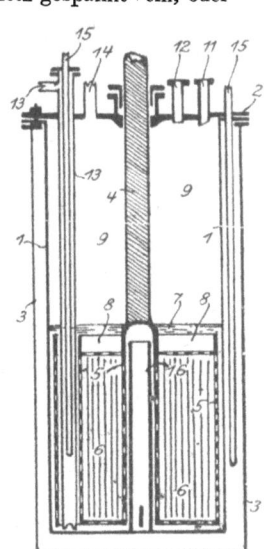

Fig. 29.

Verfahren und Einrichtung läßt sich auch zum **Bleichen von Ölen** oder **Herstellung von Dicköl aus Terpentinöl** benutzen.

Ein anderes Verfahren zur Durchführung katalytischer Reaktionen beschreibt *Dr. Johann Walter* im D. R. P. 295 507 vom 20. April 1913[1].

Wenn nämlich Gase oder Dämpfe in einem Rohre über eine Schicht feinen Pulvernickels geleitet werden, üben nur deren obere Teile die beabsichtigte katalytische Wirkung aus. Eine Rühreinrichtung aber wirbelt nur Pulverstaub auf, den der Gasstrom fortführt. Diese und andere Übelstände werden behoben, wenn man solche magnetische Katalysatorpulver unter den Einfluß permanenter oder Elektromagnete stellt. Dadurch bringt man das Pulver an die für die Reaktion günstigste Stelle, hält es dort fest, vermag z. B. durch zeitweise Unterbrechung des elektrischen Stromes von Elektromagneten oder Abstreichvorrichtungen immer wieder neue Teilchen des Katalysators zur Wirkung zu bringen und hält den Katalysator in den Gefäßen zurück. Je nach der durchzuführenden Reaktion und den sonstigen Umständen trifft man die Anordnung der magnetischen Felder. Hat man z. B. mit Gasen oder Dämpfen zu arbeiten, dann kann man durch jene Felder eine größere Anzahl förmlicher Schleier, aus dem Katalysatorpulver bestehend, in den Reaktionsrohren oder Retorten bilden lassen, welche die Gase durchstreichen müssen. Oder man setzt in jene Rohre magnetisierte oder ma-

---

[1] Vgl. auch französ. Patent 471 608 v. 8. April 1914 der *Société L'Oxylithe* und *J. Walter*.

gnetisierbare durchlochte Platten, Roste, Drahtnetze u. dgl. ein, oder man bringt magnetisierte Rührarme auf einer durchgehenden Welle an. Unterbricht man bei elektromagnetischen Feldern zeitweise den Strom gänzlich oder an einzelnen Teilen, dann bringt man dadurch Bewegung in die Katalysatorteilchen, und man vermag sie sogar in verschiedenen Richtungen wandern zu lassen. Vor den Austrittsöffnungen der Gase und Dämpfe bleiben magnetische Felder aber dauernd unterhalten, um ein Fortführen von Katalysatorstaub zu verhindern.

Da es mit den jetzigen Hilfsmitteln möglich ist, gewisse, höheren Temperaturen widerstehende elektrische Isolationen herzustellen, z. B. unter Verwendung oxydierter Aluminiumdrähte, ist man nicht an ein Kühlhalten der Elektromagnetwindungen gebunden; man kann sie selbst ganz oder teilweise in die Reaktionsrohre verlegen und zugleich die Heizung oder Heißhaltung der schon erhitzt zugeleiteten Gase und Dämpfe durch sie bewirken. Bei den in Betracht kommenden Temperaturen wird die Magnetisierbarkeit der zur Benutzung gelangenden Metalle noch nicht verhindert.

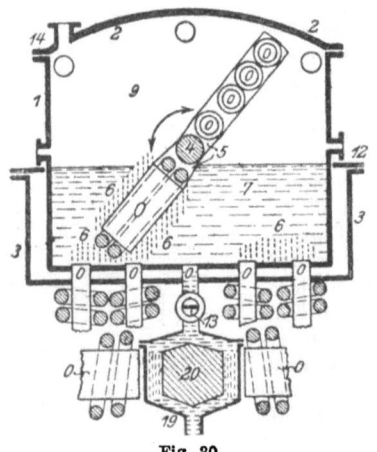

Fig. 30.

Hat man mit Gasen und Flüssigkeiten zu arbeiten, dann verfährt man ähnlich, wobei man für eine innige Berührung und Durchdringung der Gase und der Flüssigkeiten sorgt. Die Katalysatoren 6 gemäß dem D. R. P. 257 825 z. B. werden durch permanente oder Elektromagnete o ersetzt, wie Fig. 30 zeigt. Das Gefäß 1 erhält eine teilweise Füllung mit Fischtran (7), den man bei 160 bis 200° erhitzt. Nickelpulver (6) dient als Katalysator. Durchfließt nun ein elektrischer Strom die Magnetwindungen, dann sammelt sich das Nickel in den magnetischen Feldern der auf und ab schwingenden Träger (5), welche zunächst allein nur Stromanschluß erhalten, an und wird abwechslungsweise in den Tran gesenkt und in den darüber befindlichen, mit Wasserstoff gespeisten Gasraum 9 gehoben. Zeitweilige Stromunterbrechung bringt das Nickelpulver zum Abfallen, folgender Stromschluß wieder zum Anhaften, wobei frische, besser wirkende Teilchen freigelegt werden. Gegebenenfalls angeordnete Abstreifvorrichtungen bewirken das gleiche oder wirken dabei unterstützend mit.

Nach erfolgter Hydrierung des Trans wird bei Stromschluß der Magnete der Gefäßinhalt abgelassen, so daß das Nickelpulver im Gefäße für einen neuen Arbeitsgang verbleibt. Es können auch noch außerhalb des Gefäßes befindliche Magnete am Boden angeordnet sein (der auch selbst als Pol dienen kann), behufs ganz sicherer Zurückhaltung des Nickelpulvers während des Ablassens, die nur zu dieser Zeit eingeschaltet werden. Für letzteren Zweck läßt sich auch, angeschlossen an den Ablauf 13, ein besonderes kleines Gefäß (19) anbringen, aus dem das darin durch Elektromagnete festgehaltene Nickelpulver nachher durch den einfließenden Tran der folgenden Beschickung oder vermittels eingeblasenen Wasserstoffs oder durch stufenweise eingeschaltete, entsprechend angeordnete Elektromagnete in das Reaktionsgefäß zurückbefördert wird. 20 bezeichnet einen Eisenkörper, der sich als Zwischenpol in dem Gefäße 19 befinden kann.

Oder: In dem Gefäße 1 (Fig. 31) ist ein zweites, aus Aluminium oder dünnem Eisenblech gefertigtes Gefäß 5 angeordnet, das die Elektro- oder permanenten Magnete o enthält. In den magnetischen Feldern der letzteren, in dem Zwischenraume der beiden Gefäße, sammelt sich eingegebenes Nickelpulver (6) an, katalytisch wirksame Schleier und Bärte bildend. Besteht das Gefäß 1 aus Eisen, dann wirken dessen Wandungen, Zwischenpole herstellend, unterstützend mit. Durch den Stutzen 12 wird eine vorgeheizte Mischung aus Kohlenoxyd und Wasserstoff eingeleitet; ersteres wird unter gleichzeitiger Bildung von Wasser zu Methan reduziert. Die Gase und der Wasserdampf verlassen den Apparat

Reduktion ungesättigter Fettsäuren und ihrer Glyceride mittels Katalyse. 59

durch den Stutzen 14, die davor angebrachten Magnete dienen zur vollständigen Zurückhaltung des Nickelpulvers, das durch den Gasstrom fortgeführt werden kann. Durch Anbringung von Rippen 19 und Verstellung der magnetischen Felder in verschiedenen Richtungen wird eine innige Berührung der Gase mit dem Katalysator erzielt. Die Reaktionstemperatur reguliert man nach der Wirksamkeit des Nickelpulvers. Bei sehr wirksamem beginnt die Reduktion des Kohlenoxydes schon bei 180° oder selbst noch früher, das Nickelpulver verliert aber auch bei 360° noch nicht seine magnetische Eigenschaft.

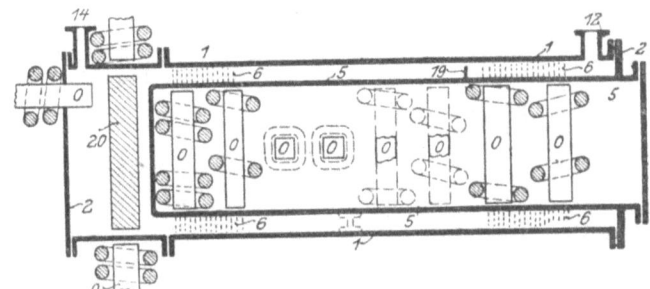

Fig. 31.

Ferner: In dem Gefäße 1 (Fig. 32) sind die beiden konzentrisch gelochten Zylinder 5 mit der Achse 4 drehbar gelagert; über deren Wandungen ist Asbestgewebe (6) gespannt, das vorher mit ausgefälltem Palladium als Katalysator versehen worden ist. Die Magnete oder Elektromagnete o befinden sich außerhalb des Gefäßes, entweder auf einer drehbaren Achse, wie am Ende rechts, oder feststehend, wie am Ende links und dem dazugehörenden Vertikalschnitte (Mitte) der Fig. 32 gezeichnet ist. In beiden Fällen sind mit den inneren drehbaren Zylindern 5 eiserne Zwischenpole 20 fest verbunden, welche durch die äußeren Magnete in beliebig rasche oder langsame Drehung versetzt werden. Bei der ersteren Anordnung (Fig. 32 rechts) geschieht dies durch Drehung der äußeren Magnete, bei der anderen Ausführungsweise (Fig. 32 links) durch abwechselnden Stromschluß der beiden seitlichen Magnetschenkel, während der mittlere immer eingeschaltet bleibt. Um eine drehende Bewegung der inneren Katalysatorträger 5 bzw. der Katalysatoren selbst und damit ein abwechselndes Eintauchen in die Flüssigkeit 7 und Heben in den Gasraum 9 zu erzielen, sind also gar keine Stopfbüchsen für die Arbeitsübertragung in das Gefäßinnere nötig; die Unannehmlichkeiten mit diesen, wie sie sich in vielen Fällen zeigen, sind daher vollständig vermieden.

Wird das Gefäß 1 mit einer reduzierbaren Substanz bzw. deren Lösung teilweise gefüllt und Wasserstoff zugeführt, dann vollzieht sich die Reduktion sehr rasch mit oder ohne erhöhten Wasserstoffdruck bei gewöhnlicher oder erhöhter Temperatur.

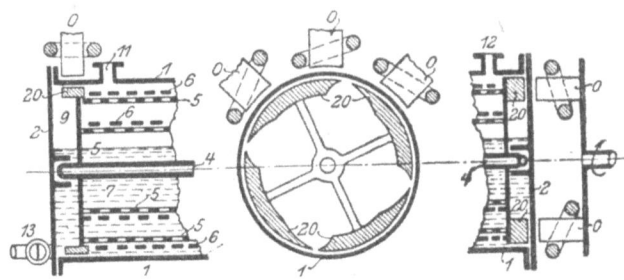

Fig. 32.

Magnetische Felder lassen sich in sehr mannigfaltiger Weise anordnen und ausnutzen; dadurch ist die Möglichkeit für eine große Zahl von Apparatformen gegeben, z. B. lassen sich alle sonstigen der Patentschrift 257825 dafür gebrauchen. Außerdem können Apparate konstruiert werden nach Art von Berieselungstürmen und Rektifikationskolonnen, auf dem Prinzip der Zentrifuge oder Mammutpumpe beruhende u. dgl.

Die Anwendbarkeit der magnetischen Felder erstreckt sich auch auf das Befreien von Gasen oder Dämpfen oder Flüssigkeiten, bzw. gelöster oder geschmolzener Substanzen, von Katalysatorengiften vermittels schon gebrauchter oder frischer, magnetischer Katalysatoren und auf das Zurückhalten magnetischer Katalysatoren, die bei anderen, sonst ohne Magnetismus arbeitenden Verfahren durch Gase oder Flüssigkeiten fortgeführt werden können.

Ist der Katalysator stark magnetisch, dann läßt er sich für das Verfahren auch auf einer unmagnetischen Unterlage, zur besseren Verteilung, fixieren. Anderseits können nichtmagnetische Katalysatoren auf magnetischer Unterlage fixiert sein, z. B. Metalle der Platingruppe auf Eisen.

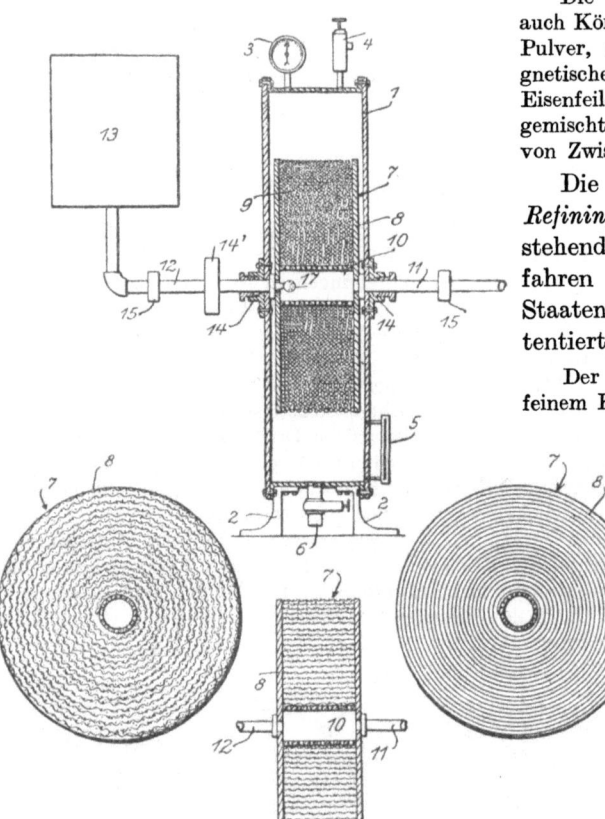

Fig. 33.

Die Katalysatoren können auch Körner od. dgl. bilden statt Pulver, und es können den magnetischen Katalysatoren noch Eisenfeile, -drehspäne u. dgl. beigemischt werden behufs Bildung von Zwischenpolen.

Die *Chisholm Process Oil Refining Co.* hat das nachstehend veranschaulichte Verfahren in den Vereinigten Staaten von Nordamerika patentiert erhalten[1] (Fig. 33).

Der Katalysator besteht aus feinem Kupferdraht, welcher mit einem rauhen elektrolytischen Nickelüberzug versehen ist, oder aus Nickeldraht selbst; ebenso kann Palladiumdraht verwendet werden. Der Draht wird spulenförmig aufgewickelt oder in Form von Drahtgaze verwendet (7, 8). Die Spule 7 (im Auf- und Grundriß dargestellt) rotiert in einer feststehenden Trommel 1 und besitzt in ihrem Zentrum eine Kammer 10, in welcher die Mischung des Öls mit dem Hydrierungsgas stattfindet. Das Öl tritt mit einer Temperatur von 160° unter Druck aus Behälter 13 durch die Brause 17 in die rotierende Kammer 10 ein, in welche zugleich Mondgeneratorgas aus 11 eingepreßt wird. Das mit dem Gas innig vermengte Öl wird durch Zentrifugalkraft gegen die Drähte der Spule geschleudert und bleibt so in steter und abwechselnder Berührung mit dem Katalysator. Das kann bei 4 austreten. Das fertige Produkt wird bei 6 abgelassen. 5 ist ein Mannloch, 14 stellt den Antrieb vor.

Das Verfahren hat die Herstellung eines Schweinefettersatzes aus Baumwollsamenöl zum Ziele.

---

[1] Amerik. Patent 1 114 963 v. 27. X. 1914 (aus „Seifenfabrikant", Jahrg. 1914).

Nach *Fresenius* (D. P. A. v. 1. VII. 1913) erscheint es vorteilhaft, Öle vor der Behandlung mit Wasserstoff mit reinem Kohlenpulver innig zu mischen, danach zu erhitzen und mit Wasserstoff über Kontaktstoffe, wie poröse Kohle, Metallcarbide oder andere bekannte Kontaktsubstanzen, zu leiten. Die Hydrierung soll hierdurch vollständiger und in kürzerer Zeit erfolgen; ferner sollen die bei anderen Verfahren durch das Erhitzen entstehenden Zersetzungen des Hydriergutes vermieden bzw. unschädlich gemacht werden, so daß das Verfahren speziell zur Härtung von Speisefetten dienen kann [1].

Die Methode, nach welcher *Ellis* arbeitet, ist aus den nachfolgenden Abbildungen ersichtlich, deren Beschreibungen *Kantorowicz* [2] folgendermaßen wiedergibt:

Im amerik. Patent Nr. 1 026 156 erfolgt das Hydrogenisieren des Öles dadurch, daß letzteres ein langes, den Katalysator enthaltendes Material durchfließt (Fig. 34).

Wasserstoff oder Wassergas werden im Gegenstrom so geführt, daß stets Gas mit höchstem Wasserstoffgehalt mit einem am stärksten abgesättigten Öle in Berührung tritt. Das Rohr ist geneigt und von einem mit einem flüssigen Medium beschickten Heizmantel umgeben. Die Temperatur ist an den verschiedenen Stellen des Rohres beispielsweise von 158° auf 165° und 180° gesteigert. Gewöhnlich soll Atmosphärendruck genügen. Wasserstoff kann im Kreislauf die Apparatur durchstreichen.

Einen anderen, durch amerikanisches Patent Nr. 1 040 532 geschützten Apparat *Ellis* zeigt die Fig. 35 im senkrechten Schnitt.

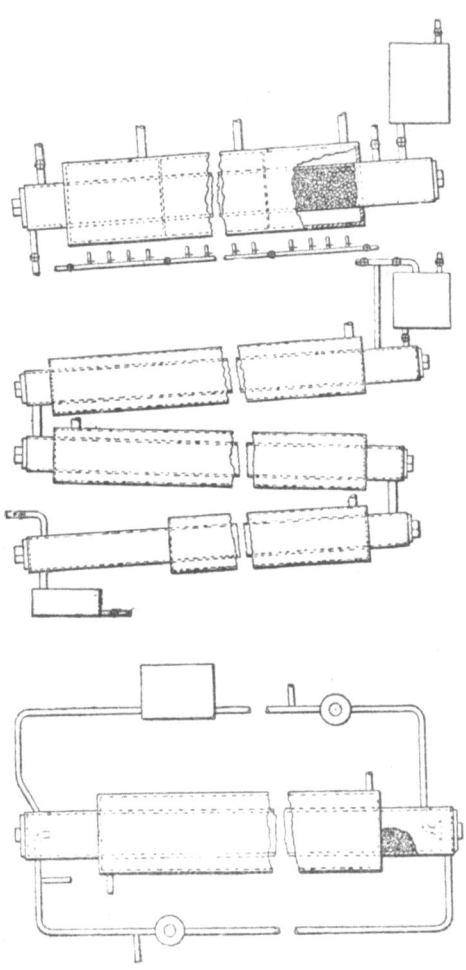

Fig. 34.

1 ist ein Behälter von konischer Form mit dem Dampfmantel 2. Die Rohre 3 und 4 dienen als Einlaß für Öl und Wasserstoff; 5, 6 und 7 sind Ventile, 8 ist ein

---

[1] Siehe auch Amer. Patente Nr. 1 084 202 v. 13. Januar 1914; 1 084 203 v. 13. Januar 1914; 1 040 532 v. 8. Oktober 1912; 1 043 912 v. 12. November 1912, welche zwar die Ölhärtung mit Nickelkatalysatoren betreffen, aber keine prinzipiellen Probleme zum Gegenstand haben.

[2] *Kantorowicz*, Die katalytische Fetthärtung, Seifenfabrikant 1920; 5.

Druckmanometer, 9 ein verschlossener Stutzen zum Einfüllen des Katalysators, 10 ein Ölauslaß mit dem Ventil 11. Ein Rohr 12 führt von der Decke des Behälters zur Pumpe 13, deren Auslaß durch das Rohr 14 mit der Düse 16 in Verbindung steht. 17 ist ein Ventil, 15 ein Spritzblech vor dem Rohre 12, 18 ein Ausblaserohr, 19 eine Stopfbuchse.

Das Öl tritt in den Behälter durch das Rohr 3 ein, bis dieser ungefähr zu $^2/_3$ gefüllt ist, also ein genügender Sammelraum für das Gas bleibt. Danach wird das Ventil 7 geschlossen, Wasserstoff oder wasserstoffhaltiges Gas durch das Rohr 4 eingeleitet, die Pumpe 13 in Bewegung gesetzt und das Auslaßventil 18 zur Entfernung der im Apparat vorhandenen Luft geöffnet. Ist dies geschehen, so wird das Ventil 18 geschlossen und der Katalysator bei 9 eingefüllt, sodann wird 9 geschlossen. Inzwischen wird der Dampfmantel 2 mit Dampf gespeist, um das Öl auf die bestgeeignete Reaktionstemperatur, nämlich 150 bis 200° C, anzuwärmen. Hierbei steht die poröse Platte 20 an der Decke des Behälters. Die Pumpe 13 zieht den Wasserstoff aus dem oberen Sammelraum des Behälters ab und pumpt ihn zu Boden, von wo aus er das erhitzte Öl und den Katalysator durchperlt. Der nicht absorbierte Wasserstoff arbeitet also im Kreislauf; der absorbierte wird durch frischen allmählich ersetzt. In dem Raum über dem Öl wird ein Vakuum von vorzugsweise 1 mm Quecksilber aufrechterhalten. Ist das Öl bis zur gewünschten Stufe hydriert, so wird die Filterscheibe 20 niedergelassen, bis sie an den Wänden des Behälters über der Düse 16 anliegt. Die Pumpe wird stillgesetzt und das Ventil 11 geöffnet. Das Ventil 6 im Wasserstoffeinlaß bleibt währenddessen geöffnet. Der Katalysator wird durch die Filterscheibe im Behälter zurückgehalten und bleibt also außer Berührung mit der Luft. Sodann wird frisches Öl eingefüllt, die Filterscheibe auf und nieder gezogen, um den Katalysator mit dem Öl zu vermischen, und die Scheibe, wie zum Beginn der ersten Charge, hoch gestellt. Der Prozeß wird sodann wiederholt. Durch das Fehlen jedes Reaktionsdruckes wird die Bildung unerwünschter Laktone oder ähnlicher Körper, die die Katalysatoraktivität beeinträchtigen, verhindert. Geeignete Katalysatoren sind fein verteilte Metalle, wie metallisches Nickel oder Nickel auf einem mehr oder weniger aktiven Träger, wie z. B. Kohle. Dieses Patent steht im Zusammenhange mit dem amerik. Patent Nr. 695 206/1912.

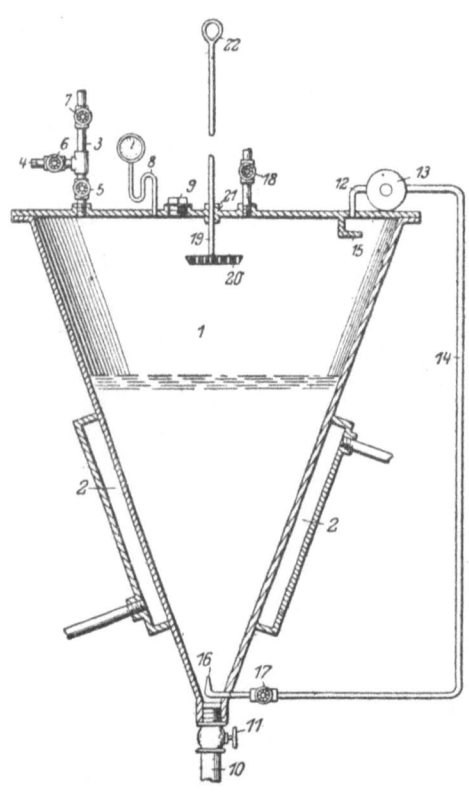

Fig. 35.

Die Fig. 36 zeigt den im amerikanischen Patente Nr. 1 040 531 beschriebenen, *Ellis* geschützten Apparat.

Ein eingehendes experimentelles Studium wurde dem Nickelkatalysator als solchem gewidmet. Für den ökonomischen Betrieb einer Fetthärtungsanlage ist es nämlich wichtig, den Katalysator möglichst wirksam und dauerhaft zu gestalten. Schon *Sabatier* und *Senderens* beobachteten, daß Nickel nicht unter allen Umständen für katalytische Reaktionen in gleichem Maße befähigt ist. So erklären sie zwar auch ein nicht durch frische Reduktion von Nickeloxyd entstandenes Nickel, z. B. Nickelfeile, katalytisch für Wasserstoffanlagerung befähigt, aber es sind nach ihrer Beobachtung bei Verwendung dieses Materials höhere Temperaturen als sonst erforderlich; auch geht die Reduktion mit geringerer Regelmäßigkeit vor sich [1]. Einen weiteren wichtigen Einfluß besitzt die Reduktionstemperatur. Sie soll möglichst niedrig liegen, da sonst die katalytischen Fähigkeiten sich vermindern [2]. Weiterhin soll der Katalysator eine große Oberfläche besitzen [3] und vor Substanzen, die antikatalytische Eigenschaften betätigen, bewahrt werden. *Erdmann* und *Bedford* bereiteten unter Beobachtung dieser Bedingungen ihren Nickelkatalysator

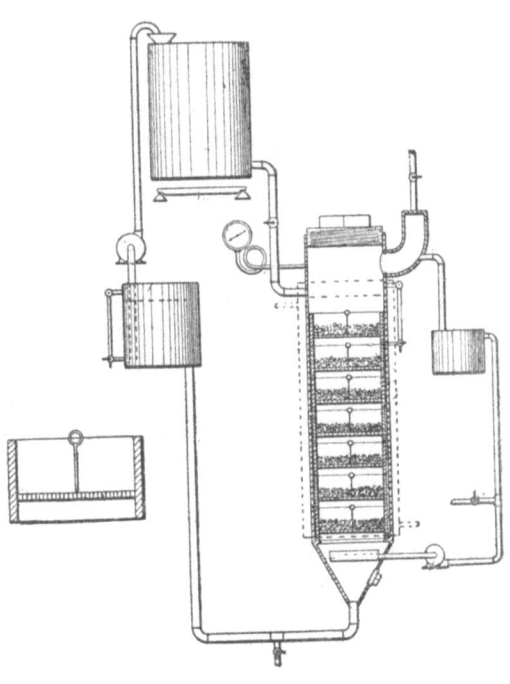

Fig. 36.

z. B. auf folgende Weise: Reines Nickelcarbonat wurde in einem Nickeltiegel durch starkes Glühen in Nickeloxyd übergeführt und mit destilliertem, insbesondere chlorfreiem Wasser zu einem Brei angerührt, in welchen erbsengroße Stücke ausgeglühten Bimssteines eingetragen wurden. Nach gutem Durchrühren wurden die einzelnen Bimssteinstücke mit der Pinzette auf Uhrgläser gebracht und im Trockenschrank bei 95° C getrocknet. Hierauf wurden sie in Glasröhren gefüllt, welche im Ölbade auf 275 bis 285° C erhitzt wurden. Die Reduktion erfolgte mittels Wasserstoffs aus Stahlflaschen

---

[1] Chemisches Zentralblatt 1897, **1**, 801.

[2] Über die Bereitung des Katalysators und die Reduktionstemperatur durch *Sabatier* siehe *Paul Sabatier*, La catalyse etc.

[3] Bei den Ölhärtungskatalysatoren geht die Reaktion nur auf deren Oberfläche vor sich; die Wirksamkeit wird daher mit letzterer zunehmen; dies ist auch der Grund, warum kompakte Metalle weniger wirksam sind als fein verteilte. — Vgl. übrigens die Note 3, S. 24.

und ging solange vor sich, bis ein mit den Apparaten verbundenes Capillarrohr nicht mehr Kondenswasser zeigte, was nach etwa 8 Stunden der Fall war[1].

Die erforderliche niedrige Reduktionstemperatur würde, wenn man der Existenz von Metallhydrüren zustimmt, damit zusammenhängen, daß die Metallhydrüre jenseits bestimmter Temperaturen nicht beständig sind. Eben daraus würde auch ein Optimum der Reaktionstemperatur für den Hydrogenisationsprozeß folgen. Welche Temperaturen zur Reduktion von Nickel aus Nickeloxyd erforderlich sind, hat *Ipatiew* ermittelt. Nickeloxyd kann durch Wasserstoff unter gewöhnlichem Druck bei 190 bis 200° C vollständig zu Nickel reduziert werden. Die Reduktion beginnt schon bei 170° C und kann bei 200° C beendigt sein, vorausgesetzt, daß Nickeloxydul, welches meist im käuflichen Oxyd vorkommt, im Präparate nicht vorhanden war; denn Nickeloxydul läßt sich erst über 200° C zu Nickel reduzieren[2]. Solche unter 270° C gewonnene Nickelpulver zeigen auch pyrophore Eigenschaften, eine Tatsache, die wiederum auf die Existenz von Hydrüren zurückgeführt werden könnte. Der Ansicht *Fokins* von der Existenz der Nickelhydrüre stehen aber auch andere Vermutungen gegenüber. *Ipatiew* erklärt, daß Nickel selbst unter Druck keinen Wasserstoff absorbiere und daher kein Wasserstoffmetall bildet. Er zieht es überhaupt in Zweifel, ob die Reduktion des Nickeloxyds durch Wasserstoff vollständig bis zu Nickel fortschreitet. Sie kann sich möglicherweise auf die Bildung der niedrigeren Nickeloxyde beschränken, welche dann dieselbe Wirkung wie reduziertes Metall ausüben. *Ipatiew* führt überhaupt die katalytische Wirkung des reduzierten Nickels auf die Gegenwart von Nickeloxyd und Feuchtigkeit zurück, welche stets im reduzierten Nickel vorhanden sind. Unter Druck und bei der betreffenden Temperatur wird nämlich unter dem Einflusse des Wasserstoffs das Oxyd zu Metall unter Bildung von Wasser reduziert; da beide Stoffe in statu nascendi wirken, bilden sie wiederum Metalloxyd und Wasserstoff, welcher die organischen Verbindungen reduziert[3].

Anderseits negieren *Meigen* und *Bartels* eine erhebliche Funktion des Wassers bei der gewöhnlichen Reduktion und halten sie nur in allseitig geschlossenen Gefäßen, also für Umstände, unter denen *Ipatiew* arbeitete, für denkbar; in offenen Gefäßen, wie sie bei der üblichen Art der Fetthärtung verwendet werden, erscheint *Meigen* und *Bartels* eine solche Wirkung deshalb unwahrscheinlich, weil das gebildete Wasser durch den in großem Überschusse durchgeleiteten Wasserstoff sofort entfernt werden würde. *Senderens* und *Aboulenc* haben gefunden, daß die Reduktionstemperaturen verschieden sind, je nachdem der Nickelkatalysator aus Nickeloxyd, Nickelhydroxyd oder aus einem mittels pyrophorem Nickel gewonnenen Oxyd hergestellt wird. Sie erklären weiterhin, daß zwischen Beginn und Ende der Reduktion

---

[1] *Bedford*, Inaug.-Dissertation (Halle a. S. 1906).
[2] *Ipatiew*, Journ. f. prakt. Chemie 1908, S. 521.
[3] *Ipatiew*, Journ. f. prakt. Chemie 1908, S. 521 bis 531.

ein erhebliches Temperaturintervall besteht, und daß diese Temperaturunterschiede bei den Oxyden mit dem mehr oder minder stark vorgenommenen Ausglühen, bei den Hydraten jedoch mit der Bildung schwer reduzierbarer Suboxyde zusammenhänge. Die Reduktion ist unter 300°C jedenfalls unvollständig, und es entsteht hierbei ein Gemenge von reinem Nickel und Oxyd, wobei letzteres nicht nur nicht störend wirkt, sondern die Aktivität des Katalysators gegenüber einem bei höherer Temperatur reduzierten reinen Nickel erhöht. Die genannten Experimentatoren empfehlen sogar, nach der Reduktion noch auf höhere Temperatur zu erhitzen, weil hierdurch zwar die Aktivität des Katalysators herabgesetzt, dafür aber seine Wirkungsdauer erhöht wird[1].

Die Herstellung des Katalysators in der technischen Praxis spiegelt alle auf experimentell-wissenschaftlichem Wege gefundenen Erfahrungen wider. Schon *Clemens Winkler* hat poröse Körper, wie Asbest, Bimstein, Kieselgur, Ton usw., als Träger für Kontaktsubstanzen angewandt, um letzteren eine größere Oberfläche zu erteilen[2].

Crosfield and Sons und *Markel* verwendeten zur Fetthärtung zuerst poröses, mit Metall imprägniertes Material, indem sie Kieselgur, Asbest oder Holzkohle mit Nickelnitratlösung tränkten, diese Masse sodann trockneten und erhitzten, wodurch Nickeloxyd entstand; durch Reduktion im Wasserstoffstrom kann letzteres in Metall übergeführt werden. Wird statt des Nitrats ein anderes Salz verwendet, so muß durch Behandlung mit alkalischen Reagentien erst Nickelhydroxyd behufs nachfolgender Reduktion hergestellt werden[3].

Ähnlich verfahren die *Naamlooze Vennootschap Ant. Jurgens. Ver. Fabr.*[4].

Wie *M. Wilbuschewitsch*[5] den Katalysator herstellt, wurde bereits geschildert.

Um die Kontaktsubstanz in sehr fein verteiltem Zustande verwenden zu können und so die Härtung wirtschaftlicher und rascher durchzuführen, behandelt die *Georg Schicht A.-G.* inerte, poröse, fein verteilte oder gepulverte Stoffe, z. B. Kieselgur, Bergmehl, Asbest oder Holzkohle, mit einer wässerigen Lösung von ca. 55 Proz. $NiSO_4$ und hierauf mit Alkali. Nach dem Waschen und Trocknen wird bei 300 bis 500°C mit Wasserstoff behandelt. Solche Kieselgurkatalysatoren enthalten ca. 30 Proz. Ni. Die Alkalibehandlung wird erspart, wenn man statt des Nickelsulfats Nickelnitrat verwendet.

Die Benutzung eines so gewonnenen Katalysators erfolgt im technischen Prozeß nach dem österr. Patent 69 025 derart, daß zunächst das zu hydrierende Material in einem mit Rührwerk versehenen Druckkessel auf eine hohe,

---

[1] Zeitschr. f. angew. Chemie 1913, S. 641 (Bull. Soc. chim. 1912 [11]).
[2] D. R. P. 4566.
[3] Engl. Patent 30 282/1910 v. 10. Dezember 1910.
[4] D. P. A. 12 578 v. 15. Juli 1911.
[5] Engl. Patent 72/1912 v. 24. Dezember 1910; Amer. Patent 1 029 901 v. 18. Juni 1912; Franz. Patent 426 343; Österr. Patent 66 490; Schw. Patent 55 938 v. 18. April 1911 und S. 47 dieser Schrift.

unter der Zersetzung liegende Temperatur erhitzt wird, worauf der Katalysator zugesetzt wird. Wasserstoff unter Druck wird nun durchgepreßt und gleichzeitig gerührt. Je größer der Druck, um so kürzer ist die Reaktionszeit. Schon $^1/_2$ Proz. des Reaktionsmaterials an Metall ist wirksam.

Ein besonders wirksames Katalysatormaterial stellt die *Badische Anilin- und Sodafabrik* dadurch her, daß die Reduktion der Metallverbindung (Ni, Co, Fe) mittels Wasserstoff unter hohem Druck vorgenommen wird. Wird sodann auch die Hydrierung unter einem Drucke von min. 30 Atm., im opt. über 50 Atm. vorgenommen, so erfolgt sie im kontinuierlichen Betriebe selbst bei Anwendung von Eisen allein, bei 120° C und darunter, bei aktiviertem Nickel schon unter 80° C besonders rasch[1].

Kayser tränkt Kieselgur mit einer konzentrierten wässerigen Lösung von schwefelsaurem Nickel, fügt hierauf trockne Soda hinzu, kocht in Wasser, trocknet, glüht das Nickelcarbonat und reduziert[2]. Um reduziertes Nickel ohne Einbuße seiner katalytischen Eigenschaften der Luft aussetzen zu können, reduziert *Kayser* das Nickeloxyd bei 500 bis 600° C, und leitet sodann durch das Reduktionsmaterial einen Kohlensäurestrom[3].

Ähnlich verfahren die *Bremen-Besigheimer Ölfabriken*[4].

Auch nach *C.* und *G. Müller* werden die katalytischen Fähigkeiten von Nickel und Eisen bei der Hydrogenisierung von Fetten gesteigert, wenn die Metalle nach der Reduktion im Wasserstoffstrom nochmals im Kohlensäurestrom geglüht werden (nach Ansicht dieser Anmelder werden die im Wasserstoff wahrscheinlich entstandenen Metallhydrüre zersetzt und in reine Metalle verwandelt). Auch kann man statt der pulverförmigen Katalysatoren, zufolge den unten zitierten Anmeldungen, Drehspäne oder Schrotstücke aus Nickel, Eisen und Kupfer anwenden, welch letztere sogar den Vorzug größerer Unempfindlichkeit besitzen sollen. Die Reduktionstemperatur liegt zwischen 160 bis 200° C[5].

Ellis hat sich die Herstellung von Katalysatoren durch verschiedene amerikanische Patente schützen lassen. Er bedeckt aktive Tierkohle oder Holzkohle mit reduziertem Nickel. Letztere soll vorher mit heißer verdünnter Salpetersäure behandelt werden, um Kalk oder andere basische Produkte zu entfernen, sodann mit 5 proz. Sodalösung in der Wärme gewaschen werden, ehe sie in Verbindung mit den üblichen Katalysatormetallen (Platin, Palladium, Nickel, Kobalt usw.) verwendet wird[6].

Die Bedeckung mit Nickel erfolgt, indem eine solche Holzkohle mit höchstens 20 Proz. Nickelhydroxyd gemischt und sodann bei steigender Temperatur bis etwa 300° C durch einen Wasserstoffstrom reduziert wird. Oder

---

[1] Bei hohem Drucke muß die Reaktionstemperatur niedrig sein, da sonst die Fette zersetzt werden.
[2] Amer. Patent 1 004 034 v. 26. September 1911.
[3] Amer. Patent 1 001 279 v. 22. August 1911.
[4] D. R. P. 312 427 v. 30. Mai 1912. Zusatz zum D. R. P. 286 798.
[5] Franz. Patent 450 703 v. 18. November 1914;
[6] Amer. Patent 1 060 673 v. 6. Mai 1913.

es wird Gasruß mit einer gesättigten Lösung von ätzenden oder kohlensauren Alkalien imprägniert und mit einer gesättigten wässerigen Lösung von Nickel- oder Kobaltsalzen übergossen, um auf diese Weise an der Oberfläche Nickel- oder Kobalthydroxyd abzuscheiden. Hierauf wird im Wasserstoffstrom reduziert [1].

Nach den Ausführungen der Patentschrift der *Bremen-Besigheimer Ölfabriken* (D. R. P. 304 043 v. 18. Aug. 1912) haben sich bei der Verwendung von Metalloxyden und Metallsalzen als Katalysatoren verschiedene Nachteile ergeben.

Einerseits sinken die als Katalysator verwendeten Salze sehr leicht zu Boden, kleben zusammen und werden dadurch in ihrer Wirkung auf die zu behandelnden Stoffe beeinträchtigt. Anderseits stören das in den Salzen enthaltene Wasser sowie die beim Erwärmen frei werdenden flüchtigen Säuren die Durchführung des Reduktionsprozesses im Autoklaven.

Zur Vermeidung dieser Übelstände können die als Katalysator zu verwendenden Metallsalze bzw. Oxyde auf poröse anorganische Stoffe so fein verteilt werden, daß sie in dem zu behandelnden Stoff schwebend bleiben; es kann aber auch das Wasser und der Teil der flüchtigen Säure, der sonst beim Reduktionsprozeß frei wird, vor dem Reduktionsprozeß entfernt werden.

Bei der Verwendung der Kontaktmasse zur Reduktion von Ölen oder Fetten verfährt man zweckmäßig in folgender Weise:

Man tränkt Kieselgur, Asbest o. dgl. mit einer Lösung eines Metallsalzes, beispielsweise Nickelacetat. Nach dem Trocknen der Masse wird dieselbe mit etwas Öl so fein verrieben, daß eine mikroskopisch feine Anreibung entsteht. Diese Masse wird in einem geschlossenen Apparat, der mit Rührwerk versehen und an eine Vakuumleitung angeschlossen ist, auf etwa 150 bis 200° C erwärmt. Hierbei wird alles Wasser und der Teil der flüchtigen Säure, welcher sonst bei der Reduktion im Autoklaven frei würde, entfernt. Zum Schluß der Operation wird, um den Katalysator noch etwas aktiver zu machen, Wasserstoff durchgeleitet.

Handelt es sich darum, andere ungesättigte Verbindungen als Öl mit Hilfe der Kontaktmasse in gesättigte überzuführen, so wird man die Kontaktmasse statt mit Öl mit dem entsprechenden anderen Stoff, für den die Kontaktmasse verwendet werden soll, mischen, oder aber man kann auch statt dieses Stoffes ein indifferentes Lösungsmittel, wie Tetrachlorkohlenstoff oder Chloroform, verwenden.

Man erhält auf diese Weise einen sehr wirksamen Katalysator, der lange haltbar und transportfähig ist, so daß er nach Belieben verbraucht werden kann. Das Verfahren gestattet die Herstellung einer brauchbaren Kontaktmasse in viel einfacherer und billigerer Weise, als es bei der Fabrikation von Katalysatoren, welche aus reduziertem, auf einem Träger niedergeschlagenem

---

[1] Amer. Patent 1 078 541 v. 11. November 1913. Amer. Patent 1 084 258 v. 13. Januar 1914; 1 088 673 v. 24. Februar 1914.

Metall bestehen, möglich ist. Ebenso verhält es sich mit der Regeneration der Kontaktmasse[1].

Um die reduzierte Katalysatormasse vor der schädlichen Einwirkung der Luft zu schützen, umgeben sie auch *Wimmer* und *Higgins* in Pastenform oder emulgiert mit einer Hülle von Öl[2].

Nach *Hermann Kast* besitzt die Herstellung der Katalysatoren in gewöhnlicher Weise Nachteile[3]. Werden sie aus den entsprechenden Metallsalzlösungen direkt durch Agentien gefällt und reduziert, so scheiden sich die Niederschläge bzw. Reduktionsprodukte in grobkrystallinischer Form aus. Hat man aber vorher poröse Stoffe mit den Salzlösungen getränkt, so schlacken die Niederschläge beim nachfolgenden Erhitzen. In beiden Fällen wird die Oberflächenwirkung erheblich verringert. *Kast* verwendet daher die Salze der höher nitrierten Phenole, insbesondere diejenigen des Trinitrophenols, seiner Homologen und die Derivate dieser Verbindungen. Schon beim Erhitzen entwickeln diese Salze eine große Menge von reduzierenden Gasen, welche die Masse während des Verbrennens aufblähen. Dadurch wird die sodann erhaltene Asche, stelle sie nun ein Metall oder ein Metalloxyd vor, sehr voluminös und schwammig und besitzt große Oberflächenwirkung. Besonders geeignet sind die Schwermetallverbindungen der höheren Homologen des Trinitrophenols. — Um die Gefahr einer Explosion beim Erhitzen dieser Verbindungen zu vermeiden, fügt *Kast* vorher indifferente Stoffe zu[4].

Alle bisher geschilderten Verfahren stimmen darin überein, daß die zur Wirksamkeit erforderliche Oberfläche durch Imprägnation eines porösen Materials mit Nickel geschaffen wird.

Da die Kontaktmassen meist in Form loser, pulveriger oder körniger Substanz angewandt werden und hierdurch die Wiedergewinnung durch Filtration erschwert, sowie der Bau der Apparate mit großer Bemessung des Kontaktraumes erfolgen muß, hat *Andersen* es für alle Kontaktprozesse[5] vorteilhaft erklärt, bei den erwähnten Prozessen als Kontaktmetalle die neuerdings von *Hannover* dargestellten Porenmetalle zu verwenden[6]. Aus einem solchen Kontaktporenmetall, dessen Elemente bei der Reduktion der ungesättigten Fettsäuren oder deren Glyceride aus Nickel, Kobalt, Eisen, Kupfer, den Platinmetallen, Erdmetallen usw. bestehen, sollen Teile der betreffenden Apparatur, wie Behälterwand, Rührer usw., hergestellt werden.

Die Porenmetalle sind von schwammigem Gefüge und sehen zwar äußerlich wie gewöhnliche Metalle aus, besitzen aber eine 100- bis 1000 mal größere Oberfläche als letztere bei gleichem Volumen.

---

[1] D. R. P. 312 427 vom 30. Mai 1912, Zus. zum D. R. P. 286 789.
[2] D. R. P. vom 20. Februar 1912.
[3] *Herm. Kast*, Amer. Patent 1 070 138 v. 12. August 1913.
[4] *Kimura* stellt den Katalysator her, indem er gepulverten Bimstein mit der fünffachen Menge trockenen pulverförmigen Nickelnitrats mengt und bei 400° C unter Rühren mit dampfförmigem Ammoniumchlorid behandelt. Aus den Angaben ist nicht deutlich genug ersichtlich, in welcher Form der Katalysator verwendet wird (engl. Patent 118 323).
[5] *Emil William Andersen* in Glostrup (Dänemark). D. R. P. 277 222 v. 15. Mai 1912.
[6] Französ. Patent 437 816.

Die Katalysatorenmasse läßt sich auch in zusammenhängender Form verwenden. *O. Chr. Hagemann* und *Ch. Baskerville* stellen die Katalysatoren in Form sehr dünner Blättchen oder Films in einer Stärke von $1/20000$ bis $1/40000$ Zoll im metallischen Zustande oder an der Oberfläche oxydiert her[1], während *Ellis* den Nickelkatalysator als Kolloid gewinnt, indem er durch zwei in destilliertem Wasser befindliche Nickelstäbe einen elektrischen Strom von hoher Spannung leitet[2].

Fein verteiltes metallisches Nickel bildet bekanntlich in Berührung mit Kohlenoxydgas schon bei ca. 30°C eine Verbindung von der Zusammensetzung $Ni(CO)_4$, das Nickeltetracarbonyl; dieses ist eine bei 43°C siedende Flüssigkeit von unangenehmem Geruch und giftiger Wirkung, welche indessen nur bei relativ niedrigen Temperaturen beständig ist. Sie ist in allen Fetten und Fettsolventien löslich und oxydiert sich an der Luft. Schon bei Temperaturen oberhalb 180°C zerfällt sie wieder in Nickel und Kohlenoxyd. Es lag daher mit Rücksicht auf die für den glatten Verlauf des Hydrogenisationsprozesses erforderliche Reinheit des Kontaktmaterials nahe, das Nickeltetracarbonyl zur Erzeugung dieses Materials zu benutzen. Eine diesbezügliche Ausarbeitung eines technischen Verfahrens rührt von *Shukoff* her. Da das beim Erhitzen von Nickelcarbonyl in zusammenhängender Form abgeschiedene Nickel als Kontaktsubstanz für die Reduktion organischer Körper nicht geeignet ist, leitet *Shukoff* gasförmiges Nickelcarbonyl oder ein diese Verbindung enthaltendes Gasgemisch in das zu reduzierende Gut und bringt die Temperatur über die Dissoziationstemperatur des Nickeltetracarbonyls. Hierdurch wird metallisches Nickel im Zustande einer solchen feinen Verteilung ausgeschieden, daß das Reaktionsgemisch vom ausgeschiedenen Metall schwarz aussieht und das ausgeschiedene Nickel stundenlang in Schwebe erhält. In dieser Form ist das Nickel äußerst aktiv.

Das Verfahren wird durchgeführt, indem man Kohlenoxyd über eine entsprechend lange Schicht Nickel, welches auf 60°C erwärmt wird, leitet. Das nickelcarbonylhaltige Gas strömt nun langsam in das zu hydrogenisierende Öl ein, dessen Temperatur auf 180°C gebracht ist. Sobald sich das Nickel im Öl fein verteilt ausgeschieden hat, wird der Kohlenoxydstrom unterbrochen, die Temperatur des Öles wird auf 230 bis 240°C erhöht und nun wird durch 5 bis 6 Stunden Wasserstoff eingeleitet. Nach dem Erkalten ist das Reaktionsgemisch hart[3].

In ähnlicher Weise versucht *Lessing* die status-nascendi-Wirkung des Nickelcarbonyls auszunützen, wenn er Nickelcarbonyl im Reduktionsgut auflöst und dieses nun in ein Gefäß, welches passend erwärmt wird, und in welches Wasserstoff einströmt, einspritzt. Die gleiche Wirkung wird erzielt, wenn der benutzte Wasserstoff vor seiner Einwirkung auf das zu reduzierende Material mit flüchtigem Nickelcarbonyl imprägniert wird[4].

---

[1] Amer. Patent 1 083 930 v. 13. Januar 1914, Herstellung des Films nach dem *Edison*schen Amer. Patent 865 688. Vgl. auch österr. P. A. v. 7. Februar 1914.
[2] Amer. Patent 1 092 206 v. 7. April 1914.
[3] D. R. P. 241 823 v. 18. Januar 1910. Siehe auch *Kamps*, Belg. Patent 246 975.
[4] Engl. Patent 18 998 v. 19. August 1912. D. P. A. v. 24. Juli 1913.

Die *Bremen-Besigheimer-Ölfabriken* wollen zur Herstellung des Nickeltetracarbonyls das Kohlenoxyd verwenden, welches bei der Herstellung von Wasserstoff nach dem Linde-Caro-Verfahren entsteht. In einer Retorte wird das Kohlenoxydgas unter Druck und Erwärmung über gepulvertes Nickel geleitet und das dadurch entstandene Nickelkohlenoxyd auf 43° C abgekühlt. Nun wird in einem vernickelten Druckgefäß gereinigte Kieselgur oder ein ähnliches poröses Material mit dem Nickeltetracarbonyl getränkt und langsam erwärmt, wodurch das Nickelkohlenoxyd in metallisches Nickel und Kohlenoxyd zerfällt. Das Kohlenoxyd wird abgezogen und kann von neuem zur Darstellung von Nickelkohlenoxyd benutzt werden, während der letzte Rest von Kohlenoxyd bzw. unzersetztem Nickelkohlenoxyd, welches bei der Reduktion schädlich wirken kann, schließlich durch Wasserstoff, Kohlensäure oder ein anderes indifferentes Gas unter weiterem Erwärmen verdrängt und die nickelhaltige Kieselgur sofort unter Luftabschluß mit Öl fein angerieben wird. Der emulsions- oder pastenartigen Kontaktmasse ist das Nickel infolge der äußerst feinen Struktur der einzelnen Kieselgurteilchen (Diatomeenskelette) mikroskopisch fein verteilt und kann auch beim Mischen mit Öl nicht zu Boden sinken oder zusammenklumpen, weil die Kieselgur das Nickel mit in Schwebe hält. Die Kontaktmasse läßt sich mit dem Öl leicht und völlig gleichmäßig mischen, und beim Reduktionsprozeß kann man beide zusammen sehr fein versprühen, somit eine intensive Wechselwirkung mit dem Wasserstoff erzielen. Die Regeneration der Kontaktmasse ist insofern sehr einfach, als man nach dem Entfernen des Öles das Nickel direkt wieder als pulverförmiges Nickel zur Darstellung von Nickelkohlenoxyd verwenden kann[1]. Auch *Franck* will die Herstellung von Nickelkatalysatoren mittels Nickelcarbonyls vornehmen; er schlägt das Metall im Öl auf porösen Körpern nieder, indem er darin Kohle oder Kieselgur suspendiert und unter Erhitzen Nickelcarbonyl einleitet, welches selbstredend bei höheren Temperaturen zerlegt wird. Freilich ist dieses Präparat bei diesem Verfahren nicht die einzige Katalysatorquelle, da der Erfinder in das Öl auch noch Oxyde, Verbindungen und Salze von Nickel, Kupfer, Palladium usw., die durch Wasserstoff leicht zu Metall reduzierbar sind, zufügen will[2].

Ipatiew hat die Tatsache festgestellt, daß auf die Katalysatorentätigkeit die Anwesenheit von Stoffen, welche anscheinend weder mit dem Katalysator noch mit den Ausgangsstoffen in Reaktion treten, einen Einfluß ausüben kann[3]. So z. B. dienen Kupferoxyd oder reduziertes Kupfer als gute Katalysatoren zur Wasserstoffanlagerung an Doppelbindungen in einem Druckapparate mit Eisenrohr, büßen jedoch beträchtlich an ihren katalytischen

---

[1] Vgl. auch *Georg Schicht-A.-G.* in Aussig a. E. Österr. Patent 70 771, pat. v. 15. Juli 1915, abhängig vom Patent 66 490.

[2] Es sei noch erwähnt, daß *Reynolds* die Nickelverbindungen nicht durch Wasserstoff, sondern durch Ammoniak oder Kohlenoxyd resp. Generatorgas reduziert, um auf gefahrlose Weise luftbeständige Katalysatoren zu erhalten. Hierbei wird Kohlenoxyd zweifellos einen Teil in Nickelkohlenoxyd umwandeln (Amerik. Pat. 1 210 367).

[3] *Ipatiew*, Ber. 1910, S. 3387; Ber. 1912, S. 3205.

Eigenschaften ein, wenn sie in einem Rohr aus Phoshporbronze verwendet werden. *Ipatiew* vermutet, daß mancher Katalysator seine Aktivität nur in Gegenwart von besonderen Stoffen zeigt, welche mit ihm oder mit dem Ausgangsprodukt in gekoppelte Reaktionen treten[1]. Er hat mit seinen Mitarbeitern eine Reihe von Untersuchungen über das Zusammenwirken zweier in ihren katalytischen Eigenschaften verschiedener Katalysatoren angestellt. So z. B. verwandelt sich gewöhnlicher Campher in einem Apparate für hohen Druck in Gegenwart von Nickeloxyd bei 320 bis 350° in Borneol; dieses geht andererseits mit kleiner Ausbeute in flüssiges Camphen über, wenn man es mit Tonerde im gleichen Apparate auf 350 bis 360° erwärmt[2]; letztere Reaktion verläuft ziemlich schwer und nicht glatt. Eine ähnliche getrennte Wirkung der Katalysatoren gilt für Fenchon zur Umwandlung in Fenchylalkohol und weiterer Umwandlung des letzteren zu Fenchen.

Wird aber Campher mit Nickeloxyd und Tonerde zugleich in den Apparat für hohen Druck eingeführt und Wasserstoff eingepreßt, so verläuft die Reaktion schnell und nur bei 200°C; sie ergibt als Hauptprodukt krystallinisches Isocamphan. — Analog geht Fenchenol mit Tonerde und Nickeloxyd in Fenchan über[3].

Demnach vollzieht sich unter Zusammenwirkung von Nickeloxyd und Tonerde eine starke Reduktionskatalyse, wobei aus einem Keton direkt ein Grenzkohlenwasserstoff entsteht. *Ipatiew* erklärt diese Vorgänge folgendermaßen:

$$1.\ C_{10}H_{16}O + H_2 \rightarrow C_{10}H_{18}O\ ,$$
$$2.\ C_{10}H_{18}O - H_2O \rightarrow C_{10}H_{16}\ , \qquad 3.\ C_{10}H_{16} + H_2 \rightarrow C_{10}H_{18}$$

und schreibt der Gegenwart von Tonerde das Sinken der Temperatur bei der Reduktionskatalyse zu, weil in Gegenwart von Nickeloxyd allein, selbst bei 400°, aus Campher kein Isocamphan zu erhalten ist.

Ipatiew erklärt solche Fälle des Zusammenwirkens von Katalysatoren, die in ihrer chemischen Wirkung verschieden sind, indem er eine labile **Komplexverbindung** aus zwei Katalysatoren $NiO \cdot Al_2O_3$ annimmt, welche sich unter Ausscheidung der Komponenten in statu nascendi zersetzt,

---

[1] Vgl. über gekoppelte Reaktionen und chemische Induktion das Kapitel: „Den katalytischen verwandte Erscheinungen" in *Woker*, Die Katalyse usw.

[2] Die Fähigkeit der Metalloxyde, aus Alkoholen Wasser abzuspalten, wurde von *Gregoriew* 1901 entdeckt. Er führte durch Tonerde Äthyl- und Propylalkohol bei 300° C in Äthylen und Propylen über. *Ipatiew* sowie *Sabatier* und *Mailhe* studierten verschiedene Oxyde in dieser Hinsicht und fanden eine ganze Reihe solcher Verbindungen, welche neben der Wasserabspaltung auch dehydrogenisierend zu wirken vermögen. Als besonders fähig für Dehydratation hat sich außer Al_2O_3, ThO_2 und Wo_2O_5 erwiesen (vgl. *Ipatiew*, Ber. 1901, 1902, 1903, 1904, Chem. Centralbl. 1904, 1906, Ber. 1907, Chem. Centralbl. 1910, 1911, Ber. 1912 usw.). Desgl. *Gregoriew*, Chem. Centralbl. 1901; *Sabatier* und *Mailhe*, Chem. Centralbl. 1907, 1908, 1909, 1910 und *Sabatier*, La catalyse usw.

[3] *Ipatiew* nimmt für die Reduktionsreaktion des Camphers als primären Katalysator Nickeloxyd, für die Reduktionsreaktion des Borneols als solchen Tonerde an. Zur Reduktion des Camphers dient Nickeloxyd als sekundärer Katalysator. Für Al_2O_3, CuO wird eine analoge Komplexverbindung, die aber different wirkt, angenommen.

wodurch die Wirkung der wieder ausgeschiedenen Katalysatoren viel energischer wird, so daß eine Reduktion bei weit niedrigerer Temperatur verläuft.

Ein solcher Einfluß der Metalloxyde auf Nickelkatalysatoren scheint in einem Verfahren der Firma *Schering* praktisch vorzuliegen. Sie stellt einen Nickelkatalysator durch Reduktion eines Gemenges von 99 Proz. Nickelnitrat und 1 Proz. Natriumnitrat mittels Wasserstoffs her, um dadurch dessen Aktivität sowohl bei Wasserstoffanlagerungen als auch bei Wasserstoffabspaltungen zu erhöhen[1].

Soweit die Genesis dieser Art Katalysatoren, welche auch bei der Wasserstoffanlagerung an ungesättigte Fettsäuren erhöhte Wirkung äußern. Freilich trifft für diese Gruppe organischer Verbindungen die Erklärung *Ipatiews* in sofern nicht zu, als hier Dehydratation nicht stattfinden kann; wohl aber läßt sich unter Zugrundelegung solcher labiler Komplexverbindungen annehmen, daß deren Oxyd vorübergehend in eine ungesättigte Hydroxylverbindung umgewandelt wird, welche sich an die Doppelbindung anlagert. Indem die Hydroxylverbindung Wasserstoff an die Kohlenstoffdoppelbindung abgibt, verwandelt sie sich in das Oxyd zurück, worauf die Wechselwirkung neuerdings beginnt.

Die *Badische Anilin- und Sodafabrik* hat die Mitverwendung von Oxyden zum Patente angemeldet[2]. Nach der Patentschrift kann man die katalytischen Hydrogenisationen von Kohlenstoffverbindungen bei verhältnismäßig niedrigen Temperaturen ausführen, wenn man Kontaktmassen verwendet, die neben einem katalysierenden Metall Sauerstoffverbindungen der Erdmetalle einschließlich der seltenen Erden, sowie des Berylliums und Magnesiums oder andere, schwer schmelzbare und schwer reduzierbare Sauerstoffverbindungen, und zwar insbesondere diejenigen des Titans, Urans, Mangans, Vanadins, Niobs, Tantals, Chroms und Bors, ferner Kieselsäure aus Verbindungen hergestellt oder sauerstoffhaltige Salze aller dieser Verbindungen, sowie schwerlösliche Salze der Erdalkalien und des Lithiums mit Sauerstoffsäuren des Phosphors, Molybdäns, Wolframs, Selens enthalten.

Zur Erzielung der erwähnten Wirkungen ist eine innige Mischung oder Berührung zwischen Katalysator, der in fein verteilter Form oder als Drahtnetz, Wolle oder Blech, zur Anwendung kommen kann, und dem Aktivator erforderlich. Diese innige Mischung wird z. B. durch gemeinsame Fällung der betreffenden Hydroxyde, Oxyde, Carbonate usw. aus gemischten Salzlösungen oder durch Erhitzen von geschmolzenen Salzmischungen, ferner auch durch mechanische Operationen, wie feinstes Verreiben, Zusammenkneten in feuchtem Zustande, Pressen und dgl., erreicht, gegebenenfalls wird nachträglich erhitzt und reduziert. Vorteilhaft ist es hierbei, mindestens das katalysierende Metall aus kohlenstoffhaltigen Salzen bzw. Salzgemischen, also aus Carbonaten, Formiaten usw. herzustellen. Die Wirkung der verwendeten

---

[1] Vgl. Zeitschr. f. angew. Chemie 1910, S. 148. Vgl. auch Österr. Patent 43 493 v. 1. April 1910.

[2] Österr. Patent 73 543 v. 15. Juli 1916. Vgl. auch D. R. P. 307 580 v. 22. Juni 1913.

Katalysatorgemische wird ferner noch erhöht, wenn man ihnen Alkalimetallverbindungen, z. B. Ätznatron, sei es auch nur in Spuren, zufügt. Die neuen Kontaktmassen sind gegen Giftwirkungen nicht so außerordentlich empfindlich wie die reinen Metalle.

Die Mengenverhältnisse für die Katalysatorgemische können in weitem Umfange abgeändert werden, da selbst Gehalte von 1 Proz. und darunter an den erwähnten Sauerstoffverbindungen sich schon günstig bemerkbar machen.

Die *Badische Anilin- und Sodafabrik* hat sich ferner ein katalytisches Hydro- und Dehydrogenisationsverfahren schützen lassen, welches neben dem katalysierenden Metall Fluor, Tellur, Antimon oder deren Verbindungen als Kontaktsubstanzen verwendet. Diese unvollkommenen Gruppencharakter besitzenden Elemente können insbesondere in Form ihrer komplexen Verbindungen die katalytische Wirksamkeit von Nickel, Kobalt usw. steigern. Die Kontaktmassen werden hergestellt, indem man die eigentliche Metallverbindung mit der wässerigen Lösung der Metalloidverbindung tränkt, oder, falls unlösliche Verbindungen vorliegen, diese miteinander mengt. Auch kompaktes Metall kann durch die gekennzeichneten Zusätze aktiviert werden.

So z. B. werden 100 Teile reinen Nickelcarbonats mit einer Lösung von 5 Teilen Natriumsilicofluorid getränkt, sodann getrocknet und reduziert. Die so erhaltene Kontaktmasse wird unter Luftabschluß in Leinöl, mit Wasserstoff bei 120° unter 10 Atm. Druck behandelt. Die damit bewirkte Härtung geht sehr rasch vor sich.

Statt des Natriumsilicofluorids können auch die Silicofluoride des Aluminiums, Calciums, Kaliums, ferner Bariumfluorid, Calciumborfluorid, Kaliumtitanfluorid usw. verwendet werden. Ein Nickeldrahtnetz zu aktivieren gelingt, wenn man dasselbe mit verdünnter Salpetersäure anätzt, hierauf mit Ammoniumsilicofluorid benetzt, Aluminiumnitrat zufügt und reduziert.

Wenn z. B. 40 Teile Nickelcarbonat mit einer Lösung von 1 Teil Ammoniumtellurit getränkt und nach dem Trocknen reduziert werden, erhält man einen Katalysator, welcher Cottonöl schon bei 100° C härten soll[1].

Da der Katalysator nicht dauernd brauchbar, wohl aber kostspielig ist, muß auch für dessen Regeneration Sorge getragen werden. Sie ergibt sich unschwer aus dem allgemeinen Verfahren der Chemie. Auch hierfür wurden in einigen Staaten Patente angemeldet.

Die Regeneration erfolgt nach *Wilbuschewitsch*[2] am besten, indem man ihn zunächst nach dem Gebrauche vom Fett im Vakuum extrahiert, den Rückstand sodann mit Alkalien behufs Verseifung der letzten Spuren des Öles behandelt, worauf schließlich die Einwirkung von Säuren zur Abscheidung der Fettsäuren erfolgt. Nach Entfernung der letzteren und einem

---

[1] D. R. P. 282 782 v. 12. Dezember 1913. Österr. Patent 72 758 v. 1. Oktober 1915.
[2] Amer. Patent 1 022 347 v. 2. April 1912; Engl. Patent 72/1912 v. 24. Dezember 1910; Franz. Patent 426 343; Schw. Patent 55 938 v. 18. April 1911.

neuerlichen Zusatz von Sodalösung kann das Material wiederum als Ausgangsprodukt bei der Herstellung des Katalysators verwendet werden.

Nach den Ausführungen der *Naamlooze Vennotschap Ant. Jurgens V. F.* (französ. Patent 465 256) erfolgt die Wiedergewinnung des zum Härten von Fett benutzten metallhaltigen Katalysators in katalytisch wirksamer Form derart, daß man den mit der organischen Substanz vermischten, abgenutzten Katalysator an der Luft vorsichtig behufs Verbrennung der organischen Substanz erhitzt und ihn sodann ohne weiteres oder nach seiner Reduktion im Wasserstoffstrome wieder benutzt. Man kann den so gewonnenen Katalysator auch mit Säuren oder Säuremischungen behandeln und das dadurch gelöste Metall wiederum auf dem vorhergegangenen anorganischen Träger niederschlagen, ohne die Lösung vorher von diesem Träger zu trennen. Nach dem Abfiltrieren und Auswaschen wird die Masse im Reduktionsofen mit Wasserstoff erhitzt[1].

Die Wirkungsgrenzen der Nickelkatalysatoren.

Bei der Anwendung des Nickelkatalysators, vermutlich aber auch bei Benutzung aller anderen brauchbaren Katalysatoren erfolgt eine Reduktion sämtlicher Doppelbindungen. Demnach ist es nicht möglich, beim Hydrogenisierungsprozeß etwa Leinöl zu Ölsäureglycerid zu reduzieren. Vielmehr ist in einem unvollständig gehärteten Leinöl neben Stearinsäureglycerid auch Leinöl- und Linolensäureglycerid vorhanden, nicht aber Ölsäureglycerid; denn im Molekül wurden die Doppelbindungen gleichzeitig oder gar nicht aufgehoben. Interessant aber ist die Wirkung, welche das katalytische Reduktionsverfahren auf ungesättigte Oxysäuren und deren Glyceride ausübt.

T. Jürgens und *W. Meigen* studierten das entsprechende Verhalten von Ricinusöl eingehend. Unter dem Einfluß eines bei 450° C reduzierten Nickelkieselgurkatalysators ging die Reaktion bei 140 bis 240° C vor sich. Höhere Temperatur wirkte zersetzend. Die Reduktion der Hydroxylgruppe nimmt mit der Temperatur zu, wogegen die Doppelbindung bei 100° C rascher reduziert wird, als die Hydroxylgruppe. Während Überdruck die Reduktion der Doppelbindung bei 100° C begünstigt, bleibt er auf die Hydroxylgruppe ohne Einfluß, hemmt deren Reduktion aber bei 150° C; hingegen geht die Reduktion der Hydroxylgruppe bei 250° C unter diesen Umständen rascher vor sich, als diejenige der Doppelbindung. Begünstigt kann die totale Reduktion durch Entfernung des Wasserdampfes aus dem Autoklaven werden. Interessante Ergebnisse lieferten auch analoge Versuche mit Ricinolsäureäthylester und Ricinolsäure[2].

---

[1] Vgl. über die Regeneration der Nickelkatalysatoren auch die Angaben bei Nickelborat S. 92.

[2] Vgl. Chem. Rundschau über die Fett- und Harzindustrie, 23; 99 u. f.

Der Nickeloxyd- und Nickelsalzkatalysator und deren Verwendung.

Gelegentlich seiner Untersuchungen über die Umwandlung von Alkoholen in Aldehyde entdeckte *Ipatiew* die katalytische Eigenschaft von Kupfer- und Zinnoxyd[1]. Später bediente er sich des Nickeloxyds zur Reduktion des Benzols mit unter Druck stehendem Wasserstoff und konstatierte hierbei die große Reaktionsgeschwindigkeit in Gegenwart dieses Katalysators, zugleich aber auch das Nachlassen der Wirkung nach zweimaligem Gebrauche. Immerhin benutzte er das Nickeloxyd im gleichen Sinne auch zur Reduktion weiterer verschiedener organischer Substanzen, wie des Acetons, Phenols, Diphenyls, Naphthalins, Naphthols, Benzophenons[2], ferner zu dem Zwecke, um Anilin, Diphenylamin und Chinolin in Hexahydroanilin, Dicyclohexylamin und Dekahydrochinolin, bzw. Tetrahydrochinolin überzuführen[3]. Auch zur Hydrogenisation des Anthracens und Phenanthrens[4] sowie zur Hydrogenisation der Phthalsäure und Benzoesäure[5] ließ es sich mit Vorteil verwenden. Die Wirkungen des Nickeloxyds verlaufen indessen nicht überall parallel den Wirkungen anderer Metalloxyde.

Als *Ipatiew* die Wasserstoffanlagerung an Äthylenverbindungen studierte, versuchte er, um gleichzeitige Anlagerung bei zyklischen Verbindungen an den Kern hintanzuhalten, Kupfer und Kupferoxyd als Katalysator. Weiterhin erreichte er mit Kupferoxyd die Wasserstoffanlagerung an das Äthylen zu Äthan bei 60 Atm. Druck und 180°C. Nickel oder Nickeloxyd geben zwar bei 130 bis 140°C auch Äthan, aber unter gleichzeitiger partieller Spaltung des letzteren zu Methan.

Trimethyläthylen $(CH_3)_2C = CHCH_3$ wurde unter Vermittlung von Kupferoxyd durch Wasserstoff bei 100 Atm. Druck und gegen 300°C in Isopentan $(CH_3)_2CHCH_2CH_3$ umgewandelt. In gleicher Art reagierte die Äthylenbindung in der Ölsäure. Diese, im Hochdruckapparat in Gegenwart von Kupferoxyd mit Wasserstoff behandelt, ergab schließlich Stearinsäure mit dem Schmelzp. 64 bis 67°C[6].

Erdmann und *Bedford* benutzten Nickeloxyd zur Hydrogenisation von Fetten. Unter Zusatz von 2 Proz. dieser Verbindung und deren Zustand in feinster kolloidaler Verteilung lagern die Glyceride ungesättigter Fettsäuren Wasserstoff unter Normaldruck bei einer Temperatur von 225 bis 266°C an[7].

Bei diesem Prozesse ist der Katalysator so fein verteilt, daß nach Angabe der Autoren er sich vom fertigen Reaktionsprodukt nicht durch Filtrierpapier,

---

[1] *Ipatiew*, Ber. d. Deutsch. Chem. Gesellsch. 1901, S. 3579; 1902, S. 1047.
[2] *Ipatiew*, daselbst 1907, S. 1281.
[3] *Ipatiew*, daselbst 1908, S. 991.
[4] *Ipatiew*, daselbst 1908, S. 996.
[5] *Ipatiew*, daselbst 1908, S. 1001.
[6] *Ipatiew*, Ber. d. Deutsch. Chem. Gesellsch. 1909, S. 2089.
[7] *Erdmann* und *Bedford*, Journ. f. prakt. Chemie 1913, S. 425.

sondern nur durch Zentrifugieren trennen läßt. Frisch verwendet zeigt er nur geringe Aktivität, aber nach einmaligem Gebrauche nimmt er bedeutend an Aktivität zu, so daß ein bereits gebrauchter Nickelkatalysator die Reaktionsgeschwindigkeit verdoppelt. Dazu kommt, daß, während bei Anwendung frisch bereiteten Nickeloxyds die Wasserstoffanlagerung erst oberhalb 200° C beginnt und bei 225° C rasch vor sich geht, der Prozeß schon unterhalb 200° C verläuft, sobald der Katalysator, einmal gebraucht, eine Reduktion erfahren hat. Diese Beobachtung haben *Bedford* und *Erdmann* ganz allgemein für Nickeloxydkatalysatoren gemacht. Weiter ist aber die Zeitdauer zur Vollendung der Reaktion auch von der Menge des zugefügten Nickeloxyds abhängig.

Nach den Angaben *Bedfords* und *Erdmanns* besitzt dieser Katalysator den Nickelkatalysatoren gegenüber den weiteren Vorteil bedeutender Unempfindlichkeit in bezug auf die gewöhnlichen Katalysatorgifte, die sich schon z. B. durch Entwicklung von Schwefelwasserstoff aus den in natürlichen Fetten enthaltenen Eiweißverbindungen bei der Fetthärtung unangenehm bemerkbar machen können. Die Herstellung des Katalysators muß jedoch, da es andere Verunreinigungen gibt, welche ungünstig oder vollständig lähmend auf die Aktivität des Katalysators wirken können, aus möglichst reinem Nickel erfolgen: Zu den Versuchen war ein Metall verwendet worden, welches nur Kohlenstoff und Eisen als Verunreinigungen enthielt, so daß diese durch Behandlung mit Salpetersäure leicht zu entfernen waren. Das Nickeloxyd war durch gelindes Glühen des Nitrates gewonnen worden, und zwar in so voluminöser Beschaffenheit, daß etwa 7 Teile davon, durch Klopfen des Gefäßes zusammengerüttelt, einen Raum von 100 Teilen einnahmen.

Diese Versuche haben ihren Ausdruck in einer von *Bedford*, *Williams* und *Erdmann* erfolgten deutschen Patentanmeldung gefunden. Statt metallischer Katalysatoren werden fein verteilte Sauerstoffverbindungen des Nickels, Kobalts, Kupfers oder Eisens für Wasserstoffanlagerung an ungesättigte Fettsäuren und deren Glyceride benutzt[1]. Die Menge des hinzuzufügenden Nickeloxydes ist z. B. mit 0,5 bis 1 Proz. des zu reduzierenden Öles angegeben. Die Benutzung von Wasserstoff unter schwachem Druck wirkt vorteilhaft.

Um den Nickeloxydkatalysator in fein verteilter voluminöser Form zu gewinnen, mischen *Erdmann* und *Bedford* eine konzentrierte wässerige Lösung von Nickelnitrat mit einer wasserlöslichen, kohlenstoffreien organischen Substanz, z. B. Rohrzucker oder einem Kohlenhydrat.

Es wird z. B. Salpetersäure von 1,42 spez. Gewicht mit einem gleichen Volumen Wasser verdünnt. Reines, metallisches Nickel wird in diese Säure eingetragen, und nach beendeter Reaktion wird noch zwei Stunden mit überschüssigem Nickel zum Sieden erhitzt, damit die Salpetersäure sich vollständig neutralisiert und etwa vorhandenes Eisen sich als Eisenoxydhydrat abscheidet. Die geklärte Nickelnitratlösung wird bis auf ein spez. Ge-

---

[1] Vgl. engl. Patent *Bedford* und *Williams* Nr. 29 612 v. 20. Dezember 1910. D. R. P. 292 649 v. 17. März 1911 (*Ölverwertung G. m. b. H. Magdeburg*).

wicht von 1,6 eingedampft und auf je 1 l dieser Flüssigkeit (entsprechend 250 g Nickel) 180 g gepulverter Rohrzucker eingerührt. Diese Lösung läßt man portionsweise in eine auf schwache Rotglut erhitzte Muffel einlaufen. Jede Portion wird so lange erhitzt, bis die organische Substanz vollständig verbrannt ist und rote Dämpfe nicht mehr entweichen; dann wird das entstandene voluminöse Nickeloxyd mit einem Kratzer aus der Muffel herausgeholt und eine neue Portion der Lösung eingetragen.

An Stelle von Rohrzucker kann man andere Zuckerarten anwenden oder auch wasserlösliche Stärke, Dextrin, Gummi, Weinsäure oder sonstige wasserlösliche organische Substanzen, die reich an Kohlenstoff sind.

In derselben Weise können Kobaltoxyd, Eisenoxyd und andere katalytisch wirksame Metalloxyde in eine voluminöse Form gebracht werden.

Durch Reduktion mit Wasserstoff bei höherer Temperatur, am besten bei 200 bis 300°, lassen sich die Metalloxyde in ebenfalls sehr voluminöse und daher katalytisch besonders wirksame Metalle verwandeln[1].

Ipatiew hatte sich gelegentlich der ersten Reduktionsversuche organischer Substanzen in Gegenwart von Nickeloxyd bereits die Frage vorgelegt, ob dieses während des Prozesses zu Metall reduziert werde. Da diese Versuche mit Wasserstoff unter Drucken bei ca. 180 Atm. und Temperatur von ca. 240° C stattfanden, mußte die Reduktion zu Nickel erwartet werden. Nach den Angaben dieses Forschers zeigten jedoch die Analysen der aus dem Apparat entnommenen Proben des Katalysators, daß die Reduktion keineswegs so weit fortgeschritten war, sondern unvollkommen stattgefunden hatte. *Ipatiew* meinte die Frage, ob die katalytische Wirkung dem mit Wasserstoff unbeständige Verbindungen bildenden Nickel oder irgendwelchen unbeständigen Oxyden des Nickels zuzuschreiben sei, nicht beantworten zu können; letztere können sich in Gegenwart von Wasserstoff und minimalen Mengen Wassers abwechselnd reduzieren und oxydieren unter Entwicklung von Wasserstoff, welcher sodann in statu nascendi zur Anlagerung an ungesättigte Kohlenstoffkomplexe benutzt werde[2].

Die Frage, ob Oxyde nur dadurch katalytisch wirken, daß sie zu Metallen reduziert werden[3], läßt sich nur experimentell entscheiden. Selbst da, wo das Oxyd prinzipiell ebenso wirkt wie dessen Metall, muß die Reaktion nicht in beiden Fällen vollständig in einem Sinne verlaufen. *Ipatiew* hat gefunden, daß zur Reduktion von Äthylenbindungen sowohl Kupfer als auch Kupferoxyd geeignet sind. Als er Zimtsäure mit Kupfer bei hohem Druck hydrogenisierte, erhielt er, ungeachtet verschiedener Reaktionsbedingungen, stets ein Gemenge von Zimtsäure mit β-Phenylpropionsäure. Als er jedoch statt des reduzierten Kupfers Kupferoxyd anwandte, ging die Reaktion bis zu Ende;

---

[1] D. R. P. 260 009 v. 19. Dezember 1911. Österr. Patent 68 574 v. 15. März 1914. Erfolgt die Zersetzung der zuckerhaltigen Nickelnitratlösung bei zu hoher Temperatur, so zeigt das so gewonnene Präparat geringe katalytische Fähigkeiten. Vgl. *Hamburger*, Chem. Centralbl. 1916, I., 592.

[2] *Ipatiew*, Ber. d. Deutsch. Chem. Gesellsch. 1907, S. 1281. Nach *G. Frerichs* Versuchen wird bei der Behandlung von Nickeloxyd mit Wasserstoff unter Druck viel freies Nickel erhalten. (Vgl. Arch. d. Ph. 253; 512 u. f.)

[3] Als Pseudokatalysatoren.

er erhielt lediglich β-Phenylpropionsäure. Demnach war im ersten Falle die Reaktion umkehrbar:

$$C_6H_5CH = CHCOOH + H_2 \rightleftarrows C_6H_5CH_2CH_2COOH,$$

im zweiten Falle einsinnig.

Mit Nickeloxyd wurde die Äthylenbindung zwar auch reduziert, aber es entstand nur die β-Cyclohexylpropionsäure $C_6H_{11}CH_2CH_2COOH$; mithin vermögen verschiedene katalytisch wirkende Oxyde verschiedene Reaktionen zu bewirken.

In seiner Abhandlung „Reduktion und Oxydation von Nickeloxyden" bemerkt *Ipatiew*, falls dem Wasser bei der katalytischen Reduktion eine besondere Rolle zukäme, müsse Nickeloxyd die größte Hydrogenisationsgeschwindigkeit geben, da es unter allen Nickeloxydverbindungen am meisten Sauerstoff enthält; somit könnte dieser mit dem zugeführten Wasserstoff Wasser bilden, welches in statu nascendi durch das reduzierte Nickel wiederum in Nickeloxyd und Wasserstoff zerlegt würde. Das so entstehende Wasser ist jedoch nicht das einzige, welches beim Nickeloxyd in Frage kommt, da derselbe Forscher beobachtet hat, daß diese Sauerstoffverbindung Wasser energisch zurückhält, so daß man Nickeloxyd über 500° C erhitzen muß, will man dessen letzte Reste entfernen. Andererseits zieht getrocknetes Nickeloxyd Feuchtigkeit stark an und nimmt dabei an Gewicht zu[1].

Die Frage nach der katalytischen Wirkung der Oxydkatalysatoren läßt sich auf die Alternative zurückführen, ob bei der Reduktion des Oxyds Nickel entsteht, somit dieses wirkt, oder ob den Oxyden als solchen die Kontaktwirkung zukommt.

Erdmann hat von vornherein betont, daß es sich beim Reduktionsprozeß mit Nickeloxydkatalysatoren um eine lose Additionsverbindung eines Nickeloxydes mit ungesättigter Fettsubstanz handle, was daraus hervorgehe, daß der vor vollständiger Beendigung des Härtungsprozesses durch Zentrifugieren von dem geschmolzenen Fett getrennte Katalysator sich durch Extraktion mit Benzol oder ein ähnliches Lösungsmittel nur außerordentlich langsam völlig von der Fettsubstanz befreien läßt. Nach vollständiger Beendigung des Härtungsprozesses hingegen flockt der Katalysator von selbst aus. Demnach wird die lose Additionsverbindung des Nickeloxydes mit ungesättigter Fettsubstanz durch Wasserstoff wiederum zerlegt. Die Analyse des entfetteten Katalysators ergibt nach der Zersetzung durch Schwefelsäure geringe Mengen gesättigter Fettsäuren, aber außerdem undefinierbare organische Substanz, unter welchen einige Prozente Kohlenstoff in karbidartiger Form mit Nickel verbunden angenommen werden. Der Katalysator besteht nach *Erdmann* hauptsächlich aus einem Gemenge von **Nickeloxydul** mit einem **Nickelsuboxyd**. Da letzteres magnetisch ist und die Eigenschaft besitzt, mit Mineralsäuren Wasserstoff zu entwickeln, zweifelt *Erdmann* nicht daran, daß es sich hier um das von *Moore* sowie *Belluci* und

---

[1] *Ipatiew*, Journ. f. prakt. Chemie 1908, S. 531.

Corelli aufgefundene Nickelsuboxyd Ni_2O handelt[1], wenngleich es nicht ausgeschlossen ist, daß unter den vorhandenen Umständen ein Suboxyd anderer Zusammensetzung entstehe. Die Wasserstoffübertragung geht nun nach dieser Interpretation derart vor sich, daß das Nickeloxyd zunächst zu Ni_2O reduziert wird; weiterhin entsteht die Additionsverbindung HNi—O—NiH, welche den Wasserstoff sehr lose gebunden enthält und ihn an die Kohlenstoff-Doppelbindung abgibt; oder das Nickelsuboxyd zerlegt das durch den Reduktionsvorgang entstandene Wasser nach der Gleichung $Ni_2O + H_2O = 2 NiO + H_2$, so daß der Wasserstoff in statu nascendi sich an die ungesättigte organische Verbindung anlagert und das zurückgebildete Nickeloxyd durch weiter zugeführten Wasserstoff wiederum zu Ni_2O reduziert wird. Die Frage, ob diese Reaktionsmöglichkeiten zutreffen, und welche von beiden vor sich geht, ist noch unentschieden[2].

Jedenfalls erklären bezüglich der Wirkungsweise der Nickeloxydkatalysatoren *Bedford* und *Erdmann*[3] bestimmt, daß diese Oxyde direkt Wasserstoff an ungesättigte Fettsäuren und Fette zu übertragen vermögen, und daß sämtliche verschiedene Oxydationsstufen des Nickels die gleiche Fähigkeit besitzen. Bei Nickeloxyd oder Nickeloxydul ist hierzu eine Reaktionstemperatur von 250° C erforderlich, bei einem Nickelsuboxyd Ni_3O genügen 180 bis 200° C. — Da aber Nickeloxyde bereits bei 190° C einer teilweisen, bei 260° C einer vollständigen Reduktion zu Metall unterliegen, wenn sie, fein verteilt, für sich einer Behandlung durch Wasserstoff unterworfen werden, erklären *Bedford* und *Erdmann* diesen Widerspruch damit, daß sie dem anwesenden Öl eine wichtige Funktion zuschreiben: es verhindert als Schutzelement die vollständige Reduktion. — Dies gelte nicht nur für Nickeloxyd, sondern für alle Metalloxyde, selbst für das überaus leicht reduzierbare Silberoxyd. Die Anwesenheit von Oxyden ist nach diesen Experimentatoren ferner erwiesen durch die Eigenschaften des nach vollendetem Reduktionsprozeß mittels Benzols sorgfältig gereinigten Katalysatorprodukts, welches bei der Analyse Sauerstoffgehalt aufweist, zwar mehr oder minder stark magnetisch wirkt, jedoch keine elektrische Leitfähigkeit mehr besitzt. Da ferner nach den Versuchen dieser Experimentatoren der gebrauchte Nickeloxydkatalysator bei der Erwärmung mit Kohlenoxyd kein flüchtiges Nickelcarbonyl bildete, so schließen sie aus allen diesen Umständen, daß die als Katalysator wirksame Verbindung im wesentlichen Nickelsuboxyd (Ni_3O oder Ni_2O) sei, welche Oxydationsstufe, wie bereits erwähnt, die erste Phase der bei 250° C eintretenden Reduktion bilde.

Nickelsuboxyd besitzt Wasser und fetten Ölen gegenüber die Eigenschaft kolloidaler Löslichkeit unter Schwarzfärbung des Lösungsmittels; es wirkt bereits bei 210° C katalytisch.

---

[1] *Moore*, Chem. News 1895, S. 81; *Bellucci* und *Corelli*, Atti R. Accad. **22**, I, 603, 703.
[2] Siehe auch Vortrag *Erdmanns* a. d. 85. Vers. deutscher Naturf. u. Ärzte in Wien 1913.
[3] *Bedford* und *Erdmann*, Journ. f. prakt. Chemie 1913, S. 425.

Die Beweise für diese Darlegungen glauben *Bedford* und *Erdmann* in folgenden Versuchen und deren Resultaten gegeben:

Die gebrauchte Katalysatormasse, vom geschmolzenen Fett durch Zentrifugieren und erschöpfende Extraktion mit Benzol getrennt, ergab, im Vakuum getrocknet, ein schwarzes, lockeres Pulver, welches noch solche organische Substanz enthielt, die in den gewöhnlichen, indifferenten Lösungsmitteln unlöslich war (karbidartiger Kohlenstoff). Das Pulver liefert bei gelindem Erwärmen mit farbloser Salpetersäure vom spez. Gewicht 1,4 rote Dämpfe und entwickelt mit verdünnter Schwefelsäure Wasserstoff. Dieses Verhalten kommt sowohl dem Nickel wie dessen Suboxyd zu. — Der Versuch über die magnetische Fähigkeit wurde folgendermaßen vorgenommen: Eine künstlich hergestellte Mischung aus 70 Proz. Nickeloxyd und 30 Proz. reduziertem Nickelmetall wurde in einem Becherglase in Benzol suspendiert. Durch Umrühren mit einem starken Magnetstabe ließen sich die magnetischen Teilchen nach und nach herausholen. Trocken geworden, ließen sie sich leicht mit einem Pinsel vom Magneten abstreichen; nach zweimaliger Wiederholung dieser Trennung konnte das metallische Nickel in reinem Zustande ziemlich quantitativ wiedergewonnen werden.

Der gebrauchte Nickeloxydkatalysator, auf gleiche Weise behandelt, ließ sich zwar zum größeren Teil ebenfalls mit dem Magneten herausziehen, wies jedoch keinen erheblich höheren Nickelgehalt auf, als vor der Trennung.

In dem durch den Magneten herausgezogenen Anteil war organische Substanz nachweisbar. Daraus schließen *Bedford* und *Erdmann*, daß nur die äußere umhüllende Schicht der einzelnen Teilchen magnetisch und nickelreicher ist, während im Innern noch nickelärmere unmagnetische Substanz vorhanden ist.

Ferner wurde ein Versuch über die elektrische Leitfähigkeit angestellt: Von der gebrauchten und entfetteten katalytischen Masse wurde eine Pastille gepreßt; in diese wurden zwei Kupferdrähte in einer Entfernung von 1 mm gesteckt, um einen Strom von 4 bis zu 24 Volt Klemmenspannung hindurchschicken zu können. Ein in den Stromkreis geschaltetes, empfindliches Galvanometer gab unter keinen Umständen einen Ausschlag. Eine absichtlich zugefügte Beimengung einiger Prozente metallischen Nickelpulvers machte die katalytische Masse jedoch sofort leitfähig.

Dem Nachweis, daß das bei der Hydrogenisation mittels Nickeloxyds etwa entstehende metallische Nickel in feiner Verteilung nicht in Berührung mit Luft oxydiert werde und dadurch seine elektrische Leitfähigkeit verliere, dienten folgende Versuche: Baumwollsaatöl wurde mit einer Mischung von Nickeloxydul und ca. 4 Proz. von dessen Menge fein verteiltem metallischen Nickel bei 225° hydrogenisiert. Der gebrauchte und gereinigte Katalysator leitete den elektrischen Strom gut. Ferner wurde Baumwollsamenöl mittels einer Mischung von Nickeloxydul mit noch weniger Nickelbeimengung reduziert. Der isolierte Katalysator zeigte bei Verwendung einer Klemmenspannung von 80 Volt starke Leitfähigkeit. Ein Gegenversuch, mit reinem Nickeloxydul ausgeführt, ergab für den gebrauchten Katalysator unter gleichen Umständen keine Leitfähigkeit.

Reduktion ungesättigter Fettsäuren und ihrer Glyceride mittels Katalyse. 81

Weiterhin wurde ein Versuch der Überführung in Nickelkohlenoxyd vorgenommen: Eine zur Härtung gebrauchte Nickeloxydkatalysatormasse ergab, in einem Druckgefäß bei 50° C mit Kohlenoxyd unter Druck bis zu 25 Atm. behandelt, keine Spur von Nickelcarbonyl. Als in gleicher Weise ein gebrauchter Nickeloxydkatalysator untersucht wurde, welcher vorher bis zu $1/_{20}$ des Nickeloxyds mit Wasserstoff zu metallischem Nickel reduziert worden war, zeigte er schon bei geringem Überdruck des Kohlenoxyds die für Nickelcarbonyl charakteristische Reaktion.

Die an 7 gebrauchten Katalysatormassen ausgeführten Analysen bezüglich des Gesamtnickels, des durch Schwefelsäure entwickelbaren Wasserstoffs ($Ni_3O + 3H_2SO_4 = 3NiSO_4 + H_2O + 2H_2$) und der Elementarsubstanz ergaben folgende Resultate: Der Nickelgehalt liegt zwischen Nickeloxydul (NiO) und Nickelsuboxyd (Ni_3O). Letzterer schwankt zwischen 7,6 bis 69,8 Proz. der katalytischen Masse oder zwischen 8,8 bis 75,5 Proz. der vorhandenen Nickeloxyde.

Um zu erweisen, daß die katalytischen Eigenschaften des Nickelsuboxydes nicht von der Darstellungsmethode abhängen, haben *Bedford* und *Erdmann* nach den Angaben *Moores* eine alkalische Kalium-Nickelcyanidlösung einer elektrolytischen Reduktion unterworfen. Das resultierende Präparat enthielt noch Nickelcyanür — besaß jedoch die von *Moore* angegebenen Eigenschaften für Nickelsuboxyd. Es war in Wasser und Ölen kolloidal löslich, färbte heißes Baumwollsamenöl schwarz und bewirkte schon bei 210° C vollständige Reduktion.

Bedford und *Erdmann* führen weiterhin folgende Beispiele für die Verwendung von Kupferoxyd als Reduktionskatalysator an: 40 ccm freie Ölsäure wurden bei Gegenwart von 0,8 g voluminösem Kupferoxyd 5 Stunden lang bei 255° bis 260° mit Wasserstoff behandelt und dadurch auf den Erstarrungspunkt 40° C gebracht. Nach einmaligem Umkrystallisieren schmolz die Fettsäure bei 70° und erwies sich durch die Analyse als Stearinsäure.

Eisenoxydul, durch Fällung von Eisenvitriollösung mit Kalilauge und Trocknen des ausgewaschenen Niederschlages im Vakuum bei 110° erhalten, wirkte unter den gleichen Bedingungen als Wasserstoffüberträger, jedoch erheblich langsamer.

Die katalytische Wirkung von Nickeloxyd wird durch Zusätze kleiner Mengen der Oxyde von Aluminium, Silber, Zirkon, Titan, Cer, Lanthan, Magnesium insofern begünstigt, als die Zeit der Hydrogenisation abgekürzt werden kann.

Den Ausführungen *Bedfords* und *Erdmanns* gegenüber nehmen *Meigen* und *Bartels* einen entgegengesetzten Standpunkt ein[1]. Sie erklären, die Frage, ob Nickeloxyde bei der Wasserstoffanlagerung katalytisch zu wirken vermögen, sei durch *Ipatiew* durchaus offengelassen worden. *Ipatiew* habe sogar selbst betont, daß dem dabei durch Reduktion entstehenden metallischen Nickel eine katalytisch hydrogenisierende Wirkung infolge unbe-

---

[1] *Meigen* und *Bartels*, Journ. f. prakt. Chemie **89**, 290. 1914.

ständiger Wasserstoffverbindungen zukommen könne. Die von ihm erwähnte Wasserbildung und Zerlegung, welche durchaus erforderlich wäre, falls die Oxyde als solche in die Reaktion eingriffen, sei wohl unter den von *Ipatiew* gewählten Arbeitsumständen (des hohen Druckes usw.), nicht aber bei der technischen Fetthydrogenisierung unter entweichendem Wasserstoffe möglich. Eben das von diesem Forscher aufgestellte Kennzeichen für die Einwirkung des Oxyds, daher auch für die Mitwirkung des Wassers, nämlich die größere Anfangsreaktionsgeschwindigkeit, treffe bei der Wasserstoffanlagerung an Fettsäuren und deren Verbindungen nicht zu.

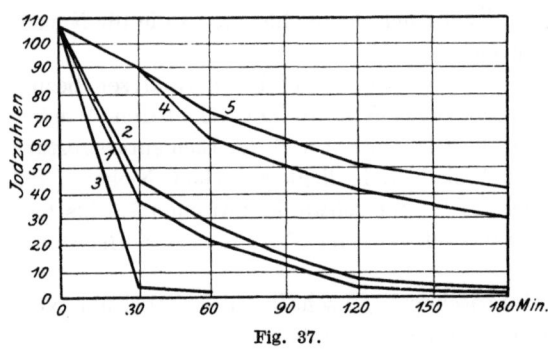

Fig. 37.

Zur Konstatierung dieser Tatsache unternahmen *Meigen* und *Bartels* 5 Reduktionsversuche mit je 150 g Baumwollsamenöl von der Jodzahl ca. 110, deren Versuchsbedingungen aus der folgenden Tabelle, und deren Verlauf aus der graphischen Darstellung (Fig. 37) durch die Linien 1 bis 5 veranschaulicht ist. In allen Fällen wurden Katalysatoren in einer 3 g NiO entsprechenden Menge verwendet.

Nr.	Katalysator	Ausgangsmaterial für d. Katalysator	Reaktions-T. in C°
1	Nickel	Nickelcarbonat	170
2	,,	,,	170
3	Techn. Nickelkatalysator		170
4	Nickeloxyd	Nickelnitrat	250 bis 255
5	,,	,,	250 ,, 255

Minuten		1	2	3	4	5
30	Jodzahl	37	45	3	90	90
60		21	28	1	64	73
90		11	13		52	—
120		4	8		42	53
150		2	4		37	—
180		1	3		30	43

Demnach ginge (falls alle sonstigen, nicht näher bezeichneten Bedingungen, z. B. Druck des Wasserstoffs usw., übereinstimmen) aus dem Verlauf der Versuche die größere anfängliche Reaktionsgeschwindigkeit für metallische Nickelkatalysatoren hervor. *Meigen* und *Bartels* schreiben die Verzögerung der Reaktion bei Nickeloxydkatalysatoren eben dem Umstande zu, daß diese vorher erst zu Metall reduziert werden müßten.

Die genannten Forscher erklären weiterhin die analytische Beweisführung für das Vorhandensein eines katalytisch wirksamen Nickelsuboxyds nicht für stichhaltig; vor allem sei es nicht möglich, durch die Analyse ein Suboxyd von einem aus Oxyd und Metall bestehenden Gemenge scharf zu unterscheiden. Dann aber stehe der Annahme eines Suboxyds die Erfahrung entgegen, daß *Ipatiew* schon bei 230°C, also einer unter der von *Bedford* und *Erdmann* benutzten Temperatur, ein Produkt von 95,6 Proz. Ni erhalten habe, während Ni_3O 91,5 Proz. Ni erfordern; somit müsse unter allen Umständen in dem gebrauchten Katalysator metallisches Nickel vorhanden gewesen sein, zumal die von *Bedford* und *Erdmann* vorgebrachte Schutzwirkung der Öle bezüglich vollständiger Reduktion zu Nickel nicht zutreffe.

Auch der durch *Bedford* und *Erdmann* konstatierten Unfähigkeit eines gebrauchten Nickeloxydkatalysators, Elektrizität zu leiten, sprechen *Meigen* und *Bartels* die Beweiskraft für das Vorhandensein eines katalytisch wirksamen Suboxyds ab. Diese Erscheinung ließe sich nur dort konstatieren, wo die Extraktion mit Benzol unter Luftzutritt in einem Soxhletapparate erfolge; vermeide man aber die Berührung mit Luft während der Extraktion und späterhin, so resultiere schließlich ein Produkt mit sehr erheblicher elektrischer Leitfähigkeit. — Selbst das Mißlingen der Nickelcarbonylbildung sei nur der leichten Oxydierbarkeit des Nickels zuzuschreiben. Kohlenoxyd direkt in das auf 80 bis 90°C erwärmte, mit dem Katalysator versehene Fett geleitet, lasse in der Kohlenoxydflamme sofort die charakteristische Nickelfärbung erkennen und das Metall auch in kalten Teilen der Leitung als Spiegel abscheiden (charakteristische Reaktion).

Die ausgeführten Versuche führen somit *Meigen* und *Bartels* zum Schlusse, daß lediglich metallisches Nickel den Katalysator vorstelle. Werde dieses angewandt, so gehe die Reduktion schon bei 180°C vor sich; bei Nickeloxyd sei wohl eine anfängliche Reduktionstemperatur von 250°C erforderlich, könne aber auch späterhin bei 180°C fortgeführt werden. Die Bildung von Nickelsuboxyd Ni_3O trete nicht ein[1]; der gebrauchte Katalysator besitze einen höheren als den dieser Verbindung entsprechenden Nickelgehalt und das metallische Nickel sei sowohl durch die elektrische Leitfähigkeit als auch durch die Bildung von Nickelcarbonyl mit Kohlenoxyd nachweisbar[2].

Schließlich geben *Meigen* und *Bartels* eine Erklärung für die von *Ipatiew*, ferner von *Bedford* und *Erdmann* behauptete bessere katalytische Wirkung des Nickeloxyds gegenüber dem Metall, obgleich sie dieselbe speziell für die Fetthärtung bestreiten.

---

[1] *Meigen* und *Bartels* negieren, daß Nickelsuboxyd selbst als Pseudokatalysator anzusehen sei. Vgl. auch Journ. f. prakt. Chemie 89; 290, ferner *von Bartalan*, Chem. Zeit. 40, 930. Daselbst wird auch eine Erklärung für die Erschöpfung des Katalysators, welche auf der Elektronentheorie basiert ist, versucht.

[2] Über die Abhängigkeit der Leitfähigkeit bei Metallpulvern von deren Korngröße, sowie über die Möglichkeit der Reduktion von Nickeloxyd durch Kohlenoxyd vgl. die Ausführungen von *Bergius*, Zeitschr. f. angew. Chemie 1914, S. 524.

Als Katalysator ist nur ganz fein verteiltes, schwarzes, durch Reduktion der Oxyde bei niedriger Temperatur gewonnenes Nickel wirksam, nicht aber das gewöhnliche graue Nickel, in welches ersteres sofort bei zu hoher Reduktionstemperatur übergeht. Schwarzes, kolloidales Nickel verbindet sich schon wegen seiner größeren Oberfläche leichter mit Wasserstoff als graues krystallinisches. Andererseits ist kolloidales Nickel gegen Sauerstoff weit empfindlicher als krystallinisches. Im Öle selbst reduziertes Nickel löst sich darin kolloidal und ist den äußeren Einwirkungen entzogen. Eine solche Lösung könnte Vorteile vor einer anderen besitzen, in welcher das Nickel nur mehr oder weniger suspendiert ist.

W. Normann und *W. Pungs* haben ebenfalls zur Frage, ob Nickeloxyd oder Nickel die eigentlich katalysierende Substanz sei, Stellung genommen. Sie haben ein nach Vorschrift hergestelltes *Moore*sches Nickelsuboxyd als Katalysator zur Ölhärtung verwendet. Das Präparat besaß nach dem Gebrauche zur Reduktion sehr gute elektrische Leitfähigkeit, während sie vor dem Gebrauche nur spurenweise vorhanden war. Sie schließen daraus, daß selbst das typische Nickelsuboxyd nicht selbst Ölhärtungskatalysator sei, sondern nur durch erfolgte Reduktion zu metallischem Nickel wirke. Sie unterzogen ferner gebrauchte Nickeloxydkatalysatormassen der Untersuchung und fanden stets einen Gehalt an freiem Nickel vor, sei es, daß er durch Wasserstoffentwicklung oder durch die Carbonylreaktion dargetan werden konnte. *Normann* und *Pungs* negierten auf Grund ihrer Experimente die selbständige katalytische Wirkung sowohl des Nickelsuboxyds, als auch der Nickelsalze; sie behaupten, daß Fetthärtung in Abwesenheit freien Metalls noch nicht durchgeführt und jede andere Behauptung unbewiesen sei[1].

Auch *Siegmund* und *Suida* beschäftigten sich mit der Funktion der Nickeloxyde bei der Fetthärtung[2]. Sie arbeiteten, um Zufälligkeiten zu vermeiden, nur in Glasgefäßen und unter sonst gleichartigen Umständen nach Vorschrift des *Bedford-Erdmann-Williams*schen Verfahrens und verglichen sowohl Nickeloxydul als auch basisches Nickelcarbonat (entspr. $NiCO_3 \cdot NiO \cdot 4,5 H_2O$) und Nickelformiat mit metallischem Nickel in bezug auf ihre katalytische Wirkung auf Leinöl, Baumwollsamenöl, Rüböl und Sesamöl. Die Reaktionsgeschwindigkeit, wie sie durch die verschiedenen Katalysatoren, z. B. beim Leinöl, veranlaßt wurde, ergibt sich aus der graphischen Darstellung in Fig. 38.

Aus dieser geht zunächst hervor, daß die Anlagerung von Wasserstoff ohne Überdruck mit allen diesen Katalysatoren, einschließlich dem aus voluminösem Nickeloxydul bei 280 bis 290° reduzierten Nickel gelingt. Die größte Reaktionsgeschwindigkeit zeigt anfangs die Mischung Ni + NiCarb.,

---

[1] *Normann* und *Pungs*, Chem. Zeit. 1915, Nr. 6, 7, 8. Vgl. auch die in bezug auf das Osmiumdioxyd von *Normann* und *Schick* publizierte Experimentaluntersuchung Arch. d. Pharm. 1914, S. 208.
[2] *Siegmund* und *Suida*, Journ. f. prakt. Chemie 1915, S. 442. Vgl. auch *G. Frerichs*, Arch. d. Pharm. 253; 512 u. f.

wird aber späterhin von derjenigen des Nickelformiats übertroffen. Nickelcarbonat veranlaßt ebenfalls anfangs eine größere Reaktionsgeschwindigkeit als Nickeloxydul, wird aber auch späterhin von der letzteren überholt. Am geringsten ist sie bei metallischem Nickel. *Siegmund* und *Suida* finden hierdurch die Ansicht *Ipatiews*, daß eine größere Anfangsreaktionsgeschwindigkeit bei Verwendung von Nickeloxydul gegenüber der Verwendung von Nickel durch eine Zwischenreaktion von Wasser bedingt sei, experimentell bestätigt. Die Rolle, welche das Wasser spielt, erklärt auch die größere Anfangsreaktionsgeschwindigkeit bei Verwendung von basischem Nickelcarbonat und Formiat. Die erheblichere reduktionskatalytische Wirkung von Ni + Nickelcarbonat, sowie von Nickelformiat

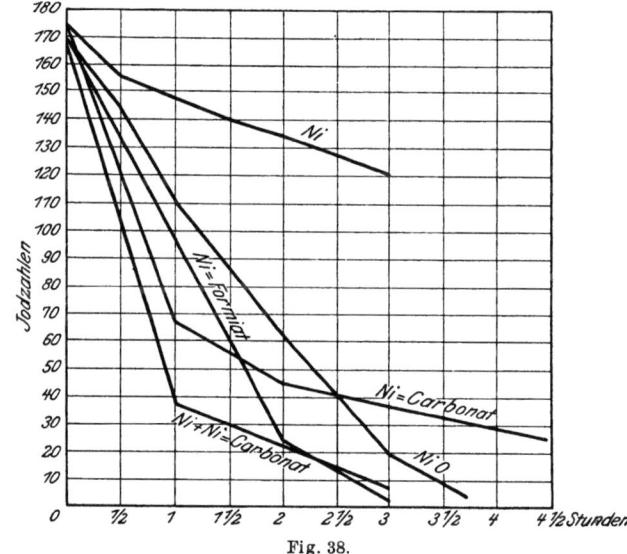

Fig. 38.

gegenüber dem Nickeloxydul erklären die Experimentatoren durch die größere Anfangsreaktionsgeschwindigkeit und durch die relativ leichtere Bildung eines Nickelsuboxyds Ni_3O, welches z. B. schon durch Erhitzen von Nickelformiat in einem indifferenten Gasstrom auf 250° C gebildet wird.

Zur Untersuchung der Katalysatoren wurden die Reaktionsmassen, um jede Oxydation zu vermeiden, durch Soxhletfilter im Kohlensäurestrom filtriert, letztere sodann mit Benzol, gleichfalls im CO_2-Strome erschöpfend extrahiert. Sämtliche Katalysatorpräparate enthielten nach dem Gebrauche erhebliche Mengen Nickelseifen, besaßen mit Ausnahme des Nickels geringe Leitfähigkeit, wurden vom Magneten leicht angezogen und zeigten mit Ausnahme des rein metallischen Katalysators geringeres spezifisches Gewicht, als es dem Nickel zukommen würde. Die Analyse der Nickeloxyd- und Nickelsalzkatalysatoren ergab nach dem Gebrauch die ziemlich übereinstimmende Zusammensetzung von ca. 91 Proz. eines sauerstoffarmen Nickeloxyds der Formel Ni_2O, etwa 7 Proz. Nickelseife und 2 Proz. H_2O. Metallisches Nickel entstand in erheblicher Menge erst nach Vollendung der Härtung; sonst aber konnten sich, so folgern die Experimentatoren aus dem geringen spezifischen Gewichte der gebrauchten Katalysatoren, nur geringe Mengen metallischen Nickels gebildet haben; dies werde auch durch die Elementaranalyse bestätigt, welche gestattet, erheblichere Mengen Nickel leicht zu erkennen. Unter diesen Umständen sprechen *Siegmund* und *Suida* der von *Normann* und *Pungs*[1] durchgeführten Carbonylreaktion keine Beweiskraft zu, und zwar schon deshalb nicht, weil für die Bildung von Nickel während einer Versuchsdauer von 4 Tagen, wie sie obgewaltet hatte, andere Umstände als die hier zur Erwägung kommenden maßgebend gewesen sein konnten. Vielmehr nehmen sie an, daß bei Verwendung von Nickeloxyd und Nickelsalzen die Härtung durch ein niederes Oxyd des Nickels, wahrscheinlich durch ein Suboxyd der Formel Ni_2O, unter Wechselwirkung von Wasser bewirkt werde[2].

Ubbelohde und *Svanöe* verglichen die Verfahren von *Normann*, *Wilbuschewitsch* und *Erdmann* experimentell, und zwar in geeigneten technischen Laboratoriumsapparaten. Die an Tran und Cottonöl vorgenommenen Versuche ergaben, daß die Hydrogenisierungsgeschwindigkeit beim Verfahren von *Wilbuschewitsch* am größten, bei demjenigen von *Normann* kleiner und beim *Erdmann*schen Verfahren am kleinsten ist. Gelegentlich der Untersuchungen wurde auch festgestellt, daß diese Geschwindigkeit bis 200° C mit steigender Temperatur, ferner mit der Menge des Katalysators, mit der Wasserstoffkonzentration und der Innigkeit der Mischung zwischen Öl, Wasserstoff und Katalysator wächst. Weiterhin wurde dargetan, daß die mehrfach ungesättigten Säuren schneller hydriert werden als die Ölsäure, und daß die Clupanodonsäure durch Anlagerung von 4 Molekülen Wasserstoff direkt in eine Linolsäure übergeht. Interessant ist auch die Feststellung, daß die Löslichkeit des Wasserstoffs mit steigender Temperatur in geringem Maße anwächst und bei 150° C ca. 5 Volumprozente des untersuchten Cottonöls und Trans beträgt[3].

Um einen wirksamen Nickelsuboxydkatalysator herzustellen, führen die *Teoforn Boberg and Techno-Chemical Laboratories* die Reduktion von geglühtem Nickelcarbonat durch Wasserstoff bei niedriger Temperatur aus, da sich hierbei stets Suboxyd bilde. Nach Ansicht der Patentanmelder enthält der Katalysator daneben auch Wasserstoff. Die Präparation dieses Katalysators erfolgt derart, daß reines, geglühtes kohlensaures Nickel kontinuierlich sich langsam in einem geneigt liegenden rotierenden Rohre, das in seiner ganzen Länge oder zu einem Teil desselben erhitzt wird, bewegt, während in entgegengesetzter Richtung Wasserstoff durchgeleitet wird. Bei geeigneter Regelung der Zuführung des Materials und Einhaltung einer Temperatur von 230 bis 270° C kann man ein Produkt, das ganz oder doch hauptsächlich aus

---

[1] *Normann* und *Pungs*, Chem. Zeitung 1915, S. 29, 41.

[2] Die Anwendung des Nickeloxydkatalysators hat beim deutschen und österreichischen Patentamte hauptsächlich deshalb zur Erteilung selbständiger Patente geführt, weil angenommen wurde, daß wohl das Oxyd, nicht aber das Nickelmetall die Härtung ohne Anwendung eines Überdruckes an Wasserstoff gestatte. Allein es ist sicher, daß geeignet präparierte metallische Katalysatoren in der gleichen Weise zu wirken vermögen. *Normann* (Chem. Ztg. 40, 757 u. f.) gibt sogar Reaktionsbedingungen an, unter welchen die letztgenannten Katalysatoren den Nickeloxydüberträgern überlegen sind. Er preist ferner in der zitierten Abhandlung an den metallischen Katalysatoren deren geringere Empfindlichkeit für Salzsäure und zeigt, daß sie auch andere Vorteile besitzen, welche dem Nickeloxydkatalysator mangeln.

[3] Zeitschr. f. angew. Chemie 32; 257, 269, 276 und Dissertation Karlsruhe.

Suboxyd besteht, erhalten. Die Erhitzung muß zwar um so länger dauern, je niedriger die Reduktion gehalten wird, darf aber nicht bis zur völligen Reduktion anhalten. — Der so gewonnene Katalysator hält sich bei mäßiger Temperatur gut an der Luft. Hat er sich verändert, so genügt es, ihn 1 bis 2 Stunden in einer Wasserstoffatmosphäre auf 180° C zu erhitzen. Bei der Härtung von Ölen gewinnt der Katalysator schon bei Beginn des Prozesses seine volle Wirksamkeit zurück. — Eine andere Methode der Herstellung des Suboxydkatalysators besteht auch darin, daß man Nickeloxyd erst vollständig reduziert und hernach das Produkt mit Luft oder Sauerstoff, welche Gase vorher durch ein indifferentes Gas, wie Kohlensäure, verdünnt worden waren, bei 300 bis 600° C oxydiert[1].

Die teilweise bereits besprochenen Metallsalzkatalysatoren brachten *K. H. Wimmer* und *E. B. Higgins*[2]. Nach den entsprechenden Ausführungen sind die Formiate, Lactate usw. des Nickels, Kobalts, Kupfers oder Eisens geeignet, die Wasserstoffanlagerung zu beschleunigen. Mischt man z. B. 100 Teile eines Öles mit 1 bis 5 Teilen Nickelformiat in Pulverform und läßt bei 170 bis 200° C Wasserstoff durchgehen, so kann die Sättigung der Doppelbindungen in einer Zeit, welche von der Menge des zugesetzten Katalysators abhängt, quantitativ vor sich gehen und nach beendigtem Reduktionsprozeß ist es möglich, den Katalysator durch Filtration zurückzugewinnen. — Die vollkommene Sättigung der Doppelbindungen in ungesättigten Fettsäuren und deren Glyceriden läßt sich durch Anwendung von Druck während der Wasserstoffeinwirkung oder dadurch beschleunigen, daß man vorerst das Reduktionsgut mit Wasserstoff imprägniert und erst nachher es mit dem Katalysator unter inniger Berührung vermengt; auch ist diese Beschleunigung bei einem Nickelkatalysator durchzuführen, ohne notwendigerweise dessen organische Salze anzuwenden; *Higgins* hat gezeigt, daß es genügt, den Nickelkatalysator wie sonst in das Öl zu bringen, den Wasserstoff aber vor dem Einleiten ein Gefäß mit Ameisensäure passieren zu lassen. 1 bis 2 Proz. des Reduktionsgutes an Ameisensäure genügen für den beabsichtigten Effekt[3].

Bei den katalytischen Hydrogenisierungsprozessen können durch Druck und Temperaturerhöhung, sowie durch Reaktionen mit dem Katalysator Spaltungen in Glycerin und freie Fettsäuren eintreten, so daß der Gehalt an freien Fettsäuren im Fette zunimmt.

Um solche Zersetzung zu vermeiden, genügt es, dem zu reduzierenden Fette oder dem Katalysator wasserbindende Substanzen, z. B. geglühtes Natrium- oder Magnesiumsulfat, vor oder während des Prozesses zuzusetzen[4].

---

[1] Engl. Patent 4702 v. 24. Februar 1912.
[2] Z. B. Belg. Patent 243 871 v. 8. März 1912; Französ. Patent 441 097 v. 8. März 1912. Österr. Patent 75 121 v. 15. Dezember 1912.
[3] Engl. Patent 18 282 v. 8. August 1912.
[4] *Karl Wimmer*, D. R. P. 271 985 v. 6. Juli 1912. Das *Wimmer-Higgins*-Verfahren ist von den *Ölfabriken Großgerau-Bremen*, bzw. der *Fettraff. A. G. Bremen-Brake* erworben worden.

Will man mittels Nickelsalzkatalysatoren, z. B. Baumwollsamenöl, härten, so werden 500 Teile davon mit 3 bis 10 Proz. geglühtem Natriumsulfat und 2 bis 3 Proz. gepulvertem, ameisensaurem Nickel verrieben. Während sich beim Zusatz von Natriumsulfat die freie Säure eines Erdnußöles von 0,5 Proz. auf 0,42 Proz. verringerte, zeigte dasselbe Öl ohne Zusatz von Natriumsulfat hydrogenisiert einen Säuregehalt von 0,72 Proz.

Ein Verfahren, welches nicht nur den Zweck hat, einen wirksamen Katalysator herzustellen, sondern ihn auch nach dem Gebrauche leicht wiedergewinnen zu können, rührt von *de Kadt* her[1]. Er verwendet nämlich als Katalysator eine Schwer- oder Edelmetallseife, deren Fettsäuren höheren Schmelzpunkt besitzen als die herzustellende gesättigte Verbindung, z. B. eine aus Japanwachs durch alkalische Verseifung und nachherige Fällung mittels eines Nickelsalzes hergestellte Nickelseife. Diese, getrocknet, läßt sich gut pulvern und mit dem Öl leicht mischen, so daß das Öl mit dem Katalysator durch Rühren in innige Berührung gelangt. Nach beendigter Operation und Abkühlung des reduzierten Öles sinkt zufolge den Angaben *de Kadts* die Katalysatorseife infolge ihres höheren Schmelzpunktes zu Boden, kann leicht filtriert und wiederum verwendet werden. Der Erfinder schreibt diesem Präparate erheblichen katalytischen Effekt zu, der noch gesteigert werden kann, wenn man zwei verschiedene Seifen, wie Nickel- und Eisenseife, verwendet. Zur Hydrogenisierung ist es jedenfalls empfehlenswert, den Wasserstoff unter Druck zu verwenden und ihn im Apparate zirkulieren zu lassen.

Auch *H.* und *O. Hausamann* führen ungesättigte Fettsäuren und deren Ester in gesättigte über, indem sie Wasserstoff bei Gegenwart von Salzen organischer Säuren anlagern, wozu sie basische in den zu behandelnden Ausgangsstoffen lösliche Schwermetallsalze hochmolekularer Fettsäuren als Zusätze benutzen und dadurch die Operation bei 100 bis 180° durchführen können[2]. Die derart hergestellten Schwermetallverbindungen nehmen während des Verfahrens in der Wasserstoffatmosphäre bei feiner Verteilung mikroheterogene Beschaffenheit an.

Wie sich Metallsalze unter gewöhnlichem Druck gegenüber Wasserstoff in Gegenwart verschiedener organischer Substanzen verhalten, ist keineswegs aufgeklärt.

Ipatiew und *Werschowsky*[3] haben die Wirkung von Wasserstoff auf die Metallsalze untersucht und kommen zum Schluß, daß die Reduktion je nach Temperatur, Druck, Konzentration und Zeit in 3 Phasen verlaufen kann: bis zur Bildung eines basischen Salzes, eines Hydroxyds (Oxyds) oder sogar bis zur Ausscheidung des Metalls. Daraus, daß sich bei der Hydrogenisation mit Nickeloxyd selbst bei Anwesenheit freier Fettsäuren Nickelseifen in erheblicher Menge nicht bilden, schließt *Erdmann*, daß durch Wasserstoff Nickelseifen oder Nickelsalze bei 250° C der Hydrogenisationstemperatur nicht

---

[1] *A. de Kadt*, Engl. Patent 18 310 v. 9. August 1912.
[2] D. P. A. v. 5. Dezember 1911. Zeitschr. f. angew. Chemie 1914 II, S. 63.
[3] *Ipatiew* und *Werschowsky*, Ber. d. Deutsch. Chem. Gesellsch. 1909, S. 2078.

bestehen können; daher komme es, daß die Nickelsalze der Ameisensäure, Essigsäure oder Ölsäure keine eigenartige Wirkung bei der Fetthärtung zeigen, da sie selbst nicht imstande seien, katalytisch Wasserstoff an ungesättigte Bindungen anzulagern. Ihre Wirkung bestehe vielmehr nur darin, bei hoher Temperatur unter dem Einflusse des Wasserstoffs unter Bildung metallischen Nickels oder von Nickeloxyden zersetzt zu werden, so daß dann vornehmlich Nickelsuboxyd wirke [1]. Wie weit die Reduktion gehe, hänge von der Natur des Salzes sowie von der Reaktionstemperatur ab. Versuche ergaben folgendes:

Als Baumwollsamenöl mit 1,2 Proz. Nickelformiat bei 153° C gehärtet wurde, zeigte es bald nach Beginn des Versuchs die für Nickeloxyd oder metallisches Nickel charakteristische schwarze Färbung. Der gebrauchte Katalysator besaß nach dem Pressen zu einer Pastille gute elektrische Leitungsfähigkeit, war magnetisch und entwickelte mit Säuren Wasserstoff. Die Analyse ergab auch die Anwesenheit von Nickeloxyden. Somit wäre neben letzteren metallisches Nickel vorhanden. Außerdem enthielt der Katalysator noch Nickelformiat und Nickelpalmitat. Aus den Analysenergebnissen schließen *Bedford* und *Erdmann* auf die Zusammensetzung:

Nickelformiat . . . . 51,8 Proz.
Nickelsuboxyd (Ni_3O) . . . . 30,1 „
Metallisches Nickel . . . . . 17,3 „
99,2 Proz.

Als ein gleicher Versuch mit Baumwollsamenöl bei 210° C durchgeführt wurde, zeigte der gebrauchte Katalysator keine elektrische Leitfähigkeit mehr, wohl aber starken Magnetismus und die Fähigkeit, mit Säuren Wasserstoff zu entwickeln. Daraus und aus der Analyse schließen die Experimentatoren auf die Anwesenheit von Nickeloxydul und Nickelsuboxyd.

Wasserstoff vermochte in Gegenwart von 3 Proz. Nickelacetat bei 215 bis 220° C Baumwollsamenöl nicht zu härten. Der Katalysator blieb unverändert. Erst bei 240 bis 250° C begann die beabsichtigte Reaktion unter Schwarzfärbung der Flüssigkeit.

Bei linolensaurem Nickel ging bei 265° C die Reduktion glatt vor sich. Der gebrauchte Katalysator hatte die Zusammensetzung:

Ni_3O . . . . 29,6 Proz.
NiO . . . . 13,6 „
$Ni(C_{18}H_{35}O_2)_2$ . . . . 56,8 „

Er war stark magnetisch, aber nicht leitfähig für die Elektrizität.

Baumwollsamenöl, mit ölsaurem Nickel und Wasserstoff behandelt, ließ oberhalb 220° C die Schwarzfärbung erkennen. Die Reaktion verlief günstig bei 250° C; nachher hatte sich an der Wand des Glaskolbens das Nickel in Form eines Spiegels abgeschieden. Wurde aber bei 210 bis 215° C operiert, so trat Wasserstoffanlagerung nicht ein, wohl aber die Bildung eines Nickel-

---

[1] *Bedford* und *Erdmann*, Journ. f. prakt. Chemie 1913, S. 449, und *Erdmann*, Seifensieder-Zeitung 1913, Nr. 23.

spiegels, welchem die Experimentatoren katalytische Wirkung absprechen, da letztere nur den fein verteilten Oxyden zukomme.

Diesen Auseinandersetzungen gegenüber bestreitet *Wimmer*, daß die Salzkatalysatoren auf der Wirkung von Nickeloxyden beruhen[1].

Auch *Auerbach* behauptet, daß sowohl beim *Shukoff*schen als auch beim *Wimmer-Higgins*schen Verfahren nur die dabei intermediär gebildeten Metalle bzw. Metalloxyde wirksam seien[2].

Nach der österreichischen Anmeldung A 4351—12 vom 18. Mai 1912 der *Hydrier-Patentverwertungs-Gesellschaft m. b. H.* in Wien (*Dr. Granichstädten*) können die am leichtesten zerfallenden anorganischen Verbindungen der unedlen Metalle, wie z. B. die Carbonate in festem oder gelöstem Zustande, durch Einhaltung bestimmter Druckverhältnisse schon bei Temperaturen von 200 bis 230° unter Öl im Wasserstoffstrom direkt in Metalle in denkbar feinster Verteilung umgewandelt werden. Ist die Bildung des Katalysators beendigt, so läßt man die Temperatur sinken und führt sofort die Hydrierung des Öles durch, so daß also der Katalysator gar nicht an die Luft gebracht wird. Die organischen Metallsalze sind im Hydrierungsbetriebe, wo stets mit zirkulierender Wasserstoffatmosphäre gearbeitet wird, nicht verwendbar, da das sich bildende Kohlenoxyd nur mit großen Kosten aus der Wasserstoffatmosphäre entfernt werden kann, zudem auch bei Verwendung von Salzen aller in Betracht kommender Metalle, wie Nickel, zur Entstehung explosibler Carbonylverbindungen Anlaß gäbe; die Verwendung anderer organischer Verbindungen, wie beispielsweise der Carbonyle selbst, verbietet sich aus den gleichen Gründen. Die Oxyde, in Öl eingebracht, lassen sich wegen ihrer hohen Beständigkeit auf diesem Wege nicht reduzieren.

Dagegen läßt sich in statu nascendi im Öle aus organischen Salzen gebildetes Oxyd, das offenbar in diesem Stadium weit weniger beständig ist, glatt zu Metallen in feinster Verteilung bei Einhaltung gewisser Temperatur- und Druckverhältnisse reduzieren.

Will man mit Carbonat arbeiten, so werden z. B. 100 kg Rizinusöl mit 1,2 Proz. feinst gepulvertem, am besten frisch hergestelltem, bei 110° getrocknetem Nickelcarbonat versetzt und sodann unter langsamem Durchleiten von Wasserstoff auf 230° erhitzt; sobald diese Temperatur erreicht ist, läßt man durch eine capillare Düse hochkomprimierten Wasserstoff eintreten. Die Reduktion zu metallischem Nickel erfolgt unter charakteristischen Erscheinungen, namentlich schwachem Schäumen (Wasserbildung). Sobald dieses aufgehört hat, führt man bei ermäßigter Temperatur ununterbrochen den Hydrierungsprozeß des Öles durch.

C. und *G. Müller* verwenden von den Nickelsalzen speziell Nickelborat und erhalten auf diese Weise einen Katalysator von großer Emulgierfähigkeit, welche die Anlagerung von Wasserstoff ohne Überdruck bei 160 bis 175° C ermöglicht. Zur Herstellung des Katalysators wird ein Salz von der Zusammen-

---

[1] *Wimmer*, Seifensieder-Zeitung 1913, Nr. 48.
[2] *Auerbach*, Chem. Zeitung 1913, Nr. 30.

setzung $NiB_2O_4 \cdot 6\,H_2O$ im Wasserstoffstrome auf 300° C so lange erhitzt, bis die Zusammensetzung $NiB_2O_4 \cdot H_2O$ resultiert[1]. Es unterscheidet sich vom Ausgangsprodukt dadurch, daß letzteres dunkelgrau, dieses hellgrün ist. Auch das wasserhaltige Salz läßt sich zum Hydrogenisieren verwenden, wirkt aber nicht so gut, wie das entwässerte, dessen 1 Mol. Krystallwasser auch durch längeres Erhitzen auf 300° C nicht entfernt werden kann. Zur Operation ist 1 Proz. des Katalysators erforderlich. Die Aktivität des Katalysators nimmt mit dem Gebrauche ständig ab; immerhin läßt er sich nach *Schönfeld* zu vier bis sechs Operationen verwenden. Ein geringer Wasserstoffüberdruck begünstigt die Wasserstoffanlagerung. Nach Ansicht *Schönfelds* entsteht während der Arbeit zwar fettsaures Nickel in geringer Menge, aber dennoch kann nur das Borat selbst als Katalysator angesehen werden, welcher die Vorteile der Unempfindlichkeit gegen Katalysatorgifte und leichte Filtrierbarkeit besitzen soll. Weiterhin wurde die Benutzung von Nickelsilicat durch *C.* und *G. Müller* in Aussicht genommen[2]. Das Verfahren von *G. Byrom* besteht darin, daß man Katalysatoren durch Behandeln der Lösung eines Metallsalzes mit der Lösung eines Alkalisilicates und Trocknen des Niederschlages herstellt, um sie zur Fetthärtung zu verwenden. Ferner kann man das so gewonnene getrocknete Produkt im Wasserstoffgas reduzieren und erst in dieser Form als Katalysator benutzen. So werden z. B. Lösungen von Nickelsulfat und Natriumsilicat zusammengemischt, der entstandene Niederschlag wird gesammelt, gewaschen und getrocknet, hierauf gekörnt bzw. feinpulvrig vermahlen. Nun reduziert man das Produkt durch mäßiges Erhitzen im Wasserstoffgas. In gleicher Weise läßt sich ein Gemenge von Nickel- und Titansulfaten behandeln und verwenden[3].

Albert Granichstädten und *Emil Settig* erhielten ein österr. Patent[4] auf ein Verfahren zur Herstellung eines nickelhaltigen Silicatkatalysators. Aus einer wässerigen Lösung eines Nickelsalzes und eines Magnesium- oder Aluminiumsalzes wird durch die wässerige Lösung eines Alkalisilicates, z. B. Wasserglas, das Doppelsilicat oder eine Adsorptionsverbindung der Silicate des Nickels und des Magnesiums oder Aluminiums kolloidal gefällt, das Fällungsprodukt ausgewaschen, getrocknet, fein zerrieben, im Wasserstoffstrom auf 300 bis 500° C erhitzt und sodann im Wasserstoffstrom abkühlen gelassen.

Wässerige Lösungen von Nickelchlorür, von Magnesium- oder Aluminiumchlorid werden z. B. im molekularen Verhältnis vermischt und mit soviel wässeriger Wasserglaslösung von etwa 58° Bé bei einer 60° C nicht übersteigenden Temperatur versetzt, daß das gesamte Nickel und Magnesium oder Aluminium kolloidal als Hydrogel ausgefällt wird. Der sehr voluminöse gallertartige Niederschlag wird sorgfältig gewaschen, bei einer 100° C nicht

---

[1] Vgl. den Artikel *Schönfelds*, Seifensieder-Zeitung 1914, Nr. 32.
[2] D. P. A. v. 20. Juni 1913 und v. 30. September 1913.
[3] Engl. Patent 13 382 v. 10. Juni 1913.
[4] Österr. Patent 85 954 vom 15. Oktober 1919; franz. Patent 532 265; engl. Patent 147 578; span. Patent 76 792; norweg. Patent 33 964; dän. Patent 27 934.

übersteigenden Temperatur getrocknet und möglichst fein verrieben, so daß man schließlich ein äußerst feines, leichtes, lockeres, blaßgrünes Pulver erhält. Dieses Pulver wird hierauf durch etwa eine halbe Stunde im Wasserstoffstrom auf 300 bis 500° C erhitzt und sodann im Wasserstoffstrom abkühlen gelassen. Es erfährt dabei einen Farbenumschlag, indem es dunkelgrau wird.

Der so dargestellte Katalysator stellt allem Anschein nach ein pektisiertes Doppelsilicat oder eine pektisierte Adsorptionsverbindung der Silicate von Nickel und Magnesium oder Aluminium dar.

Das dunkelgraue Pulver kommt bei dem angegebenen Mischungsverhältnis der Zusammensetzung nach einem Sesquisilicat nahe. Dieses Pulver kann unmittelbar nach der Erzeugung als Katalysator verwendet werden; soll es aufbewahrt werden, so muß dies unter Öl geschehen. Selbst nur kurz dauerndes Liegen des Katalysators an der Luft verringert seine Wirksamkeit in hohem Maße.

Ein gleicher Farbenumschlag stellt sich beim Erhitzen und Abkühlen des blaßgrünen Pulvers im Kohlensäurestrom ein, das hierbei erhaltene dunkelgraue Pulver ist jedoch als Katalysator völlig unwirksam.

Bei der Verwendung des Katalysators wird die Temperatur des vorher entsäuerten Öles oder Fettes, nachdem sie sich beim Einsetzen der Reaktion in dem auf 140 bis 150° C vorgewärmten Öl auf 160 bis 180° C erhöht hat, durch Verringerung oder Abstellung der Heizung oder durch Einleitung von Kühlung bis zur Beendigung der Reaktion bei der Erreichung des gewünschten Schmelzpunktes des Produktes auf 150 bis 160° C erhalten, wodurch nicht nur Hydrierung, sondern auch gleichzeitig Bleichung und Beseitigung des dem entsäuerten Rohöl etwa anhaftenden schlechten Geschmackes und Geruches erreicht wird.

Die Wiederbelebung der Fetthärtungskatalysatoren im allgemeinen und des Nickelborats im besonderen macht, wie bereits erwähnt, Schwierigkeiten, deren Ursachen und Behebung im D. R. P. 319 332 anschaulich geschildert werden[1]. Danach führt die Wiederreduktion der mit einem Lösungsmittel extrahierten Katalysatormassen zu keinem geeigneten Resultat, und zwar deshalb, weil die vom Katalysator aufgesaugten antikatalytischen Substanzen des Rohmaterials vom Lösungsmittel nicht genügend aufgenommen werden. Auch die organische Substanz unter Vorsichtsmaßregeln wegzubrennen oder zu verseifen stellt die ursprüngliche Wirksamkeit des Katalysators ebensowenig her, wie das Auskochen mit Sodalösung und darauf folgendes mehrstündiges Erhitzen in einer Wasserstoffatmosphäre. Wohl aber gelingt die Wiederbelebung des Katalysators in zufriedenstellender Weise, wenn die ermüdete Substanz vor der Extraktion mit einem besonders gut raffinierten Öle unter kräftigem Rühren erwärmt wird. — Hauptsächlich ist nämlich die Unwirksamkeit gebrauchter Katalysatoren auf die Aufnahme von Schleimstoffen, Hartfettresten usw. zurückzuführen, welche infolge der

---

[1] D. R. P. 319 332 v. 15. Dezember 1918 erteilt an *C. & G. Müller* Speisefettfabrik A.-G. in Neukölln.

kolloidalen Beschaffenheit der Nickelkatalysatoren von diesen ebenso mitgerissen werden, wie bei einem Raffinationsprozeß. Daher rührt auch die hellere Färbung gehärteter Fette im flüssigen Zustande. Beim Gebrauche einmal bereits verwendeter Katalysatorpräparate lösen sich zunächst die daran haftenden Verunreinigungen größtenteils im Öle auf. Die Folge davon ist eine Anreicherung des Öles an Fremdstoffen, so daß jetzt der Härtungsgeschwindigkeit ein größerer Widerstand entgegenwirkt. Da mit fortschreitender Härtung der Katalysator auch eine größere Menge Fremdstoffe als bei der ersten Härtung aufsaugt, weil eine absolut größere Menge Verunreinigungen im Öl enthalten war, so wird sich der Katalysator an diesen Fremdstoffen immer mehr anreichern, bis er schließlich praktisch unbrauchbar wird. Mit den üblichen Lösungsmitteln lassen sich diese Fremdstoffe nur in beschränktem Maße entfernen, da einerseits diese Stoffe sehr fest an der porösen Oberfläche des Katalysators haften, andererseits die Verschiedenheit der Oberflächenspannung zwischen den aufgesaugten Stoffen und dem Lösungsmittel zu groß ist. Aus diesem Grunde ist die vollständige Wiederherstellung der Katalysatoren dadurch, daß man sie nach Ausziehen mit Äther und ähnlichem nochmals der Reduktion unterwirft, nicht möglich.

Wird aber der erschöpfte Katalysator mit einem hochraffinierten Öl unter Erwärmen durchgerührt, ohne daß das Öl gleichzeitig der Reduktion unterworfen wird, so dringen die Verunreinigungen des Katalysators mit Leichtigkeit in das Öl ein, da der Unterschied der Oberflächenspannung des Öls und dieser ebenfalls von Ölen herrührenden Verunreinigungen viel geringer ist, als zwischen diesen und etwa Äther. Wenn nicht gleichzeitig eine Härtung vorgenommen wird, so haben diese jetzt im Öle gelösten Verunreinigungen keine Gelegenheit, wieder in den Katalysator zu gelangen, und nach Trennung des Katalysators vom Öl ist der größte Teil der störenden Fremdstoffe beseitigt. Nach einer Wiederholung dieses Vorganges mit raffiniertem Öl werden die dem Katalysator noch anhaftenden Ölanteile nunmehr mühelos, schon durch kalte Lösungsmittel, entfernt. Wird dann die Katalysatormasse aufs neue reduziert, so gelangt man zu Katalysatoren, welche die ursprüngliche Aktivität in vollem Maße besitzen. Insbesondere sind Metalloxyd- oder -suboxydkatalysatoren nach der Behandlung mit dem raffinierten Öl und Auswaschen mit Äther usw. zum Gebrauch fertig.

Es kommt sogar mitunter vor, daß solche wiederbelebte Katalysatoren eine noch höhere Aktivität besitzen als die ursprünglichen. Sie werden nämlich bei den Härtungen, infolge der vielstündigen Durchwirbelung mit Hilfe des Gasstromes oder in den Rührapparaten, außerordentlich fein zerstäubt und erlangen schließlich eine feine pulverige Beschaffenheit, wie sie sie bei ihrer Darstellung nicht besaßen. —

Es wurde z. B. Olivenöl in Gegenwart von 2 Proz. des durch Erhitzen von Nickelborat im Wasserstoffstrom auf etwa 450° erhaltenen Katalysators 3 Stunden 30 Minuten mit Wasserstoff reduziert. Es resultierte ein Hartfett vom Erstarrungspunkt 49,0° (Jodzahl = 30,7). Nach mehrmaliger Benutzung desselben Katalysators wurde schließlich Olivenöl in derselben Zeit auf den Erstarrungspunkt 25,2° gebracht; der Katalysator war also praktisch unwirksam. Nun wurde der Katalysator in der oben geschilderten Weise $^3/_4$ Stunden mit gut raffiniertem Olivenöl in der Wärme kräftig durchgerührt, vom Öl abgetrennt und mit Äther einige Zeit ausgekocht. Darauf wurde der Katalysator aufs neue mit Wasserstoff $^3/_4$ Stunden bei 430 bis 440° erhitzt usw. Nach $3^1/_2$-stündiger Härtung desselben Öles in Gegenwart von 2 Prozent des wiedergewonnenen Katalysators wurde ein Fett vom Erstarrungspunkt 52,2° (Jodzahl = 10,6) erzielt.

Erdmann und *Rack* haben die von *Schönfeld* aufgestellten Behauptungen experimentell untersucht, wobei als Versuchsmaterial käufliches Nickelborat diente. Sie stellen zunächst fest, daß die Analyse des geglühten, grünen Nickelborats nur nahezu der Zusammensetzung des neutralen Salzes entspreche; der Nickelgehalt sei höher; keineswegs liege in dem erhitzten Borat eine einheitliche Substanz vor. — Der zu hohe Nickelgehalt ist nach den genannten Autoren auf eine Beimengung von etwas freiem Nickeloxyd zurückzuführen, denn den durch Fällung von Nickelsalzen mit Alkaliboraten hergestellten Nickelboraten kommt keine konstante Zusammensetzung zu, weil je nach Konzentration das Natriumborat in wässeriger Lösung hydrolytisch gespalten ist, so daß diese Lösung stets freies Natriumhydroxyd und freie Borsäure enthalten muß. Daher ist auch dem Nickelboratniederschlag schon bei der Fällung eine gewisse Menge Nickelhydroxyd beigemengt. Durch Auswaschen des Niederschlages mit Wasser würde ihm immer mehr Borsäure entzogen werden, weshalb das Nickelmetaborat nicht ausgewaschen werden darf, soll es im trockenen Zustande wenigstens annähernd der Zusammensetzung $NiO \cdot B_2O_3$ entsprechen.

Die von *Erdmann* und *Rack* ausgeführten Härtungsversuche mit dem käuflichen Präparat ergaben, daß bei einer Temperatur von 175° weder das wasserhaltige noch das wasserfreie Nickelborat eine wasserstoffübertragende Wirkung auf ungesättigte Fettsubstanzen besitzen. Auch das in einem indifferenten Gasstrom, welcher nicht Wasserstoff ist, bei höherer Temperatur getrocknete Borat besitzt eine solche Wirkung nicht. — Die Ansicht *Schönfelds*, ein bei 300° entwässertes Nickelborat vermöge bei 160 bis 180° die Hydrogenisation ungesättigter Öle zu bewirken, sei irrtümlich. Das von ihm zu Versuchen herangezogene Nickelborat war nicht an der Luft oder in einem indifferenten Gasstrom getrocknet worden, sondern im Wasserstoffstrom bei 300° behandelt. Hierbei finde eine chemische Veränderung statt; es entstehe zwar ein Produkt von dunkelgrauer Farbe, aber dieses enthalte Nickelsuboxyd. — Beim Erhitzen des Nickelborates $NiOB_2O_3$ auf 300° tritt nämlich ein Zerfall desselben in Nickeloxydul und das Nickelsalz der Tetraborsäure NiB_4O_7 ein, welches beständiger ist:

$$2\,NiB_2O_4 = NiB_4O_7 + NiO.$$

Durch das Erhitzen im Wasserstoffstrom finde eine Reduktion des freigewordenen Nickeloxyduls statt, die zwar bei 300 bis 340° C nicht bis zum Nickel, wohl aber bis zum Nickelsuboxyd gehe, obwohl reines Nickeloxyd durch Überleiten von Wasserstoff bei 300° in kurzer Zeit zu metallischem Nickel reduziert wird. Denn es gäbe Substanzen, welche derart verzögernd auf den Reduktionsprozeß wirken, daß er erst bei höherer Temperatur eintritt, bzw. bei der Zwischenphase des Suboxyds stehen bleibt, und als solche Substanz müsse die Borsäure angesehen werden. — Das von *Schönfeld* verwendete Produkt entspreche sogar der Formel $2\,NiB_4O_7Ni_2O + 6H_2O$. Die Härtung erfolge demnach mit einem Präparat, das Nickelsuboxyd enthalte. Tatsächlich sei die Reaktionsgeschwindigkeit infolge des geringen Gehaltes an Nickelsuboxyd viel geringer als bei Anwendung eines Nickeloxyds selbst. Der zur Härtung verwendete Katalysator enthielt nach der Analyse *Schönfelds* deshalb weniger Borsäure, als der Formel des Metaborates entspreche, weil diese entweder sich bei dem Erhitzen im Wasserstoffstrom mit den Wasserdämpfen verflüchtigt habe oder während des Härtungsprozesses durch das Öl herausgelöst worden sei, nachdem heiße Öle imstande sind, neutralen Boraten bzw. borsäurehaltigen Gemengen Borsäure zu entziehen.

Aus alledem schließen *Erdmann* und *Rack*, daß Nickelborat als solches weder im wasserhaltigen noch im wasserfreien Zustande bei einer Temperatur von 175° wasserstoffübertragend auf ungesättigte Öle wirke, und daß nur das beim Erhitzen des Nickelborats im Wasserstoffstrom auf 300 bis 340° durch teilweise Reduktion des im Borat enthaltenen Nickeloxydes entstandene Nickelsuboxyd in fetten Ölen die feine Verteilung des Präparates, weiterhin auch die Härtung bei 175°, aber in schwächerem Maße als reines Nickelsuboxyd bewirke[1].

Auch *Normann* wendet sich dagegen, daß Nickelborat als solches Katalysator sei, aber auch dagegen, daß das Nickelsuboxyd wirke; die Härtung mit organischen Nickelsalzen, wie Formiat, Acetat, Stearat, Oleat usw. umfasse, vielmehr nur Sonderfälle der Härtung mit metallischem Nickel, da bei Anwendung dieser Salze stets eine Abscheidung von Metall stattfinde, ehe Härtung eintrete, so daß dieses, nicht aber das Salz oder ein Oxyd als Katalysator anzusprechen sei. Die Patentschrift D. R. P. 217 846 zeige, daß unter bestimmten Arbeitsbedingungen die Reduktion mancher organischer Nickelsalze im Wasserstoffstrom glatt und vollständig unter Bildung von freiem Nickel einerseits und der freien Säure andererseits verlaufe, so daß sogar ein technisches Verfahren zur Gewinnung der reinen konzentrierten Säuren auf diese Zersetzung gegründet werden konnte. Weiter sei aus den Handbüchern bekannt, daß anorganische Nickelsalze im Wasserstoffstrom zu Metall reduziert werden können[2], und daß bereits Katalysatoren durch Reduktion anorganischer Nickelsalze hergestellt wurden[3]. — Bei Anwendung des Nickelborats trete tatsächlich eine Zersetzung in Nickel und freie Borsäure ein. Dadurch, daß letztere schwer flüchtig sei und schon unterhalb 300° in das noch schwerer flüchtige Bortrioxyd übergehe, destilliere sie nicht, wie etwa Ameisensäure oder Essigsäure, ab, sondern bleibe größtenteils im Reaktionsprodukt zurück. Dies sei der Grund, warum die Analyse keinen wesentlichen Unterschied vom Ausgangsmaterial feststellen konnte *Normann* hat Präparate von Nickel-

---

[1] *Erdmann* und *Rack*, Seifensieder-Zeitung 1915, Nr. 1.
[2] *Gmelin-Kraut, Friedheim*, V. I., S. 23, 1909 (von *Normann* zit.).
[3] Journ. of gas light. v. 1. Juli 1913, S. 31 (von *Normann* zit.).

borat geprüft, welche im Wasserstoffstrome auf 300 und 350° C erhitzt wurden, ohne mit ihnen wesentliche Reduktionswirkungen zu erzielen. Solche Wirkungen kommen nur einem Präparate von dunkelgrauer Farbe zu, das bei 400° C reduziert wurde. Dieses aber enthielt dann freies Nickel [1].

Dagegen wendet *Schönfeld* ein, daß das Nickelborat ein Metaborat NiB_2O_4 sei, welches sich beim Glühen nicht in Nickeltetraborat und Oxydul zersetze, da Tetraborate beim Glühen mit Schwermetalloxyden Metaborate bilden. Der von *Erdmann* und *Rack* angewandten analytischen Methode des Nachweises von Nickelsuboxyd in seinem Präparate komme keine Beweiskraft zu. Bei der Reduktion im H-Strome könnte sich überdies nicht Suboxyd, sondern nur metallisches Ni bilden; ein Schutz dagegen durch Borsäure sei nicht anzunehmen. Aber auch metallisches Nickel sei für die katalytische Wirkung ausgeschlossen; die Wasserstoffübertragung erfolge durch das Nickelborat selbst, und zwar mit einer, Nickel und Nickeloxyd übertreffenden Wirkung [2].

G. Frerichs hat, um darzutun, daß rein metallisches Nickel fähig sei, als Katalysator zu fungieren, kompaktes Nickel (aus Reinnickel und Nickelcarbonyl) in Öl zu feinem Pulver geschliffen und damit bei 180—190° C Wasserstoff an Öle anzulagern vermocht [3].

Wie späterhin erörtert werden wird, besitzen Palladium und Platin den Vorzug, als Katalysatoren Reduktionen bei gewöhnlicher Temperatur und unter normalem Drucke zu gestatten, ein Vorzug, welcher diese beiden Metalle lange Zeit eine besondere Stellung einnehmen ließ. *C. Kelber* ist es nun geglückt, auch dem metallischen Nickel diese Fähigkeit abzugewinnen [4]. Er zeigte nämlich, daß die geringe katalytische Wirkung des bei 450° C reduzierten Nickels bedeutend erhöht werden kann, wenn man das zu erhitzende Salz, z. B. basisches Nickelcarbonat, auf Infusorienerde, Floridableicherde, Aluminium- oder Magnesiumhydrosilikat, kurz auf Träger bringt und sodann erhitzt.

Die Hydrogenisation erfolgt am besten in wässeriger oder alkoholischer Lösung, so daß selbst die Reaktion in Benzol, Äther, Aceton, Essigäther usw. dann besser verläuft, wenn etwas Wasser hinzugefügt wird. Sehr vorteilhaft ist es, in Eisessig als Lösungsmittel mit einem bei 310° C reduzierten Nickel

---

[1] *Normann*, Seifensieder-Zeitung 1915, Nr. 3. Vgl. auch *Normann* und *Schick*, Arch. f. Pharm. 1914, S. 208, und Chem. Zeitung 1915, Nr. 6 bis 8. — Den Ausführungen *Normanns* gegenüber hält *Erdmann* die Behauptung aufrecht, daß Nickelborat, im Öl mit Wasserstoff erhitzt, bei 260° C Nickelsuboxyd bilde, und daß dasselbe Oxyd entstehe, wenn Nickelborat im trockenen Wasserstoffstrom auf 340° C erhitzt werde (Seifensieder-Zeitung 1915, Nr. 4). Vgl. auch *Frerichs*, Arch. f. Pharm. 253; 512 u. f.

[2] *Schönfeld*, Seifensieder-Zeitung 1915, Nr. 26 u. 27. Über einen Katalysator, welcher auch alle Arten von Salzen enthalten kann, vgl. die zit. Patentschrift der Bad. Anilin- und Sodafabrik S. 47.

[3] Arch. f. Pharm. 253; 512 u. f. Über die Nickeloxyd- und Nickelsalzkatalysatoren vgl. weiterhin *Boßhard* und *Fischli*, Zeitschr. f. angew. Chemie 28; 365; *H. Schönfeld*, ibid. 29; 39; *W. Normann*, Chem. Zeitung 40, 381.

[4] Ber. d. Deutsch. Chem. Ges. **49**, 55 bis 63; 1868 bis 1879, **50**, 305 bis 310; **53**, 66. Chem. Centralbl. 1916 I, 289; 1916 II; 1917 I, 689.

zu arbeiten. In Chloroform läßt sich eine Hydrogenisation überhaupt nicht durchführen, und Kobalt an Stelle des Nickels besitzt unter gleichen Umständen geringere katalytische Fähigkeiten. Um z. B. kottonölsaures Natrium in wässeriger Lösung in das Salz der gesättigten Ölsäure überzuführen, wurde ersteres bei Gegenwart eines bei 310° C reduzierten Nickels, sowie eines auf Trägern befindlichen Katalysators bei wenig erhöhter Temperatur mit Wasserstoff behandelt. — Im allgemeinen haben sich folgende drei Arten von Ni-Katalysatoren bewährt, um Reduktion bei Normaltemperatur durchzuführen:
1. Basisches Nickelcarbonat bei 450° im H-Strom erhitzt,
2.   ,,   ,,   ,,   310°   ,,   ,,   ,,
3.   ,,   .   ,,   auf unorganischem Träger bei 450° C im H-Strom reduziert.

Erdmann und *Bedford* beschrieben gelegentlich der ersten Darstellung der Verwendung von Nickeloxyd als Katalysator einen Laboratoriumsapparat, welcher es ermöglicht, ohne Druck Fette zu hydrogenisieren[1]. Der Apparat muß, da das Einleitungsrohr für Wasserstoff von außen an den Boden des Kolbens angeschmolzen ist im Ölbade geheizt werden. Ein handlicher, durch freie Flamme heizbarer Laboratoriumsapparat, welcher zur Hydrogenisierung von Fetten gute Dienste leistet, wurde von *Klimont* konstruiert.

Der Kolben, etwa 150 cm³ fassend, ist mit einem kugeligen Ansatze versehen, in welchem zentral, bis ganz nahe zum Grunde des Gefäßes ein Rohr *H* führt, das in den Hals des Kolbens eingeschmolzen ist. Wird durch dieses Rohr ein Strom von Wasserstoff geleitet, so bleibt der mit dem Öle verriebene Katalysator im Strome des Gases in steter Bewegung und wird derart verhindert, sich am Boden des Gefäßes abzusetzen. Der Kolben wird mittels eines lang- und breitstieligen Trichters gefüllt. Durch einen Kautschukstopfen reicht ein Thermometer *t* bis in das Öl; außerdem führt durch denselben Stopfen ein kurzes, nur bis zu dessen unterem Rand reichendes Rohr *m*, welches, mit einem Wassermanometer verbunden, gestattet, den in der Apparatur herrschenden Druck zu kontrollieren. Das seitlich am Kolben

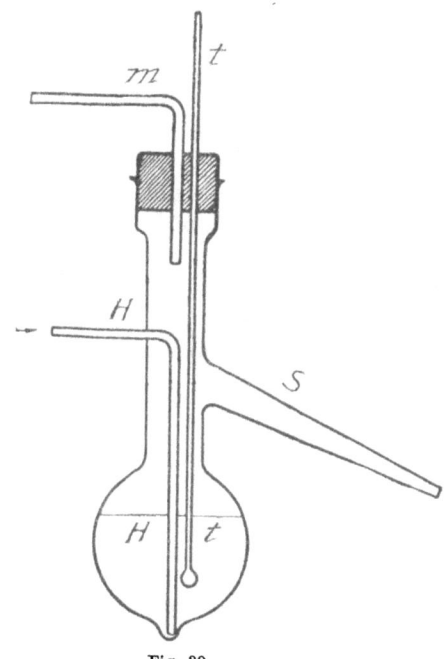

Fig. 39.

---

[1] *Erdmann* und *Bedford*, Journ. f. prakt. Chemie 1913. S. 425.

angeschmolzene Abteilungsrohr *s* führt zu einer Waschflasche, um mitgerissene Fetteilchen und entwickeltes Reaktionswasser zurückzuhalten, weiterhin zu einem Rohre, an dessen Ende der Wasserstoff angezündet werden kann. Die Erwärmung des Kolbens erfolgt direkt durch Fächeln mit der Flamme eines Bunsenbrenners. Der Apparat ist nicht nur leicht zu handhaben, sondern auch ziemlich sicher. Von mehr als 150 Versuchen, welche die Herren Dr. *Max Unger* und Dr. *Rudolf Ernst* in einem solchen Kolben vornahmen, mußte nur ein einziger wegen Platzens des Glases unterbrochen werden [1].

Die Metalle der Platingruppe als Katalysatoren und ihre Verwendung.

Die Versuche von *Sabatier* und *Senderens* hatten nicht nur wegen der Fülle der Reduktionsmöglichkeit in wissenschaftlichen Kreisen Aufsehen erregt, sondern auch deshalb, weil bei ihnen Nickel verwendet wurde, das die Eigenschaften der Wasserstoffübertragung nicht voraussehen ließ, obgleich die Fähigkeit, Wasserstoff zu absorbieren und mit demselben auch zu reduzieren, von anderen Metallen bereits seit langem bekannt war. So hat *Debus* 1863 bereits Platin zur Reduktion von Blausäure zu Methylamin verwendet, und *Graham* beobachtete im Jahre 1866 die Eigenschaft des Palladiums, große Quantitäten Wasserstoff zu absorbieren; zugleich stellte er fest, daß dieser Wasserstoff reduzierende Eigenschaften in höherem Maße besitze, als gewöhnlicher Wasserstoff [2]. *Saytzeff* reduzierte 1873 mit über Palladiummohr geleitetem Wasserstoff Benzoylchlorid zu Benzaldehyd, Nitrobenzol zu Anilin, Nitrophenol zu Amidophenol und Nitromethan zu Methylamin. 1874 gelang es *Wilde*, in Gegenwart von Platinschwarz Acetylen und Äthylen in Äthan umzuwandeln.

---
[1] *Klimont*, Chemiker-Ztg. 46, 275 (1922).
[2] Palladium besitzt jedenfalls die Fähigkeit, den Wasserstoff in besondere aktive Form zu versetzen. Der Mechanismus dieser Wirkung ist nicht sichergestellt; es ist möglich, daß der Wasserstoff durch die Elemente der Platingruppe und noch andere Metalle dissoziiert wird und so in den wirksameren, atomaren Zustand umgewandelt wird. (Über die Einatomigkeit der Metalle in festen Lösungen mit anderen Metallen, sowie über die Frage, ob Pd, Pt usw. mit H chemische Verbindungen eingehen, vgl. *Heycock* und *Neville*, Chem. Centralbl. 1889, 1, 666; 2, 1043; 1891, 1, 129; 1894, 1, 266. Ferner *Sieverts*, Zeitschr. f. physik. Chemie 1907, S. 130, und *Shields*, Zeitschr. f. physik. Chemie 1899, S. 368. — Nach *Wieland* kann die Aktivierung des Wasserstoffs durch feinverteilte Metalle nicht in der Spaltung der Molekel zu atomarem Wasserstoff begründet sein, da nascenter Wasserstoff zuweilen Verbindungen hydriert, welche durch Palladium katalytisch nicht reduziert werden können. Während z. B. Naphthalin der Wirkung des Palladiumwasserstoffs widersteht, wird es von Natrium in Alkohol leicht zu Dihydronaphthalin reduziert. Letzteres kann nun wiederum durch Palladiumwasserstoff leicht weiter hydriert werden, während es der Wirkung von Natrium in Alkohol gegenüber resistent bleibt. Erfahrungsgemäß sind alle durch Pd oder Pt bei gewöhnlicher Temperatur katalysierbaren Reaktionen exothermisch; eine endothermische Hydrierung kann durch diese Metalle nicht bewirkt werden. Ganz allgemein hält *Wieland* die durch atomaren Wasserstoff leicht hydrierbaren Verbindungen resistent gegenüber der katalytischen Hydrierung mittels Pd oder Pt. — *Wieland* nimmt für die Ursache der Hydrie-

Aber auch in neuerer Zeit wurden die reduzierenden Wirkungen des Platins nicht außer acht gelassen, ja selbst von *Sabatier* und *Senderens* zur Wasserstoffanlagerung angewandt, und zwar in Form von Platinschwarz und Platinschwamm; es ergab sich dabei, daß beide Formen nicht ganz gleichartig wirken.

Sabatier und *Senderens* bereiteten Platinschwarz durch Reduktion einer salzsauren Platinchloridlösung mittels Zinks und durch Trocknen des gut ausgewaschenen Produkts bei gewöhnlicher Temperatur. Ein solches Platinschwarz bewirkte die Reaktion zwischen Acetylen und Wasserstoff schon bei gewöhnlicher Temperatur. Auch Äthylen und überschüssiger Wasserstoff reagierten mit diesem Katalysator anfangs genau so, wurden jedoch späterhin in der Reaktion infolge Bedeckens des Katalysators mit Kohlenstoff träge. Erst bei 100 bis 120° begann die Reaktion neuerdings, verlief aber nur oberhalb 180° C befriedigend. **Platinschwamm** ließ in der Kälte eine Reaktion im selben Sinne überhaupt nicht zu, sondern erst über 180° C[1].

Schon 1906 zeigte *Fokin*, daß der Dampf von Ölsäureamylester mit platiniertem Asbest sich zu Stearinsäureamylester reduzieren läßt[2].

Auch *Willstätter* und *Mayer* wandten gelegentlich ihrer Untersuchung von **Phytol** Platin als Katalysator zur Wasserstoffsättigung der Äthylenbindung an. Sie stellten zu diesem Zwecke **Platinschwarz** nach der Methode von *Löw*[3] dar, nach welcher eine Lösung von Platinchlorid in wenig Wasser erst mit Formalin, sodann unter Kühlung mit der berechneten Menge Ätznatronlösung versetzt wird. Durch Auswaschen vom Natriumchlorid und Natriumformiat vollständig befreit, zeigt ein so gewonnenes Platin gegenüber Wasser kolloidale Löslichkeit. Um diese aufzuheben, unterbricht *Löw* das Auswaschen, bis ein sich bald im abgesaugten Schlamm einstellender Oxy-

---

rung durch Metalle der Platingruppe eine Anlagerung des Metallwasserstoffs an die Doppelbindung an, wonach das so entstandene labile Additionsprodukt in die Dihydrosubstanz und Metall zerfällt, welches neuerdings in Metallwasserstoff übergeführt wird. Der Metallwasserstoff muß keine chemische Verbindung vorstellen; er ist nach *Wieland* z. B. im Palladiumwasserstoff eine feste Lösung, in der eine nur geringe Menge chemisch gebundenen Wasserstoffs mit viel gelöstem im Gleichgewichte steht. — Einen Anhaltspunkt für die Existenz labiler Additionsprodukte von Metallwasserstoff und Kohlenwasserstoff sieht *Wieland* darin, daß Methyl- und Äthylalkohol von Palladiumschwarz unter beträchtlicher Wärmeentwicklung aufgenommen, aber durch Waschen mit Wasser oder durch Evakuierung nur langsam entfernt werden können. Schon dieser Verlust der Tension spricht gegen eine einfache Auflösung, weiterhin aber noch die Fähigkeit einer derart frisch bereiteten Suspension, mit Chinon geschüttelt, dieses zu Hydrochinon zu reduzieren und gleichzeitig den Alkohol zu Aldehyd zu oxydieren. Auch die bekannte Erscheinung des Entzündens von Alkoholdämpfen an Platin und Palladium ist nach *Wieland* auf die Dehydrierung und Bildung von Palladiumwasserstoff zurückzuführen, da der solcherart aktivierte Wasserstoff durch Luftsauerstoff weiter oxydiert wird. — Demnach wäre die katalytische Hydrierung durch Metalle der Platingruppe bei gewöhnlicher Temperatur durch Zwischenreaktionen darzustellen, welche reversibel sind. (Berichte d. Deutsch. chem. Gesellschaft 1912, S. 487.)

[1] Chem. Zentralbl. 1900 **2**, 312 (Comptes rend. de l'Acad. de Science **131**, 40 bis 42).
[2] Journ. russ. chem.-phys. Ges. 1906, S. 419.
[3] *Löw*, Ber. d. Deutsch. Chem. Gesellsch. 1890, S. 289.

dationsprozeß beendigt ist (dieser beginnt nämlich noch auf dem Filter, solange der Schwamm feucht ist, und unter Knistergeräuschen, sowie Temperatursteigerung auf 36 bis 40° bemerkt man an vielen Stellen das Hervorbrechen kleiner Gasblasen). Nach Vollendung diese Prozesses läuft das Waschwasser farblos ab, da die kolloidale Löslichkeit aufgehoben ist. Ein solches Platinschwarz besitzt große Aktivität; es enthält, wie aus der Beschreibung des Oxydationsprozesses hervorgeht und auch *Paal* hervorhebt, Platinhydrosol.

Mit derartigem Platinschwarz reduzierten *Willstätter* und *Mayer* Oleinalkohol $C_{17}H_{33}CH_2OH$ zu Oktadekylalkohol $C_{17}H_{35}CH_2OH$, ferner Erucylalkohol $C_{21}H_{43}CH_2OH$ zu Dokosylalkohol $C_{21}H_{43}CH_2OH$ Ölsäure wurde als solche und in Form ihres Äthylesters zu Stearinsäure und Stearinsäureäthylester reduziert[1].

Die Möglichkeit, Wasserstoff in expeditiver Form an Doppelbindungen unter Vermittlung von Metallen der Platingruppe anzulagern, setzte die Vervollkommnung der Darstellung von deren Hydrosolen voraus; erst die Gewinnung von Präparaten, deren kolloidale Löslichkeit nicht leicht verlorenging, versprach den beabsichtigten Erfolg.

Kolloidale Lösungen von Metallen der Platingruppe können allerdings leicht durch Reduktion von deren Salzen mit Formalin in Gegenwart von Alkali, mittels Hydrazinhydrats, Brenzcatechins, Tannins usw. oder nach *Bredig* durch elektrische Kathodenzerstäubung unter Wasser gewonnen werden[2]. Aber diese Lösungen sind wenig beständig und scheiden unter dem Einflusse von Säuren, Basen und Salzen unlösliches Platin ab. Sie können ferner, eingedampft, nicht wieder zur Lösung gebracht werden, sie sind nicht reversibel und daher auch nicht aufbewahrbar. *Paal* hat zum ersten Male Präparate hergestellt, welche sich im trockenen Zustande gewinnen lassen, die Fähigkeit besitzen, sich selbst noch nach längerer Zeit der Aufbewahrung im Wasser kolloidal zu lösen und Alkalien gegenüber beständig zu sein. Dieser Forscher fand nämlich, daß bei der alkalischen Hydrolyse des Eialbumins ein durch Säuren ausfällbares Produkt von saurem Charakter, die Protalbinsäure, und ein albumosenartiges, wasserlösliches Produkt, das gleichfalls Säureeigenschaften zeigt, die Lysalbinsäure entsteht[3]. Die Schwermetallsalze dieser Säuren besitzen nun die Eigenschaft, sich in ätzenden und kohlensauren Alkalien zu lösen. Die Ursache hiervon ist darin gelegen, daß das Schwermetall in Form seines Hydroxyds oder Oxyds durch das Alkali verdrängt, jedoch nicht unlöslich abgeschieden wird, sondern infolge einer spezifisch schützenden Wirkung beider Eiweißderivate kolloidal gelöst bleibt. Von Proteinstoffen, wie Eiweiß und Gelatine, ist es bekannt, daß sie, wie kolloidale Stoffe überhaupt, auf chemische Umsetzungen, welche in rein

---

[1] *Willstätter* und *Mayer*, Ber. d. Deutsch. Chem. Gesellsch. 1908, S. 1475.
[2] Literaturangaben siehe bei *Paal* und *Amberger*, Ber. d. Deutsch. Chem. Gesellsch. 1904, S. 125. Über Wesen und Eigenschaften kolloider Metalle vgl. auch *Zsigmondy*, Kolloidchemie. 3. Aufl. Leipzig 1920, Otto Spamer.
[3] *C. Paal*, Ber. d. Deutsch. Chem. Gesellsch. 1902, S. 2195.

wässeriger Lösung zur Bildung schwer löslicher Niederschläge führen, hemmend wirken[1]. Es entstehen daher auf diese Weise beständige Hydrosole der Oxyde, gemischt mit protalbinsaurem oder lysalbinsaurem Alkali. Manche solcher kolloidaler Lösungen, z. B. diejenigen von Silberoxyd, gehen schon durch eine beim Erwärmen einsetzende Reduktionswirkung der Eiweißprodukte in eine kolloidale Silberlösung über.

Den Lösungen von Platinsalzen mit lysalbin- und protalbinsaurem Alkali gegenüber erweist sich jedoch die reduzierende Wirkung dieser Eiweißstoffe zu schwach; es muß, wie *Paal* zeigte, für Platin und Palladium Hydrazin als Reduktionsmittel verwendet werden.

Um derartige kolloidallösliche Präparate herzustellen, schreitet man zunächst zur Darstellung der Protalbinsäure und Lysalbinsäure nach der folgenden *Paal*schen Vorschrift: In die Lösung von etwa 15 Teilen Ätznatron in 500 Teilen Wasser werden 100 Teile Albumin in kleinen Portionen eingetragen und durch Schütteln gleichmäßig verteilt. Nun wird auf dem Wasserbade bis zur nahezu vollkommenen Lösung erwärmt. Vom ungelösten Rückstand wird abfiltriert, worauf das alkalische Filtrat so lange mit verdünnter Essigsäure versetzt wird, als noch ein Niederschlag entsteht. Es entwickelt sich hierbei Schwefelwasserstoff. Nach etwa zwölfstündigem Stehen hat sich die Protalbinsäure in feinen Flocken oder in weißen Klumpen abgesetzt. Die auf dem Filter gesammelte und mit wenig Wasser gewaschene Säure verreibt man hierauf mit Wasser zu einem dünnen Brei und unterwirft ihn der Dialyse. Bei täglich zweimaligem Wechsel des Außenwassers ist nach drei Tagen der Dialysatorinhalt aschefrei. Die Ausbeute beträgt je nach der Dauer des Erhitzens und der angewandten Menge Alkali 35 bis 50 Proz. des Albumins.

Zur Gewinnung der Lysalbinsäure wird die Protalbinsäure statt mit Essigsäure mit verdünnter Schwefelsäure gefällt. Das hierauf gewonnene Filtrat wird mit Natronlauge neutralisiert, eingedampft, neuerlich mit einem Überschuß von verdünnter Schwefelsäure (1 : 1) versetzt und gegen Wasser dialysiert. Das im Dialysator verbleibende gelöste Sulfat der Lysalbinsäure wird mit reinem Barytwasser zersetzt, und die dadurch freigewordene Lysalbinsäure kann nach entsprechender Reinigung auf dem Wasserbade zum dünnen Sirup eingeengt werden, aus dem sich durch Schütteln mit Alkohol die Säure in weißen, käsigen Flocken ausscheiden läßt. Die Ausbeute beträgt ca. 20 bis 30 Proz. des angewandten Albumins.

Zur Herstellung von kolloidalen Palladiumpräparaten dient das Natriumsalz der Protalbinsäure. Es wird in stark verdünnter wässeriger Lösung mit so viel Natronlauge versetzt, daß nicht nur das Chlor des noch hinzuzufügenden Palladiumchlorids gebunden erscheint, sondern noch ein Überschuß vorhanden ist. Es entsteht eine rotbraune Lösung, welche nun mit Hydrazinhydrat in geringem Überschuß versetzt wird. Die Reduktion geht unter Aufschäumen und Gasentwicklung vor sich. Nach Beendigung

---

[1] *C. Paal*, Ber. d. Deutsch. Chem. Gesellsch. 1902, S. 2209.

der letzteren wird die Flüssigkeit der Dialyse gegen Wasser unterworfen. Nach mehrmaligem Wechsel des Außenwassers wird die Lösung nunmehr bei 60 bis 70°C konzentriert und über Schwefelsäure im Vakuum getrocknet. Das Präparat, glänzende Lamellen, kann lange aufbewahrt werden, ohne an seiner Wasserlöslichkeit einzubüßen. Es lassen sich Präparate mit verschiedenem Gehalte an Palladium herstellen, so daß auf 1 Teil protalbinsaures Natrium 1, 2, 3, 4 Teile Palladium in Form des Chlorids verwendet werden. Mit der Anreicherung an Palladium wird jedoch die Dauer der Haltbarkeit verkürzt.

Die Herstellung von kolloidalen Platinpräparaten, welche aber für die praktische Wasserstoffanlagerung nicht so sehr in Betracht kommt, kann analog derjenigen von Palladium, jedoch auch mit lysalbinsaurem Natron vorgenommen werden. Würde man mit letzterem Produkte Palladiumpräparate herstellen, so würden die Hydrosole nach einiger Zeit den größten Teil des Palladiums unlöslich abscheiden[1].

Statt des Hydrazinhydrats kann die Reduktion beim Palladiumpräparate auch durch Wasserstoff vollzogen werden, welcher in die auf 60°C erwärmte dunkelbraune Lösung geleitet wird. Wird sodann dialysiert, auf dem Wasserbade eingeengt und in vacuo über Schwefelsäure getrocknet, so gleicht das erhaltene Produkt in bezug auf seine Eigenschaften den durch Reduktion mit Hydrazinhydrat erhaltenen Präparaten; jedoch kann es nicht so hochprozentig gewonnen werden, wie durch Reduktion mittels Hydrazinhydrats[2].

Die festen Palladiumhydrosole lösen sich leicht und reichlich in Wasser. **So gewonnene flüssige Hydrosole vermögen leicht Wasserstoff in größeren Quantitäten zu absorbieren als Palladiummohr.** Während dieses 873 Vol. Wasserstoff aufnimmt, beträgt die Menge des vom flüssigen Hydrosol aufgenommenen Wasserstoffs nach den Versuchen von *Paal* und *Gerum* 926 bis 2952 Volumina[3].

Ein besonderer Vorteil der *Paal*schen Hydrosole besteht darin, daß sie sehr lange nicht nur in konzentrierter Lösung, sondern auch in fester Form haltbar sind. Selbst Präparate, welche im Laufe der Zeit Sauerstoff absorbiert haben, lassen sich durch Reduktion im Wasserstoffstrom wiederum leicht regenerieren. Das Palladiumpräparat ist derart beständig, daß es in konzentrierter Lösung sich längere Zeit auf 100°C erhitzen läßt, ohne in der Wirksamkeit beeinträchtigt zu werden. Obgleich das Palladiumpräparat in fester Form unter der Einwirkung des Wasserstoffs auch in kolloidalen Palladiumwasserstoff übergeht, ist es zu Reduktionszwecken in flüssiger Form am geeignetsten.

Mit Hilfe derartiger kolloidallöslicher Palladiumpräparate vermochten *Paal* und *Roth* an **ungesättigte Fettsäuren und an verschiedene solche Säuren enthaltende natürliche Fette Wasserstoff anzulagern**[4].

---

[1] *Paal* und *Amberger*, Ber. d. Deutsch. Chem. Gesellsch. 1904, S. 124.
[2] *Paal* und *Amberger*, daselbst 1905, S. 1398.
[3] *Paal* und *Gerum*, Ber. d. Deutsch. Chem. Gesellsch. 1908, S. 807.
[4] *Paal* und *Roth*, Ber. d. Deutsch. Chem. Gesellsch. 1908, S. 2282, und 1909, S. 1541.

Zur Reduktion von Ölsäure wurde eine wässerige Lösung von deren leicht löslichem Kaliumsalz unter Zufügung eines Palladiumpräparates mit 61,16 Proz. Pd-Hydrosol in eine geschlossene, mit Wasserstoff gefüllte Schüttel-Vorrichtung gesaugt[1]. Letztere war gasdicht mit einer graduierten, den Verbrauch an Wasserstoff anzeigenden Gasbürette verbunden. Aus dem ablesbaren Verbrauch an Wasserstoff konnte der Fortschritt der Reaktion kontrolliert werden. Die Ölsäure ging ziemlich glatt in Stearinsäure über.

Die Reduktion des Ricinusöls erfolgte in alkoholisch-ätherischer Lösung nahezu glatt. Das Endprodukt begann bei 69° C zu erweichen und war bei 77° C vollkommen geschmolzen. Es war zum Unterschiede vom Ausgangsprodukt in heißem Alkohol schwer löslich, leichter löslich in Äther, Chloroform und Schwefelkohlenstoff[2].

Aus einer alkoholischen Lösung des Ricinusöls resultierte unter Anwendung eines Schüttelapparates bei glatter Wasserstoffanlagerung ein Produkt von 81° C Schmelzpunkt.

Mit Ausnahme des Ricinusöls besitzen die Fette keine Fähigkeit, sich in Alkohol zu lösen. *Paal* und *Roth* stellten daher wässerige Emulsionen unter Verwendung arabischen Gummis her. So z. B. konnte eine Emulsion aus 1 g Olivenöl mit 0,5 g Gummi arabicum und 0,75 g H_2O beliebig mit Wasser verdünnt und erwärmt werden, ohne daß hierbei ein Zusammenfließen der feinsten Öltröpfchen stattfand. Die Absorption von Wasserstoff erfolgt bei Emulsionen in einem Schüttelapparat langsamer als bei absoluten Lösungen. Zur Vollendung der Reaktion ist Erwärmung über die Schmelztemperatur des Endproduktes nötig. Das aus Olivenöl resultierende Fett stellte bei der Jodzahl 0 eine weiße krystallinische Masse vor, welche zwischen 61 bis 68,5° C schmolz. Auffallend war bei diesen Reduktionen der überschüssige Verbrauch an Wasserstoff. Bis zur Jodzahl 9 reduziert, mußte eine dreimal größere als die theoretische, aus der Jodzahl berechnete Menge an Wasserstoff verbraucht werden. — Auch Lebertran, unter analogen Verhältnissen mit Wasserstoff behandelt, erforderte einen Überschuß davon. Das Endprodukt schmolz zwischen 43 und 45° C. Es hatte die Jodzahl 3 und zeigte die auf Lipochrome zurückgeführten Farbenreaktionen nicht mehr.

Interessant sind die Eigenschaften der vollständig reduzierten natürlichen Fette.

Zur vollkommenen Sättigung von Ricinusöl wurde ein in alkoholischer Lösung partiell bis auf Jodzahl 15 gesättigtes Öl in wässeriger Emulsion neuerdings mit Wasserstoff behandelt; es besaß schließlich die Jodzahl 0 und schmolz zwischen 78 bis 81° C. Die harte, spröde, leicht pulverisierbare Masse war geschmacklos und zum Unterschiede vom Ausgangsprodukt leicht

---

[1] Beschreibung und Zeichnung des Apparats, welcher von *Paal* und dessen Schülern benutzt wurde, ist außer in den Originalabhandlungen noch enthalten in *Zsigmondy*, Kolloidchemie, 3. Aufl., S. 196.

[2] Mit Platinschwarz als Katalysator konnten *Grün* und *Woldenberg* die freie Ricinolsäure in ätherischer Lösung nicht reduzieren, wohl aber ging deren Methylester in Oxystearinsäuremethylester über. (Chem. Centralbl. 1909, I, S. 1749.)

löslich in Chloroform und Schwefelkohlenstoff, schwer löslich in Alkohol und Äther.

Crotonöl wurde bei vollständiger Reduktion ein harter Talg vom Schmelzp. 49 bis 51° C. Der brennende Geschmack verschwand. Crotonöl besitzt bekanntlich stark giftige und entzündungserregende Wirkungen, welche von *Kobert* der Crotonölsäure und deren Glycerid zugeschrieben werden. Das mit Wasserstoff vollkommen gesättigte Crotonölprodukt besaß diese Wirkungen nicht mehr. Ein partiell reduziertes Fett von der Jodzahl 5,53 konnte, zu 0,2 g einem Kaninchen eingegeben, noch dessen Tod nach 5 Tagen bewirken.

Sesamöl, bis zur Jodzahl 2 reduziert, war eine weiße, fast geschmacklose Masse mit muscheligem Bruch vom Schmelzp. 65 bis 69° C und zeigte die *Baudoin*sche Reaktion nur sehr schwach. Als mit einer Probe desselben Fettes nach 8 Monaten die Reaktion wiederholt wurde, zeigte sie sich viel lebhafter. Der Grund liegt nach *Paal* und *Roth* darin, daß der reduzierte Träger dieser Reaktion durch den Luftsauerstoff wiederum reoxydiert worden war.

Baumwollsamenöl, bis auf die Jodzahl 0 reduziert, bildete eine nahezu geschmacklose, harte, spröde Masse vom Schmelzp. 57 bis 60° C und gab weder die *Becchi*sche noch die *Halphen*sche Reaktion, selbst nach zehnmonatiger Aufbewahrung nicht. Die Träger dieser Reaktionen wurden daher durch die Reduktion dauernd verändert.

Leinöl (Jodzahl 5,58): Schmelzp. 56 bis 63° C; bis auf die Jodzahl 0 reduziert, stellt es ein hartes, pulverisierbares, weißes Produkt vom Schmelzp. 61 bis 65° C vor.

Reduziertes Butterfett	Jodzahl 0	, Schmelzp. 36 bis 44° C
„ Schweinefett	„ 0	, „ 56 „ 60° C
„ „	„ 0,3	, „ 53 „ 59° C
„ Oleomargarin	„ 1,2	, „ 47 „ 55° C

Aus den Versuchen von *Paal* und *Roth* geht somit hervor, daß die Wasserstoffanlagerung in Gegenwart kolloidalen Palladiums bei niedriger Temperatur und ziemlich glatt möglich ist. Allein eine quantitative Hydrierung war nur selten in einer Operation zu erzielen. Sie erfolgte erst, als die partiell hydrierten Fette nochmals einer Reduktion unterzogen wurden. Die Hydrierung der festen Fette war je nach dem Gelingen der Emulgierung mehr oder minder vollständig, was sich insbesondere bei den festen zu diesem Zwecke über den Schmelzpunkt erhitzten Fetten äußerte. Die Versuche lehrten ferner, daß nicht nur die ungesättigten Fettsäuren und deren Verbindungen hydriert, sondern auch die in natürlichen Fetten enthaltenen unverseifbaren Bestandteile je nach deren Beschaffenheit einer weitgehenden Veränderung unterlagen.

Bemerkenswert ist es ferner, daß *Paal* und *Roth*, wie bereits erwähnt, bei der Hydrogenisation aller Fette stets mehr Wasserstoff verbrauchten, als der nach der spezifischen Jodzahl berechneten Menge entsprach. Der Mehrverbrauch an Wasserstoff war zuweilen sehr erheblich. Dazu kommt, daß hydrierte Fette, welche nach der Theorie keine ungesättigten Fettsäureglyceride mehr enthalten sollten, dennoch Jod addierten. *Paal* und *Roth* nehmen an, daß die Reduktion nicht bei der Aufnahme von Wasserstoff durch ungesättigte Kohlenstoffatome stehenbleibt, sondern daß auch Sauerstoffverbindungen reduziert würden[1].

Um auch in saurer Lösung arbeiten zu können, haben *Skita* und *Paal* statt protalbin- oder lysalbinsauren Natriums zu Reduktionen Leim oder Gummi arabicum als Schutzkolloide für Palladium angewendet. Dabei genügte es, wenn zu der alkoholischen Lösung der zu reduzierenden Substanz z. B. Gummi arabicum und Palladiumchlorür in wässeriger Lösung so weit hinzugefügt wurde, daß noch eine klare Lösung bestand. Wurde sodann Wasserstoff unter mäßigem Druck in ein geschlossenes Schüttelgefäß geleitet, so erfolgte Reduktion des Palladiumchlorürs, die Flüssigkeit wurde schwarz und zeigte lebhafte Wasserstoffaufnahme. Die Reduktion gelang hierbei um so vollkommener, je höher der Partialdruck des einwirkenden Wasserstoffes war.

Eine ungesättigte Verbindung, wie z. B. Ölsäure, wird unter solchen Umständen glatt zu Stearinsäure reduziert[2].

Skita hat auch ein Verfahren angegeben, um Trockenkolloidpräparate ohne protalbin- oder lysalbinsaures Natrium herzustellen. Um solche Kolloide von Palladium- oder Platinhydroxydul zu gewinnen, hat *Skita*[3] die Fällung der entsprechenden Chlorürlösungen mit kohlensaurem

---

[1] *Wieland* weist darauf hin, daß schon *Sabatier* experimentell dargetan habe, daß ein durch feinverteilte Metalle bewirkter katalytischer Vorgang der Wasserstoffaddition bei höherer Temperatur umkehrbar sei. So z. B. bildet sich bei 200° aus Äthylen in Gegenwart von Ni und Wasserstoff Äthan, welches bei 250 bis 300° wieder in die Ausgangsprodukte zerfällt. Auch Cu bewirkt bei höheren Temperaturen Dehydrierung (*Ipatiew*), und die gleiche Reaktion mit Pd wurde an aromatischen und hydroaromatischen Verbindungen von *Knoevenagel* und von *Zelinsky* studiert. *Wieland* nimmt an, daß in vielen Fällen die H-Aufnahme mit äquivalenten Mengen nur bis zu einem Gleichgewichte fortschreitet, welches bei großer Wasserstoffkonzentration gegen die völlige Hydrierung hin verschoben ist. Insbesondere die bei gewöhnlicher Temperatur stattfindenden Wasserstoffadditionen durch Pd und Pt hält er für umkehrbar. Er findet diese Annahme begründet in der Dehydrierung von Hydrochinon zu Chinon durch sauerstofffreies Palladiumschwarz und darin, daß durch Vermehrung des Palladiums die Ausbeute an Chinon gesteigert werden kann. Analoge Dehydrierungen konnten auch an Kohlenwasserstoffverbindungen, z. B. an Dihydronaphthalin, Dihydroanthracen usw., bewirkt werden (Ber. d. Deutsch. chem. Gesellsch. 1912, S. 485). Bei den Versuchen von *Paal* und *Roth* ist die Ursache der schwierigen Enthydrierung, der erhöhten Wasserstoffaufnahme, sowie die Jodaufnahme der hydrierten Endprodukte möglicherweise auf die vorbeschriebenen Umstände zurückzuführen. Hervorgehoben sei, daß *Erdmann* und *Bedford* ihre Methode der Wasserstoffanlagerung zu einer quantitativen Reaktion, der „Wasserstoffzahl" ausgestalten konnten (Dissert. l. c. und Ber. d. Deutsch. chem. Gesellsch. 1909, S. 1324).

[2] D. R. P. 230 724 v. 29. April 1909.

[3] Engl. Patent 16 283 v. 15. Juli 1913. Vgl. auch Vortrag *Skitas* in der chem. Gesellsch. Karlsruhe vom 24. Mai 1913 und dessen Bericht in der Chem.-Zeitung.

Natron in Gegenwart von Gummi arabicum vorgenommen. Diese kolloide Lösung gibt bei vorsichtigem Eindampfen Lamellen, welche mit neutralem und angesäuertem Wasser wiederum kolloide Lösungen bilden und sich durch Schütteln mit Wasserstoff zu kolloiden säurebeständigen Lösungen von metallischem Platin oder Palladium reduzieren lassen, welche auch nach dem Eindampfen kolloidales Lösungsvermögen für Wasser zeigen. Man kann ferner nach *Skita* haltbare metallische Palladium- oder Platinkolloidlösungen aus den wässerigen entsprechenden Salzlösungen durch Einleiten von Wasserstoff gewinnen, wenn man diese Salzlösungen nach Zusatz von Gummi arabicum mit entsprechenden kolloidalen Metallösungen impft.

Der Vorzug derart gewonnener Präparate besteht in ihrer großen katalytischen Aktivität gegenüber Wasserstoff in bezug auf die Kohlenstoffdoppelbindungen.

Um Fett zu hydrogenisieren, genügt die Anwesenheit einer kolloidalen Lösung, die etwa 0,1 Proz. vom Reduktionsgut an Palladiumhydroxydul enthält, falls Wasserstoff unter 7 Atm. Druck bei 60°C eingeleitet wird.

Ferner hat *Skita* auch gezeigt, daß die Wasserstoffanlagerung an ungesättigten Kohlenstoff bei Anwesenheit von Salzsäure selbst in einer klaren Lösung von Palladiumchlorür glatt verkaufen kann, so daß hierdurch Schutzkolloide überhaupt entbehrlich werden. *Skita* erklärt den Reduktionsvorgang in Gegenwart von Wasserstoff und Salzsäure durch das Gleichgewicht in der Reduktion von Palladiumchlorür zu Palladiumwasserstoff, welches so lange, als noch reduzierbare Substanz vorhanden ist, bestehen bleibt. Nach Vollendung der Reduktion fällt das Palladium aus. Tatsächlich lassen sich auch Ölsäure, Olivenöl usw. auf diese Weise vollständig hydrogenisieren.

Skita und *Böhringer & Söhne* haben sich die Behandlung ungesättigter Verbindungen mit Wasserstoff unter Druck in Gegenwart eines Katalysators der Platingruppe schützen lassen. Werden beispielsweise 250 Teile Ricinusöl mit 5 Teilen einer 1 proz. wässerigen Lösung von Palladiumchlorür versetzt und in einem Autoklaven bei 70°C mit Wasserstoff unter 4 Atm. Druck behandelt, so ist nach $2\frac{1}{2}$ Stunden das Ricinusöl in eine feste Masse umgewandelt[1].

C. Paal hat die passivierende Wirkung verschiedener Metalle in bezug auf die Aktivität des nach seiner Methode hergestellten kolloidalen Palladiums studiert[2]; insbesondere hat er in Gemeinschaft mit *A. Karl* untersucht, ob palladinierte Pulver der Metalle Magnesium, Aluminium, Eisen, Nickel, Kobalt, Kupfer, Zink, Silber, Zinn und Blei befähigt seien, gasförmigen Wasserstoff zu aktivieren.

Die Palladinierung erfolgte durch Digestion mit sauren Palladiumchlorürlösungen, die Prüfung auf die Aktivität durch zweckmäßige Behandlung eines flüssigen, ungesättigten Esters (Tran, Baumwollsamenöl) mit Wasserstoff

---

[1] Amer. Patent 1 063 746 v. 3. Juni 1913; vgl. auch Französ. Patent 447 420 vom 20. August 1912 von *Skita*.

[2] *C. Paal*, Ber. d. Deutsch. Chem. Gesellsch. 1911, S. 1013; vgl. über negative Katalyse: *Woker*, „Die Katalyse".

unter Einfluß der Pulver. Das Ergebnis war, daß von den 10 angewandten Pulvern nur Magnesium, Nickel und Kobalt ohne Einfluß auf die katalytische Wirkung des auf ihnen niedergeschlagenen Palladiums auf Wasserstoffüberträger war. Alle übrigen Metalle wirkten antikatalytisch.

Weiter untersuchten *Paal* und *Karl* die Wirkung von Metalloxyden auf Palladium als Katalysator[1], wobei Bleicarbonat, Cadmiumcarbonat, Zinkoxyd, Zinkcarbonat, Eisenhydroxyd, Aluminiumhydroxyd und Magnesiumoxyd in der Weise mit Palladium überzogen wurden, daß die genannten pulverförmigen Verbindungen mit Palladochlorid in wässeriger, schwachsäurer Lösung bei einer 40 bis 50° C nicht übersteigenden Temperatur behandelt wurden. Das hierdurch gefällte Palladiumhydroxydul schlug sich auf den Teilen des Pulvers als dünne, fest haftende Schicht nieder. Nach Auswaschen und Trocknen in vacuo zeigten die Pulver infolge des Überzugs mit Palladiumhydroxydul bräunlichgelbe Farbe. Um letzteres in metallisches Palladium überzuführen, wurden die Pulver in einem geeigneten Schüttelgefäß durch Wasserstoff reduziert. Die Härtung eines flüssigen Fettes mit Wasserstoff unter Anwendung der beschriebenen Pulver als Katalysatoren ergab, daß palladiniertes basisches Bleicarbonat die katalytische Wirkung des Palladiums vernichtet; palladiniertes Cadmiumcarbonat, ebensolches Zinkoxyd, Zinkcarbonat, Eisenhydroxyd und Aluminiumhydroxyd sind bei gewöhnlichem Druck gar nicht oder nur in geringem Grade befähigt, Wasserstoff auf ungesättigte organische Verbindungen zu übertragen; hingegen findet schwache Wasserstoffaktivierung bei Überdruck und erhöhter Temperatur statt. Bei palladiniertem Magnesiumoxyd verläuft der Prozeß energischer als beim Metall. Demnach besteht zwischen dem pro- und antikatalytischen Verhalten der Metalle und demjenigen ihrer Verbindungen gegenüber Palladium ein Parallelismus.

Das Bestreben, die Arbeiten *Paals* technisch zu verwerten, führte zur Anmeldung des D. R. P. 236 488 (v. 6. August 1910[2]). In der Patentschrift sind zunächst die Gründe angegeben, welche eine Anwendung in der dargelegten Ausführungsform hindern. — Vor allem steht der Anwendung des kolloidalen Palladiums dessen hoher Preis im Wege, insbesondere weil dieses durch die Prozeduren zur Isolierung der Reduktionsprodukte nach jeder Hydrogenisation in die unwirksame Gelform übergeht. Sodann müßten für die Reduktion die Fette mittels arabischen Gummis und Wasser emulgiert, die ungesättigten Fettsäuren aber in Form ihrer Alkalisalze in wässerige Lösungen übergeführt werden, was für größere Quantitäten des Ausgangsmaterials sehr große Flüssigkeitsmengen bedingt. Das immerhin kostspielige Gummi arabicum läßt sich durch andere, billigere Mittel, z. B. Seifen- oder Saponinlösungen, nicht ersetzen, weil die damit hergestellten Fettemulsionen durch Palladiumsol und Wasserstoff nicht reduziert werden. Die Wiedergewinnung des Gummi arabicum ist aber zu umständlich.

---

[1] *Paal* und *Karl*, Ber. d. Deutsch. Chem. Gesellsch. 1913, S. 3069.
[2] Von *C. Paal* an die *Vereinigten Werke in Charlottenburg* übertragen, weiterhin übergegangen an die *Naamloze Vennootschap Ant. Jurgens A. G.*

Das bereits erwähnte Verfahren der *Vereinigten chem. Werke A.-G.* vermeidet diese Übelstände dadurch, daß fein verteiltes Palladium, welches auf indifferente, nicht antikatalytisch wirkende Stoffe niedergeschlagen ist, als Katalysator dient. Dies wird durch Einwirkung wässeriger Palladiumsalzlösungen auf wässerige Suspensionen fein verteilter, nicht antikatalytisch wirkender Metalle, Metalloxyde, Carbonate, unlösliche Salze, Kieselgur, Holzmehl usw. erreicht. Die Präparate können auch durch geeignete Umsetzung der Palladiumsalze mit nicht antikalytischen Metalloxyden oder Salzen und nachherige Reduktion gewonnen werden.

Zur Reduktion der Fette und ungesättigten Fettsäuren werden die Palladium enthaltenden Katalysatoren mit dem Reduktionsgut vermischt; dieses wird sodann bei Luftabschluß unter Rühren mit Wasserstoff, eventuell unter Druck und Erwärmen bis zur Erschöpfung der Reaktion behandelt. Weiterhin wird das Reduktionsprodukt vom Katalysator abfiltriert, wonach letzterer ohne weiteres von neuem verwendbar ist.

Die Dauer der Operation hängt vom ungesättigten Charakter der Fettsäuren, von der speziellen Natur der Fette, von der Menge des Katalysators, vom Druck und von der Temperatur, unter welcher der Wasserstoff zur Einwirkung gelangt, ab. Jedenfalls ist die notwendige Katalysatormenge sehr gering, da in der gedachten Form schon 1 Teil Palladium genügt, um 100 000 Teile Fett oder ungesättigte Fettsäuren in wenigen Stunden vollständig mit Wasserstoff zu sättigen.

Wasserstoff kann mit diesem Katalysator auch ohne Druck zur Verwendung gelangen. Soll jedoch die Reduktionsdauer abgekürzt werden, so ist es zweckmäßig, den Wasserstoff unter einem Druck von 2 bis 3 Atm. anzuwenden.

Als Katalysatorgifte[1] für Palladium sind erkannt worden: Arsen und dessen Verbindungen, Phosphorwasserstoff, Schwefelwasserstoff, freie Mineralsäuren, flüssige Kohlenwasserstoffe, Chloroform, Aceton, Schwefelkohlenstoff.

Zur Reduktion ungesättigter Fettsäuren sollen als Katalysatoren nur solche Palladiumpräparate verwendet werden, welche durch Fettsäuren nicht angegriffen werden. Derartige Präparate lassen sich beispielsweise durch Umsetzung einer Mischung von Bariumchlorid und Palladochlorid mit Natriumsulfat unter Zugabe von alkalischem Hydroxylamin oder Hydrazin als Reduktionsmittel bereiten, oder durch das auf Kieselgur oder Holzmehl niedergeschlagene Palladium.

Während der Reduktion gelangen in feiner Verteilung Partikelchen des Katalysators in das reduzierte Produkt, welche vom Filter nicht zurückgehalten werden. Sie können folgendermaßen wiedergewonnen werden: Das Reduktionsprodukt wird mit wenig verdünnter Salzsäure, in der man etwas Tonerde gelöst hat, kurze Zeit unter kräftigem Rühren erwärmt. Aluminiumchlorid und Salzsäure bewirken als starke Elektrolyte eine Ausflockung der im Fett verteilten Katalysatorpartikelchen; gleichzeitig löst die Salzsäure den größten Teil des ausgeflockten Palladiums. Durch Waschen mit Wasser

---

[1] Vgl. die Note S. 128 über negative Katalysatoren und auch *Zsigmondy*, Kolloidchemie.

und nachfolgendes Filtrieren des Reduktionsproduktes werden die ausgeflockten Teilchen von letzterem getrennt. Aus der salzsauren Lösung muß das Palladium durch geeignete Methoden wiedergewonnen werden.

Wenngleich Palladium unter allen Metallen der Platingruppe die ausgesprochenste Neigung besitzt, Wasserstoff zu absorbieren, war mit Rücksicht auf die bereits vor sich gegangenen Experimentaluntersuchungen zu vermuten, daß sich auch Platin als Katalysator für technische Reduktionen eignen würde. Das nach *Löw* hergestellte Platinschwarz liefert indessen nicht nur geringe Ausbeuten, sondern dessen katalytische Wirkung hört auch nach einmaliger Verwendung vollkommen auf. Dazu kommt, daß der für die Verwendung von Platin als solchem notwendige Preis unerschwinglich wäre. Es trat daher auch hier die Notwendigkeit auf, das Platin auf anderen Metallen zu verteilen. Um nun den Einfluß verschiedener Metalle und deren Verbindungen auf die Aktivität des Platins als Wasserstoffüberträger zu studieren, erprobten *C. Paal* und *E. Windisch* Magnesium, Aluminium, Eisen, Nickel, Kobalt, Kupfer, Zink, Silber, Zinn, Blei und Wismut, ferner Magnesiumoxyd, Magnesiumcarbonat, basisches Bleicarbonat und basisches Wismutnitrat als Pulver. Die Metallpulver wurden behufs Platinierung mit einer Platinchloridchlorwasserstofflösung geschüttelt. Die Metallverbindungen wurden ebenso behandelt, dabei die Reduktion zu Platin jedoch mit Sodalösung und Hydrazinhydrat bei 40 bis 50°C bewirkt. Um die Aktivität der Pulver festzustellen, wurde Baumwollsamenöl mit Wasserstoff gehärtet. Eisen, Kupfer, Zink, Silber, Zinn und Blei hoben die wasserstoffaktivierende Wirkung des Platins gänzlich auf, Magnesium und Nickel beeinflussen diese Wirkung nicht, Aluminium, Kobalt und Wismut schwächen die aktivierende Wirkung ab; Magnesiumoxyd und Magnesiumcarbonat sind ohne Einfluß auf die wasserstoffaktivierende Wirkung des Platins. Bleicarbonat und Wismutnitrat passivierten das Platin fast vollständig[1].

Im D. R. P. 256 500 (v. 27. Januar 1911) der *Naamloze Vennotschap „Ant. Jurgens Vereenigde Fabrieken"* ist nun das technisch ausgearbeitete Verfahren wiedergegeben, um auch Platinkatalysatoren von außerordentlicher Wirksamkeit herzustellen, so daß ein Teil Platin imstande ist, 50 000 Teile Fett oder Fettsäuren zu härten[2]. Wenngleich auch Iridium, Rhodium, Ruthenium oder Osmium verwendet werden können, hat sich dennoch Platin und Platinhydroxydul am wirksamsten erwiesen. Die Katalysatoren werden auf einem Metall, das nicht antikatalytisch ist, oder einem indifferenten Stoff niedergeschlagen.

Um Platinhydroxydul herzustellen, werden in Wasser unlösliche feinverteilte Metalloxyde, Carbonate oder tertiäre Phosphate mit wässerigen Lösungen von Platinosalzen bei gelinder Wärme digeriert. Um gleichzeitig Katalysatoren von großer Oberflächenentwicklung herzustellen, reibt man indifferente Stoffe mit den Platinosalzlösungen zu einem Brei an und behandelt

---

[1] *Paal* und *Windisch*, Ber. d. Deutsch. Chem. Gesellsch. 1913, S. 4010.
[2] Vgl. auch Amerik. Patent 1 023 753 v. 16. April 1912 von *Paal* und *Crosfield*.

diesen sodann z. B. mit warmer Sodalösung, wodurch eine Fällung des Platins als Hydroxydul bewirkt wird. Die mit Platinhydroxydul erzeugten Katalysatoren steigern nach einmaliger Benutzung im Reduktionsprozesse ihre Wirksamkeit.

Zur näheren Erläuterung dienen folgende Beispiele: 100 Teile präcipitiertes Magnesiumoxyd, Magnesiumcarbonat oder Calciumcarbonat werden in 500 Teilen Wasser suspendiert und mit einer möglichst wenig sauren wässerigen Lösung von 2,9 Teilen Platinchlorür (entsprechend 2 Teilen Pt) in je 400 Teilen Wasser digeriert. Die Umsetzungen erfolgen gemäß den Gleichungen:

$$MgO + PtCl_2 + H_2O = Pt(OH)_2 + MgCl_2$$

und

$$CaCO_3 + PtCl_2 + H_2O = Pt(OH)_2C + CaCl_2 + CO_2.$$

Das Platinhydroxydul schlägt sich auf dem überschüssigen Oxyd bzw. Carbonat nieder.

Mit indifferentem Träger wird der Katalysator erhalten, wenn 100 Teile ausgeglühter Kieselgur oder gereinigtes Holzmehl mit einer Lösung von 5,8 Teilen Platinchlorür (entsprechend 4 Teilen Pt) in 500 Teilen Wasser verrührt und mit 800 Teilen einer warmen zweiprozentigen Sodalösung digeriert werden, wodurch die Umsetzung analog den obigen Gleichungen erfolgt.

Oder 100 Teile Bariumsulfat, feinst gepulvertes Talkum oder Kohlenpulver werden mit einer Lösung von 2,9 Teilen Platinchlorür in 70 bzw. 150 Teilen Wasser verrührt, worauf die Mischungen mit 400 Teilen warmer zweiprozentiger Sodalösung digeriert werden.

Alle diese Präparate werden nach beendigter Fällung filtriert, mit Wasser gewaschen und unter 100° C getrocknet.

Die Hydrogenisierung erfolgt mit solchen Katalysatoren in gleicher Weise wie bei der Verwendung von Palladium. Nach Trennung des Katalysators vom Reduktionsprodukte in geeigneten Filtern ist dieser ohne weiteres von neuem verwendbar. Die Reduktionsgeschwindigkeit hängt vom Druck und der Temperatur, unter welchen der Wasserstoff einwirkt, ab. Ersterer soll etwa 2 bis 3 Atmosphären betragen, obgleich man auch ohne Überdruck befriedigende Resultate erzielen kann. Die Reaktionstemperatur ist jedenfalls oberhalb des Erstarrungspunktes der Endprodukte zu halten und beträgt am besten 60° C. Katalysatorgifte sind Arsen-, Phosphor-, Schwefelverbindungen, freie Mineralsäuren, flüssige Kohlenwasserstoffe, Chloroform, Aceton u. dgl.

Zur Reduktion von 1000 kg Ricinusöl braucht nicht mehr als 1 kg eines 2 Proz. Platin oder Platinhydroxydul enthaltenden Katalysators zur Anwendung zu kommen.

Analog dem Palladiumverfahren ist es zweckmäßig, zur Reduktion ungesättigter Fettsäuren das aus einer Mischung von Bariumchlorid und Platinchlorid durch Umsetzen mit Natriumsulfat unter Zugabe von alkalischem Hydroxylamin oder Hydrazin erhaltene Präparat, oder das auf Calciumcarbonat, Kieselgur oder Holzmehl niedergeschlagene Platin bzw. Platinhydroxydul zu verwenden. Auch bezüglich der während des Prozesses in das Produkt gelangenden Partikelchen des Katalysatorträgers ist ein Verfahren analog dem beim Palladium geschilderten anzuwenden.

Die Reduktion von Fetten und Fettsäuren durch Wasserstoff kann auch mittels fester Salze der Platinmetalle, wie Palladiumchlorür, Platinchlorür, Platinchlorid usw., als Katalysatoren durchgeführt werden. Ebenso sind komplexe Verbindungen dieser Metalle, wie Platinchlorwasserstoffsäure usw. und deren Salze, hierzu geeignet[1].

---

[1] D. R. P. 260 885 v. 3. Februar 1911, erteilt der *Naamlooze Vennootschap „Ant. Jurgens V. F."*. Vgl. auch Österr. Patent 68 691 v. 1. November 1914 (*Georg Schicht A. G.*).

Auch bei den Doppelsalzen dürfen nicht antikatalytisch wirkende Stoffe, z. B. Blei, in das Reduktionsgemisch gelangen. Zur Ausführung werden die Salze in Pulverform mit dem Reduktionsgut verrieben. Der Wasserstoff wirkt unter einem Druck von wenigen Atmosphären unter 100° C ein. Die Reduktion ist in kurzer Zeit vollendet. Während der Reduktion zerfallen die Salze der Platinmetalle wahrscheinlich in Metall und freie Säure.

$$PdCl_2 + 2H = Pd + 2HCl.$$

Dort, wo letztere schädlich wirkt, kann man zur Neutralisation derselben den gepulverten Platinmetallsalzen wasserfreie Soda in hinreichender Menge zufügen. Jedenfalls ist zur Vermeidung der Bildung von Metallhydroxyd Abwesenheit von Wasser erforderlich.

Daß die festen Salze der Platinmetalle die Reduktionsgeschwindigkeit günstiger beeinflussen als Palladiumschwarz oder Platinschwarz von gleichem Platinmetallgehalt, ist durch Versuche festgestellt worden. Durch 1,7 Teile $PdCl_2$ (= 1 Teil Pd) werden 10 000 Teile Fett oder Fettsäure in Gegenwart von Wasserstoff in 3 bis 4 Stunden in feste Massen verwandelt. Bei Anwendung von Palladiumschwarz in einem Verhältnis von 1 Teil Pd zu 10 000 Teilen Fett oder Fettsäuren bleiben diese Stoffe selbst im doppelten und dreifachen Zeitraume flüssig.

Immerhin ist die Reduktionsdauer von der Menge der angewandten Metallsalze sowie vom Druck des Wasserstoffs abhängig. Trockenes Palladiumchlorid vermag unter geeigneten Umständen mit der 1 Teil Pd entsprechenden Menge etwa 50 000 Teile Fett oder ungesättigte Fettsäure zu hydrogenisieren.

Um aus Ricinusöl oder Ölsäure feste Produkte zu erhalten, werden zu 1000 kg Ricinusöl oder zu 1000 kg Ölsäure 34 g Palladiumchlorür (= 20 g Pd) oder 140 g Platinchlorür (= 100 g Pt) oder 172 g Platinchlorid oder 230 g Platinchlorwasserstoffsäure im trockenen, pulverförmigen Zustand, ohne oder unter Zusatz der diesen Salzen äquivalenten Menge wasserfreier Soda, gegeben. Das Gemisch wird in einen Druckkessel gebracht, worauf nach Entfernung der Luft Wasserstoff unter einem Druck von 2 bis 3 Atmosphären eintritt. Durch Rührwerk wird das Fett in Bewegung erhalten. Die Temperatur ist auf 80° C zu bringen. Der Verlauf der Reaktion wird durch die Druckabnahme am Manometer kontrolliert und geleitet. In dem Maße, als Wasserstoff absorbiert wird, läßt man von neuem Wasserstoff ein. Das Ende des Prozesses ist an der Konstanz des Gasdrucks zu erkennen. Die Trennung des Katalysators vom Reduktionsprodukt erfolgt in einer heizbaren Filterpresse.

Nach dem D. R. P. 272 340[1] haben sich im Gegensatz zur Sauerstoffkatalyse bei der Wasserstoffkatalyse die üblichen Kontaktmetalle in zusammenhängender Form katalytisch nicht bewährt. Anders ist es beim Palladium. Dieses kann als zusammenhängendes Metall, in der Form von Blechschnitzeln, als Überzug auf geeigneten Trägern, ähnlich den in der Keramik ausgeführten Metallüberzügen, benutzt werden, um eine glatte Angliederung des Wasserstoffs an ungesättigte Körper zu bewirken.

Der Vorteil des Verfahrens besteht in der leichten Trennung der Kontaktsubstanz von dem Reaktionsprodukt und in ihrer leichten Regenerierung,

---

[1] Erteilt der *Naamlooze Vennootschap „Ant. Jurgens V. F."*.

welche durch einfaches Ausglühen erfolgt. Weiterhin verliert die Kontaktsubstanz bei der Aufbewahrung nicht so sehr an katalytischer Wirksamkeit.

Die Operation wird in einem heizbaren aufrechten oder geneigten, innen mit Palladium überzogenen Rohr ausgeführt, das mit locker aufgerollten Palladiumschnitzeln oder mit Körpern, welche den gleichen metallischen Überzug besitzen, gefüllt ist. Das Reduktionsgut und der Wasserstoff treten von oben ein, während der Innenraum des Gefäßes auf eine Temperatur von 100 bis 170° C gebracht wird. Das Öl fließt völlig oder teilweise mit Wasserstoff gesättigt unten ab. Der Prozeß kann kontinuierlich vor sich gehen, wenn man dafür Sorge trägt, daß Öl und Wasserstoff in Reaktionsverhältnis zueinander treten.

Das Verfahren kann hauptsächlich angewandt werden, um schwer zu sättigende Fettkörper einer Vorbehandlung zu unterziehen, insbesondere dann, wenn Katalysatorgifte und andere Schädlichkeiten, welche der raschen Hydrogenisierung entgegenstehen, beseitigt werden sollen. Die vorbehandelten Fettsubstanzen werden bei einer nachfolgenden Behandlung mittels fein verteiltem Katalysator rasch vollständig mit Wasserstoff gesättigt, wobei der Nickelkatalysator wenig angegriffen wird und länger wirksam bleibt. —

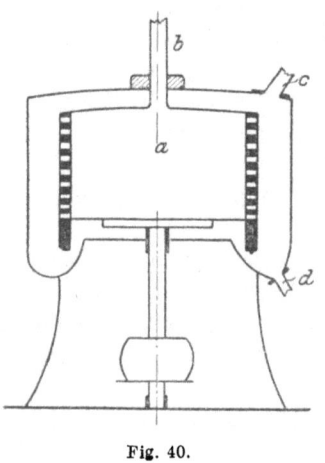

Fig. 40.

Um die Härtung der Fette durch Wasserstoff und Palladium in ununterbrochenem Betriebe durchführen zu können, hat die *H. Schlink & Co. A.-G.* in Hamburg ein Verfahren ausgearbeitet, welches durch die Beschreibung des D. R. P. 252 023 v. 31. Januar 1911 bekannt wurde[1].

Hiernach wird das Öl in dünnster Schicht bei möglichst niedriger Temperatur, zwischen 50 bis 110° C liegend, über den Palladiumkontaktkörper in Gegenwart von Wasserstoff, gegebenenfalls unter Druck durch eine Zentrifuge, geführt. (Fig. 40).

Der technische Prozeß selbst wird folgendermaßen geschildert: Das Öl und der Wasserstoff werden in die oben geschlossene, heizbare Zentrifugentrommel a durch das Zuflußrohr b eingeführt. In der zylindrischen Wandung der Trommel a sind Öffnungen angeordnet, in welchen die lockere, mit niedergeschlagenem Palladium bedeckte Kontaktsubstanz so angeordnet ist, daß sie bei der Schleuderbewegung der Trommel das Öl nach außen durchtreten läßt, aber einen Reibungswiderstand für dasselbe bietet.

Das auf Asbest oder porösem Material fein verteilte niedergeschlagene Palladium wird in den Öffnungen mittels Drahtgitter dergestalt befestigt, daß feine Kanäle, durch welche das Öl und das Gas hindurchtreten können, frei bleiben. Auch an der Seitenwandung der Trommel selbst kann Kontaktsubstanz angeordnet werden; auch diese bietet bei der Schleuderbewegung einen Reibungswiderstand für den Inhalt. Die Trommel ist mit einem Doppelmantel umgeben, welcher eine Ausgangsöffnung c für den Wasserstoff und eine Ausflußöffnung d für das Öl bzw. für das flüssige Fett hat. — Die Zentrifuge

---

[1] Vgl. auch Engl. Patent 8447/1911 und Amer. Patent 1 097 456 v. 19. Mai 1914 von *C. H. Maryott, Dallas*, und Österr. Patent 61 087 v. 1. April 1913 der *Georg Schicht A. G.*

Reduktion ungesättigter Fettsäuren und ihrer Glyceride mittels Katalyse. 113

wird durch Dampf geheizt, welcher in ihren Doppelmantel geleitet wird; die Höhe der Temperatur in ihrem Innern kann durch entsprechenden Ein- und Austritt des Dampfes geregelt werden. — Das Öl, welches in die Trommel a gelangt, wird durch Schleuderbewegung durch die Seitenwandung der Trommel hindurchgetrieben, und hier, wo das Öl in dünnster Schicht ausgebreitet ist, gleichzeitig auch einen nicht unerheblichen Reibungswiderstand findet, geht die Reaktion mit dem Wasserstoff in schnellster Weise vor sich. Das Öl bzw. Fett fließt dann durch d ab und wird, je nach dem Grade, in welchem die Härtung des Öles erreicht werden soll, ein oder mehrere Male durch Pumpen in die Trommel zurückgeführt. Der Wasserstoff, welcher je nach Bedarf unter Druck eingeführt wird und bei c wieder entweicht, wird ebenfalls in die Trommel a zurückgeführt.

Das Verfahren kann auch so ausgeführt werden, daß eine Reihe solcher Schleudertrommeln hintereinander angeordnet wird, so daß ein regelmäßiges Fortschreiten des Härtungsprozesses in den aufeinanderfolgenden Trommeln stattfindet. Zweckmäßig findet der Zufluß des Öles und die Schaltung der Trommeln so statt, daß die hintersten die wirksamste Kontaktsubstanz besitzen. Durch Regelung der Schleuderbewegung bzw. durch Anordnung einer größeren oder geringeren Zahl der Schleudervorrichtungen wird das Verfahren derart eingerichtet, daß bei dem Ausgang aus der letzten Schleudertrommel der erwünschte Grad der Härtung erreicht ist.

Besonders ist bei diesem Prozeß Sesamöl zur Härtung geeignet. Es ist dabei nicht notwendig, daß der Wasserstoff unter Druck steht.

Weiterhin wurde ein Verfahren zum Hydrieren organischer Verbindungen durch Wasserstoff mittels Metallen der Platingruppe von *C. Mannich* und *E. Thiele* bekannt[1]. Sie verwenden statt der auf indifferente Träger niedergeschlagenen Palladiumverbindungen Metalle der Platingruppe und als Träger Tierkohle. Diese soll auf den Reduktionsprozeß infolge ihres großen Aufnahmevermögens für Wasserstoff fördernd einwirken.

F. Lehmann berichtet über Hydrogenisierungsversuche mit einem Katalysator aus Osmiumdioxyd[2]. Fügt man zu einem Öle oder zu ungesättigten Fettsäuren Osmiumtetroxyd und erhitzt sonach das Öl, bis sich weiße Dämpfe zeigen, so geht das Tetroxyd in Dioxyd über. Die gleiche Reduktion findet statt, wenn man während des Durchleitens von Wasserstoff das mit dem Tetroxyd versetzte Öl erwärmt. Auf jeden Fall wird während des Durchleitens von Wasserstoff unter normalem Druck durch ein das Osmiumdioxyd enthaltendes Öl Wasserstoff an die Doppelbindung angelagert; das Osmiumdioxyd bildet eine kolloidale Lösung, welche durch Tierkohle zurückgewonnen werden kann.

Demgegenüber behaupten *Normann* und *Schick*[3], daß Osmiumtetroxyd schon durch das Öl selbst zu Osmiummetall reduziert wird und nur dieses, nicht aber das Osmiumdioxyd, als Katalysator wirke.

Die *Badische Anilin- und Sodafabrik* ließ sich ein Verfahren schützen, welches alle Arten von Kontaktstoffen wirksamer machen soll. Nach der Patentschrift werden die dafür erforderlichen Kontaktmassen durch Einwirkung von Verbindungen der betreffenden Kontaktmetalle auf unlösliche, basenaustauschende Verbindungen und gegebenenfalls geeignete Nachbehandlung (Erhitzung, Reduktion oder dgl.) dargestellt. Hierbei ist es nicht erforder-

---

[1] D. P. A. v. 21. Dezember 1912.
[2] *Lehmann*, Arch. f. Pharm. 1913 (251), S. 152.
[3] *Normann* und *Schick*, Arch. f. Pharm. 1914.

lich, daß bei der Herstellung des zu verwendenden Katalysators ein unmittelbarer Basenaustausch wirklich erfolge, sondern es kann die Einwirkung bzw. Behandlung auch lediglich durch Tränken, Überziehen und dgl. mit dem einzuführenden Metall bzw. der Metallverbindung erfolgen.

Es lassen sich auf diese Weise die verschiedensten Kontaktverfahren, wie Hydrogenisationen, Reduktionen oder Oxydationen usw., unter Verwendung beliebiger, für das betreffende Verfahren jeweils geeigneter Kontaktstoffe durchführen.

Insbesondere Permutit (z. B. ein Präparat von der Zusammensetzung $3\,SiO_2 \cdot Al_2O_3\,Na_2O + H_2O$) wird als basenaustauschende Verbindung ins Auge gefaßt. Die zit. Patentschrift liefert einige Beispiele für die Herstellung solcher Katalysatormassen.

So werden 100 Teile käuflicher Natriumpermutit in Körnern in der Kälte oder Wärme mit einer schwach salzsauren Lösung von 0,1 bis 0,5 Teilen Palladiumchlorür digeriert, bis die Lösung sich entfärbt hat. Hierauf wird ausgewaschen, getrocknet und gegebenenfalls, z. B. bei schwach erhöhter Temperatur, mit Wasserstoff reduziert. Die so erhaltene Kontaktmasse kann man auf die sonst übliche Weise ohne weiteres oder nach erfolgter Pulverisierung z. B. für die Hydrogenisation oder Dehydrogenisation organischer Verbindungen verwenden, wobei im ersteren Falle für Flüssigkeiten das Rieselverfahren mit Vorteil Anwendung finden kann. An Stelle von Permutit kann man auch andere basenaustauschende Silikate, z. B. natürliche Zeolithe, oder andere unlösliche basenaustauschende Salze oder Doppelsalze, wie z. B. geeignete Phosphate oder Borate, verwenden.

Oder Permutit wird einige Male mit 10 proz. Nickelnitratlösung jeweils mit nachfolgendem Auswaschen in der Wärme behandelt, wobei ein Austausch von Natrium gegen Nickel erfolgt, und die so gewonnene, z. B. etwa 10 % Nickel enthaltende körnige Masse getrocknet und mit Wasserstoff bei 300 bis 400° reduziert. Mittels dieser Kontaktmasse lassen sich Öle hydrogenisieren.

Auch natürlicher oder künstlicher Zeolith, der mehr oder weniger entwässert sein kann, wird mit Lösungen von Platinchlorid, Kaliumosmat, Kaliumruthenat oder dgl. getränkt; man trocknet und erhitzt, z. B. unter Wasserstoffzufuhr, wobei gegebenenfalls nachträglich ein Auswaschen der löslichen Stoffe erfolgen kann.

Diese Kontaktmasse kann für katalytische Reduktionen, Oxydationen usw. verwendet werden.

Reduktion ungesättigter Fettsäuren unter Einfluß von Bor und von Alkali.

Einen von allen üblichen abweichenden Katalysator haben *H. Schlinck & Cie.* sowie *A. Hildesheimer* versucht. Sie benutzen Bor oder Aluminiumborid und schreiben die Ursache der wasserstoffanlagernden Wirkung dieser Substanzen einer intermediären Bildung von BH_3 zu. Als besonderer Vorteil dieses Verfahrens wird von den Erfindern die leicht durch Filtration zu bewirkende Rückgewinnung des Katalysators hervorgehoben.

Daß außer der Vermittlung erprobter Katalysatormetalle sich auch unter anderen Umständen Wasserstoff an ungesättigte Fettsäuren anlagern läßt, geht aus einer Mitteilung von Dr. *Bergius* hervor, nach welcher es ihm gelang, Ölsäure in Gegenwart von Alkali und Wasserstoff bei 300° C und unter einem

---

[1] Oesterr. Patent 72 523 v. 1. September 1915.
[2] D. P. A. 41 408 v. 6. Juli 1912.

Druck von 30 Atm. glatt in stearinsaures Natron überzuführen[1]. Es bleibe ferner nicht unerwähnt, daß die *Ölverwertung G. m. b. H.* in Aken mit der Hydrogenisierung gleichzeitig die Veresterung der freien Fettsäuren des Rohfettes mit Glycerin sich schützen ließ[2].

Die Verwendung technischer Gase.

Bei den Fetthärtungsprozessen wird fast ausnahmslos sehr reiner Wasserstoff angewendet, da die industriellen Gase Verunreinigungen, z. B. Schwefelwasserstoff, Schwefelkohlenstoff usw. enthalten, welche die katalytische Aktivität bald paralysieren würden. *Bedford* und *Williams* ließen sich ein Verfahren schützen, wonach auch allgemein technische wasserstoffhaltige Gase zu Reduktionen benutzt werden können[3]. Das Verfahren besteht darin, daß das Gas soweit abgekühlt wird, daß sich die Verunreinigungen in fester Form ausscheiden und keine Dampftension mehr besitzen.

Man wählt dazu zweckmäßig die leicht zugängliche Temperatur der flüssigen Luft (— 190° C), da es sich herausgestellt hat, daß nur eine derartig tiefe Temperatur völlige Gewißheit bietet, daß das betreffende Gas andauernd von den letzten Spuren von Verunreinigungen befreit wird. Es genügt, das vorher in geeigneter Weise von Kohlensäure befreite Gas durch eine Schlange zu leiten, die in einem Bade von flüssigem Sauerstoff oder flüssigem Stickstoff oder in flüssiger Luft liegt. Es kann auch ein Apparat dazu verwendet werden, wie er zum Trennen von Stickstoff und Sauerstoff durch Verflüssigung und fraktionierte Destillation nach einer der bekannten Methoden benutzt wird.

Dieses Verfahren wird zur Umwandlung von Ölsäure in Stearinsäure folgendermaßen angewendet:

Wassergas z. B. wird in einen Gasbehälter geleitet. Aus diesem wird das ungereinigte Wassergas vermittelst einer Pumpe durch zwei, gelöschten Kalk auf durchlöcherten Platten enthaltende Türme und von dort durch einen dritten, Chlorkalzium enthaltenden und die Entfernung des Kohlendioxyds aus dem Gas bewirkenden Turm gesaugt. Eine von dem durch alle drei Reinigungstürme geleiteten Gas entnommene Probe trübt Barytlösung nicht und färbt Bleiacetatpapier nicht braun. Leitet man jedoch dieses Gas über erhitztes, fein zerteiltes Nickel, dann zeigt es sich, daß die vorgenommene Reinigung des Gases gänzlich ungenügend ist, da auch die kleinsten Spuren von den die Verunreinigungen bildenden Schwefelverbindungen in dem Gas ausreichen, um die katalytische Wirkung des Nickels in kurzer Zeit aufzuheben. Das teilweise gereinigte Gas wird deshalb durch die bereits erwähnte Pumpe aus dem dritten Turm durch geeignete Leitungen in einen Verflüssigungsapparat von bekannter Konstruktion geleitet, woselbst unter Anwendung einer Temperatur von

---

[1] *Bergius*, Zeitschr. f. angew. Chemie 1914, I, S. 524.
[2] *Ölverwertung G. m. b. H.* in Aken, Österr. Patent 67 061 v. 27. August 1912. Bg. 15. Januar 1913.
[3] Österr. Patent 55 438 v. 1. April 1912.

ungefähr —190° C sämtliche die Verunreinigungen bildenden Schwefelverbindungen in fester und eine geringe oder gar keine Dampfspannung besitzender Form ausgeschieden werden. Es bleiben somit sämtliche schädlichen Verunreinigungen in dem Verflüssigungsapparat zurück, und das auf diese Weise von seinen Verunreinigungen befreite industrielle Gas wird entweder unvermischt oder vermischt mit Wasserstoff, der ebenfalls durch Abkühlung von seinen Verunreinigungen befreit worden ist, zusammen mit der durch Destillation gereinigten Ölsäure ununterbrochen mit fein zerteiltem, erhitztem Nickel oder einem sonstigen Katalysator in Berührung gebracht, was eine ununterbrochene Erzeugung von Stearinsäure zur Folge hat. Zu diesem Zwecke wird die gereinigte Ölsäure in einen, fein verteiltes Nickel enthaltenden, zweckmäßig durch ein Ölbad oder dgl. auf eine Temperatur von 200° erhitzten Turm geleitet, woselbst die Ölsäure beispielsweise vermittelst einer Düse in fein zerstäubtem Zustand auf das Nickel gespritzt wird, während das gereinigte, gegebenenfalls mit Wasserstoff vermischte industrielle Gas durch eine Leitung in den geheizten Turm eintritt. Der obere Teil dieses Turmes steht vermittelst einer weiteren Leitung mit einem Behälter, in welchem ein teilweises Vakuum vermittelst einer Vakuumpumpe aufrechterhalten wird, in Verbindung. Ferner wird zweckmäßig eine Kühlvorrichtung, (z. B. eine in einem Wasserbehälter angeordnete Schlange) zwischen den Vakuumbehälter und den geheizten Turm geschaltet.

Die Eigenschaften der gehärteten Fette.

Durch die Anlagerung von Wasserstoff an die ungesättigten Fettsäuren erfahren die natürlichen Öle und Fette eine weitgehende Veränderung in bezug auf physikalische und chemische Eigenschaften.

Die Konsistenz der Fette ist von der Menge der darin enthaltenen flüssigen, also hauptsächlich ungesättigten Fettsäuren abhängig und läßt sich mithin durch Wasserstoffanlagerung abändern. Die je nach der Konsistenz in ihren Eigenschaften variierenden hydrogenisierten Fette verhalten sich bei ihrer Verwendung zur Seifenfabrikation jedoch nicht ganz wie die entsprechenden halbfesten und festen Fette. Je vollkommener die Hydrierung ist, um so härter fallen die Seifen aus, um so geringer ist die zum Aussalzen notwendige Salzmenge[1]. Andererseits steht die Schaumfähigkeit bis zu einem gewissen Grade im umgekehrten Verhältnis zur Härte der Seifen, so daß der Verwendung harter Fette in dieser Hinsicht Grenzen gezogen sind. Die hydrierten Fette werden mit verschiedenem Titer erzeugt und gehandelt. So z. B. zeigten die *Germaniawerke* folgende Sorten an, die sie aus Tran herstellten:

Analysendaten	Talgol	Talgol extra	Candelite	Candelite extra
Jodzahl	65 bis 70	45 bis 55	15 bis 20	5 bis 10
Verseifungszahl	192	192	192	192
Schmelzpunkt	35 bis 37°	42 bis 45°	48 bis 50°	50 bis 52°

---

[1] *Crosfield and Sons* haben sich die Verwendung hydrierter Öle zur Seifenherstellung schützen lassen (z. B. Engl. Patent 13 042/1907; Französ. Patent 378 528) und gaben

Ferner kamen in den Handel: Linolith aus Leinöl, Schmelzp. 45 bis 55°, Coryptol aus Ricinusöl, Schmelzp. 80° usw.

Es hat sich nun gezeigt, daß Seifen, aus hydrierten Fetten hergestellt, schwerer schäumen als solche aus Talg, selbst bei gleicher Jodzahl. Die Ursache ist einerseits darin gelegen, daß die Jodzahl kein ausreichendes Maß für die Identität chemischer Zusammensetzung komplizierter Gemenge verschiedener Fettelemente ist, andererseits darin, daß die Hydrogenisierung, abgesehen von der Wasserstoffanlagerung, tiefgreifende Veränderungen in der Zusammensetzung des Reduktionsgutes hervorrufen kann. Eben darauf dürfte auch die Wahrnehmung muffiger Gerüche, welche vom Trangeruch verschieden sind, bei Seifen aus hydrierten Fetten zurückzuführen sein. Die Seifensieder haben indessen bald gelernt, das neue Produkt zu verwenden, indem sie dessen Menge als Zusatz zu natürlichen Fettsäuren beschränkten (auf 30 bis 40 Proz.) und durch längeres Sieden den Geruch beseitigten, evtl. ihn durch Riechstoffe verdeckten[1].

---

als Vorteil die Möglichkeit an, den so hergestellten Seifen einen größeren Harzzusatz einverleiben zu können.

[1] Vgl. hierzu *Ribot*, Seifensieder-Ztg. 1913, S. 142; ferner ibid. 1913, S. 334. Jodzahl und Verseifungszahl usw., wie überhaupt alle Konstanten der Fettanalyse geben nur mittlere Werte an, welche gleich sein können, wenn auch Exzesse nach oben oder unten hin bei einem der Vergleichsmaterialien auftreten. Im Tran, welcher das Rohmaterial für die oben gekennzeichneten Produkte lieferte, werden wahrscheinlich ungesättigte Fettsäuren mit höherer Kohlenstoffanzahl als C_{18} in gesättigte umgewandelt. Dazu kommen Umstände, welche meist außer acht gelassen werden, nämlich Dehydrierung, veranlaßt durch den Nickelkatalysator, und hoher Druck, unter welchem die Reaktion bei gleichzeitiger hoher Temperatur verläuft. Die flüssigen Fettsäuren, welche noch in hydrierten Fetten vorhanden sind, müssen nicht als unverändert aufgefaßt werden. Ihre Doppelbindung kann durch Hydrierung und Dehydrierung verschoben sein, so daß sie als Seifen andere als die üblichen physikalischen Eigenschaften aufweisen. Der hohe Druck muß sich bei der Operation mit Fettsäuren unbedingt bemerkbar machen. Geht doch Stearinsäure schon bei gewöhnlichem Druck und Destillationstemperatur teilweise in Stearon und Paraffin über! Ob der Druck auch auf Fette Einfluß übt, ist experimentell noch nicht bewiesen, läßt sich aber vermuten. Auf gleiche Ursachen kann der eigenartige Geruch beim Sieden hydrierter Fette zurückgeführt werden.

Daß hydrierte Fette eine wesentlich niedrigere Glycerinausbeute geben sollen als natürliche, wurde zwar behauptet, ist aber wenig glaubhaft. (Vgl. hierzu Seifenfabrikant 1913, Seifensieder-Ztg. 1912, Nr. 39 u. ibid. 1913, Nr. 40.)

Die chemische Veränderung des Fettes beim Hydrierungsprozesse macht sich zuweilen auch bei der Verarbeitung zu Kerzenmaterial bemerkbar. Je nach Rohmaterial und fertigem Produkt werden verschiedenartige Beobachtungen mitgeteilt. Teilweise ist die gewonnene Fettsäure weniger krystallinisch (*Luksch*, Seifensieder-Ztg. 1912, Nr. 39). teilweise aber allen Anforderungen entsprechend (*Müller*, Seifensieder-Ztg. 1913, S. 40 und 1914, Nr. 1; vgl. auch ibid. 1913, Nr. 40; *Dubovitz*, ibid. 1913, Nr. 40; 1914, Nr. 41). Wenn darauf hingewiesen wurde, daß manche Fettsäuren zu dunkel sind, um ohne Destillation verwendet werden zu können (*Gärth*, Seifensieder-Ztg. 1912, Nr. 39), so ist nicht außer acht zu lassen, daß in hydrierten Fetten erheblicher Eisengehalt nachgewiesen wurde. Über die Technik der Fetthärtung siehe auch *George Vié*, Ind. chim. 6, 364. Über einen zweckmäßigen Apparat, um die Hydrogenisierung von Fetten bei 9 Atm. Druck ausführen zu können, siehe Chem. Centralbl. 1916 I, 592.

In die Stearinkerzenindustrie haben sich die hydrogenisierten Fette nicht so rasch Eingang verschafft wie in die Seifenindustrie. Es stand dort keine rechte Rentabilität in Aussicht, falls die Glyceride als solche verwendet wurden. Allmählich findet die Härtung flüssiger Fettsäuren mit zunehmender Ausbreitung des Verfahrens auch in die Kerzenindustrie allgemeine Eingang.

Die Hydrogenisierung von Speiseölen hat dazu geführt, in großem Maßstabe aus Cottonöl halbfeste bis feste Fette zu gewinnen. Um Schmalzkonsistenz zu erzielen, genügt die Anlagerung von weniger als 1 Proz. Wasserstoff. Ein solches Fett, das den Schmelzpunkt von 35 bis 40° C aufweist, wird in Amerika statt eines Kunstschmalzes verwendet, das sonst aus Cottonöl und Cottonstearin hergestellt wird oder auch lediglich aus letzterem besteht. Härtere hydrogenisierte Sorten können, mit raffiniertem Cottonöl gemischt, zum gleichen Zwecke verwendet werden.

Aus den Jodzahlen der flüssigen Fettsäuren schließt *Bömer*, daß diese Säuren nicht gleichmäßig gesättigt werden, sondern daß die Sättigung der mehrfach ungesättigten Säuren, also der Linolsäure, Linolensäure usw., rascher als diejenige der Ölsäure erfolgt. Dagegen sind *Marcusson* und *Meyerheim* der Ansicht, daß mehrfach ungesättigte Säuren neben hydrierter Ölsäure bestehen bleiben können.

Die gehärteten Öle, welche je nach dem Härtungsgrade weich bis mittelhart sind, können demnach dem Schweineschmalz, dem Rinds- oder Hammeltalg ähnlich sehen.

Tsujimoto hat bekanntlich nachgewiesen, daß der Geruch der Trane von einer ungesättigten Säure $C_{18}H_{27}O_2$ herrührt. Sobald diese zu ihrer Sättigung noch 8 Wasserstoffatome benötigende Clupanodonsäure gesättigt ist, verschwindet deren charakteristischer eigentümlicher Geruch und Geschmack[1].

Die gehärteten Öle zeigen ferner infolge der Sättigung ihrer ungesättigten Fettsäuren eine Erniedrigung der Refraktionszahl, ebenso vermindert die Hydrogenisation von Ölen deren Jodzahl; hingegen steigen Schmelzpunkt und Dichte mit Zunahme der Wasserstoffanlagerung.

Die Änderung der Refraktion und des Schmelzpunktes ist aus der nachfolgenden Tabelle, welche auf Beobachtungen von *Carleton Ellis*[2] beruht, ersichtlich:

Refraktion bei 55° C	(*Abbe*-Refraktion),		Schmelzp. °C.
	Ursprüngl. Öl	Hydrogenis. Prod.	
Maisöl	1,4615	1,4514	55,7
Waltran	1,4603	1,4550	41,5
Sojabohnenöl	1,4617	1,4538	50,3
Cocosfett	1,4429	1,4425	24,7
Leinöl	1,4730	1,4610	42,3
Palmöl	1,4523	1,4517	38,7
Palmöl	1,4523	1,4494	44,8
Erdnußöl	1,4567	1,4547	34,7

---

[1] J. D. *Riedel* A. G. haben die Clupanodonsäure zu Stearinsäure katalytisch reduziert (Chem. Centralbl. 1914, I).

[2] Journ. Ind. Eng. chem. 1914 [6], Nr. 2; Seifensieder-Zeitung 1914, Nr. 10.

Cholesterin $C_{27}H_{46}O$ wird nach Versuchen von *Willstätter* und *Mayer* in Dihydrocholesterin $C_{27}H_{48}O$ umgewandelt, welches die charakteristischen Farbenreaktionen nicht mehr gibt. Wie *Bömer*[1] nachwies, erleiden die Phytosterine der vegetabilischen Fette beim Härtungsprozeß keine Veränderung, was um so überraschender ist, als diese Verbindungen ungesättigter Natur sind. Aus der nachfolgenden Tabelle ist ersichtlich, daß sowohl Krystallform und Schmelzpunkt der Sterine selbst wie auch der Schmelzpunkt ihrer Acetate vollkommen erhalten bleiben:

Gehalt an Sterinen		Krystallform	Schmelzp. (korr.) Alkohol	Acetat
Erdnußöl	0,4 Proz.	⎫ Typische Krystall-	132,0°	128,6°
Sesamöl	1,9 „	⎬ formen der Phyto-	138,7°	128,5°
Baumwollsaatöl	1,6 „	⎭ sterine	137,9°	126,3°
Waltran	0,2 „	—	149,7°	—

Bömer erklärt daher die Phytosterinacetatprobe als zulänglich für die Erkennung von Pflanzenprodukten als solche oder in Beimengung von tierischen Fetten. Dagegen konnten *Marcusson* und *Meyerheim* in solchen Produkten, welche bei höherer Temperatur hydrogenisiert worden waren, eine Verringerung des Steringehaltes und deren chemischer Beeinflussung durch das Digitoninverfahren feststellen[2].

Die *Halphen*sche Reaktion fällt bei gehärtetem Baumwollsaatöl negativ aus, die *Hauchecorn*sche Reaktion bleibt unbeeinflußt, während die *Baudouin*sche Reaktion beim Sesamöl auffallend stark eintritt[3].

Ein von *Auerbach* untersuchtes gehärtetes Sesamöl (Schmelzp. 52° C, Jodzahl 33) zeigte die *Baudouin*sche Reaktion besonders stark[4], während ein gehärtetes Baumwollsamenöl die *Halphen*sche Reaktion nicht mehr zeigte[5].

Im allgemeinen wird bei der Hydrogenisation die *Baudouin*sche Reaktion nicht beeinflußt, die *Becchi*sche Reaktion nimmt mit zunehmender Wasserstoffanlagerung ab, die *Halphen*sche Reaktion verliert sich schon mit beginnender Reduktion.

Selbstverständlich versagen auch diejenigen Reaktionen, welche auf der Sättigungsavidität ungesättigter Fettsäuren oder Alkohole beruhen, wie z. B. die Bromanlagerung je nach dem Grade der Sättigung teilweise oder ganz.

Bei gehärteten Fetten, welche äußerlich dem Schweineschmalz oder dem Hammeltalg ähnlich sind, kann es vorkommen, daß auch die üblichen analytischen Konstanten irreführen. *Bömer* untersuchte gehärtete Erdnußöle und ein gehärtetes Sesamöl, die in ihren analytischen Konstanten mit Aus-

---

[1] *Bömer*, Vortrag auf der 11. Hauptvers. d. Nahrungsmittelchem.
[2] Zeitschr. f. angew. Chemie 1914, **27**, I, 201; Ztschr. Unters. Nahrungsm. 24, 104.
[3] *Bömer* und *Leschly-Hansen*, Zeitschr. f. Unters. d. Nahrungs- u. Genußmittel 1912, S. 104.
[4] *Auerbach*, Chem. Zeitung 1913, Nr. 30.
[5] Daselbst.

nahme der *Polenske*schen Differenzzahlen nicht vom Schweinefett, ferner Waltrane, welche nicht vom Hammel- und Rindstalge zu unterscheiden waren. Bei letzteren stimmten sogar die *Polenske*schen Differenzzahlen überein.

Grimme prüfte 5 proz. Lösungen gehärteter Trane in einem Gemisch gleicher Teile Benzin und Xylol in bezug auf ihre Farbreaktionen. Es zeigte sich, daß die Farbreaktionen im Verlauf der Härtung zwar bestehen bleiben, jedoch mit deren Zunahme zurückgehen. In gehärteten Fetten läßt sich ein Trangehalt durch die Reaktion mit Jod und Schwefelsäure feststellen, wenn man 1 cm³ konzentrierte Schwefelsäure, 1 Tropfen Jodtinktur zu 5 cm³ der Benzinxylollösung gibt und durchschüttelt. Die Fettlösung färbt sich violettrot[1].

Nickelgehalt der Speiseöle. Weitaus die größte Menge der Öle wird mittels Nickelkatalysatoren hydrogenisiert. Dabei sind Lösungen des Nickels im Öle schwer zu vermeiden. *Bömer*[2] behandelte diese Frage vom hygienischen Standpunkte aus und stellte den Grundsatz auf, daß die Speisefette kein Nickel enthalten dürfen, weder im Öle gelöst noch suspendiertes. *Prall* erklärte, daß Nickel nur dann gelöst werde, wenn die behandelten Öle viel freie Fettsäuren enthielten. Jedoch genügt erfahrungsgemäß bereits 0,61 Proz. freie Säure, um nachweisbare Nickelmengen zu lösen[3]. Ein Walöl mit der letztgenannten Menge an freien Fettsäuren enthielt 0,0045 Proz. Nickeloxyd, ein gehärtetes Sesamöl mit 2,58 Proz. freier Fettsäure ergab 0,0060 Proz. Nickeloxyd. Nach Ansicht von *Ellis* wären Fette mit solchem Nickelgehalt nicht tolerierbar[4]. Er verwirft überhaupt für Speisezwecke die Verwendung von Katalysatoren, die Nickeloxyd darstellen oder solches in mehr als Spuren enthalten, da Nickeloxyd mit Säuren zu Nickelseifen reagiert, was bei Nickel selbst nicht der Fall sei. Die einmal gelösten Nickelseifen seien aber sehr schwer aus dem Fette zu entfernen. Nach *Auerbach*[5] enthalten die gehärteten Fette nur $2/_{1000000}$ Proz. an Nickel, welche Menge für die Genußfähigkeit nicht weiter in Betracht kommt.

Lehmann hat mit sechs Mustern von gehärtetem Baumwollsamen-, Erdnuß- und Sesamöl Versuche angestellt und Nickelgehalte von nicht mehr als 0,00001 bis 0,00006 Proz. darin gefunden[6]. Solche Mengen hält er auch auf Grund angestellter Versuche an Menschen und Tieren für absolut unschädlich. Zu ähnlichen Schlüssen gelangt *Offerdahl*[7].

---

[1] *Grimme*, Chem. Revue über d. Fett- u. Harzindustrie 1913, S. 155.

[2] Vortrag auf der 11. Hauptvers. d. Nahrungsmittelchem., vgl. Zeitschr. f. Unters. d. Nahrungs- u. Genußmittel in Berlin 1912, Heft 1 u. 2, S. 104.

[3] Vortrag auf der 11. Hauptvers. d. Nahrungsmittelchem., vgl. Zeitschr. f. Unters. d. Nahrungs- u. Genußmittel in Berlin 1912, Heft 1 u. 2, S. 104.

[4] Vortr. in d. New-York Sect. d. Soc. of chem. Ind. v. 22. November 1912 aus Journ. of Soc. Chem. Ind.; auch Seifensieder-Zeitung 1913, Nr. 6.

[5] Chem.-Ztg. 1913, Nr. 30.

[6] Chem.-Ztg. 1914, Nr. 38, S. 798.

[7] Zeitschr. f. angew. Chemie 1914, Nr. 27. Über die gehärteten Fette in der Ernährung vgl. auch *Bordas*, Annales des falsifications 12; 225.

Nachweis des Nickels in gehärteten Fetten nach *Prall*[1]: 100 bis 200 g Fett werden in einer Platinschale verascht, indem man das Fett nach und nach in der Schale wegbrennt und den Rückstand glüht. Die Asche wird mit 3 bis 5 cm³ salzsäurehaltigem Wasser (5 bis 10 Tropfen Salzsäure) aufgenommen, etwas erhitzt, um den größten Teil der überschüssigen Salzsäure zu entfernen, und dann mit Ammoniak übersättigt. Das Ganze bleibt einige Stunden stehen; es scheiden sich Eisen und Aluminium ab und werden durch Filtrieren entfernt. Das Filtrat wird in einer kleinen Porzellanschale zur Trockne verdampft und der Rückstand zuerst mit Ammoniak und dann mit alkoholischer Dimethylglyoximlösung betupft. Auch bei sehr geringen Mengen von Nickel (0,1 bis 0,001 mg) in 100 g Fett soll noch deutliche Rotfärbung auftreten.

Nach den Beobachtungen desselben Experimentators können jedoch auch manche frisch gepreßten Öle beim Behandeln mit Salzsäure und direkter Prüfung mit Dimethylglyoxonlösung und Ammoniak eine Rotfärbung zeigen, wenngleich Nickel darin nicht vorhanden war.

Weitere Vorschläge wurden erstattet von *Knapp*[2], *Kerr*[3], *Schönfeld*[4], *Brunck*[5], *Grimme*[6], *Lehmann*[7].

W. Normann und *E. Hugel* untersuchten eine größere Anzahl für Speisezwecke hergestellte Fette auf ihren Nickelgehalt[8]. Es wurden je 200 g Fett in einer Quarzschale verascht; die Asche wurde mit Salzsäure aufgenommen, die Lösung mit Ammoniak übersättigt, vom ausgeschiedenen Niederschlag (Fe, Al, Ca) abfiltriert und eingedampft. Zum Verdampfungsrückstand wurde 1 cm³ *Tschugaeff*sches Reagens und nötigenfalls Ammoniak zugesetzt; eine eintretende Rosafärbung zeigte Nickel an. Zur quantitativen Bestimmung wurde der Rückstand in 100 cm³ Wasser gelöst und die Färbung mit einer Lösung von Nickelchlorid bekannten Gehalts, der ebenfalls 1 cm³ des *Tschugaeff*schen Reagens auf 100 cm¹ zugesetzt waren, verglichen. Zur Erzielung eines konstanten Farbentones blieben Untersuchungs- und Vergleichslösung über Nacht stehen. Auf diese Weise wurden gefunden in 1 kg gehärteten Baumwollsamenöls Nickelmengen von 0,02 bis 0,2 mg; in 1 kg gehärtetem Palmkernöl Nickelmengen von 0,01 bis 0,15 mg. — *Normann* und *Hugel* führen weiter aus, daß die Nickelgehalte dieser Fette nur Tausendstel derjenigen ausmachen, welche durch in Nickelgeschirren hergestellte Speisen in diese gelangen und sich bisher als harmlos erwiesen haben. — Die in tech-

---

[1] Zeitschr. f. Unters. d. Nahrungs- u. Genußmittel 1912, Heft 2, und Zeitschr. f. angew. Chemie 1915, Nr. 8 u. 9.
[2] The Analyst 1913, p. 102.
[3] Journ. Ind. Eng. Chem. 1914, Nr. 3.
[4] Seifensieder-Zeitung 1914, Nr. 32.
[5] Zeitschr. f. angew. Chemie 1914, Nr. 27.
[6] Chem. Revue 1913, Nr. 20.
[7] Chem.-Ztg. 1914, Nr. 38.
[8] Halbmonatsschrift f. d. Margarineindustrie (Düsseldorf 1913), Nr. 17.

nischen **Fetten** aus Tranen hergestellten von den Verfassern gefundenen Nickelmengen bewegen sich in je 1 kg innerhalb 1,2 bis 3,3 mg. Aus Baumwollsamenöl hergestelltes technisches Fett enthielt pro kg 0,85 mg Nickel [1].

In großem Maßstabe wird **Ricinusöl** gehärtet. Das Endprodukt besitzt einen Schmelzpunkt von 80° C und eine Jodzahl 9. Die Hydroxylgruppe ist auch in diesem Fette nachweisbar; es ist in Alkohol schwerer löslich als Ricinusöl, in Petroläther unlöslich. Das Produkt ist hart, spröde und dient in der Elektrizitätsindustrie als Isoliermaterial [2]. Nach *Gärth* läßt sich die Seife daraus leicht gewinnen, ist unempfindlich gegen Salze ähnlich wie Cocosseife, fest und spröde, aber von geringer Schaumkraft. Von ihm ermittelte Zahlen eines hydrogenisierten Ricinusöles sind: Schmelzp. der Fettsäuren 68° C, Schmelzp. des Fettes 70° C, Verseifungszahl 183,5, Jodzahl 4,8, Acetylzahl 153,5, Acetylsäurezahl 143,1. Danach würde die Acetylzahl unverändert bleiben [3]; nach *Normann* und *Hagel* sinkt jedoch die Acetylzahl [4].

Aus gehärtetem Ricinusöl kann ein katalytisches **Fettspaltungsmittel** erzeugt werden. Zu diesem Zwecke wird es zu gleichen Teilen mit Naphthalin gemischt und zu dem Gemenge das doppelte Quantum an Schwefelsäure von 66° Bé unter Einhaltung einer Temperatur unter 20° C zugerührt; nach dem Eingießen in Wasser scheidet sich eine Ölschicht ab, welche nunmehr filtriert zur Anwendung kommt. Fett mit $^1/_3$ seines Gewichtes Wasser und 0,2 Proz. dieses Präparates durch 6 bis 8 Stunden der Dampfbehandlung unterworfen, unterliegt nahezu vollständiger Spaltung [5]. Dieses Präparat kommt unter dem Namen „Pfeilringspalter" in den Handel.

Unterwirft man **Wollfett** der Behandlung mit Wasserstoff unter Druck in Gegenwart katalytischer Substanzen, so erhält das Produkt dadurch eine festere Konsistenz. *C. Ellis* hat sich dieses Verfahren in den Vereinigten Staaten Nordamerikas patentieren lassen [6].

Hydrogenisierte Fette eignen sich nach dem Dargelegten sowohl zur Kerzen- und Seifenfabrikation, als auch zur Speisefettherstellung [7]. Eine Ausnahme von

---

[1] Über den Nachweis gehärteter Öle durch Präparation der Arachinsäure mittels fraktionierter Fällung der Bleisalze siehe *H. Kreis* und *E. Roth*, Chem.-Ztg. 1913, S. 81; Zeitschr. f. Unters. d. Nahrungs- und Genußmittel 1913 (25). Ferner *W. Normann* und *E. Hugel*, Chem.-Ztg. 1913, S. 815. Über die analytischen Erkennungsmerkmale gehärteter Fette vgl. auch *J. Prescher*, Zeitschr. f. Unters. d. Nahrungs- und Genußmittel 30; 357 bis 361.

[2] *Auerbach*, Chem.-Ztg. 1913, Nr. 30.

[3] Seifensieder-Zeitung 1912, Nr. 39 u. 49.

[4] Vgl. auch *C. Ellis*, Journ. Ind. Eng. Chem. 1914 [6], Nr. 2, und Seifensieder-Zeitung 1914, Nr. 10. Vgl. weiter Chem. Revue 1912, Nr. 19; Chem.-Ztg. 1913, S. 815.

[5] Engl. Patent 749 v. 10. Januar 1912, *Vereinigte Chem.-Werke A.-G.*

[6] Amer. Patent 1 086 357 v. 10. Februar 1914.

[7] Vgl. *Leimdörfer*, Seifensieder-Zeitung 1913, Nr. 49. Danach könnte die Ursache, warum hydrogenisierte Fette von den natürlichen abweichen, zunächst darin liegen, daß zu diesem Prozesse hauptsächlich minderwertige Fette verwendet werden, um den Nutzen möglichst günstig zu gestalten. Somit wäre die Verschiedenheit des Verhaltens den im Fette enthaltenen Verunreinigungen zuzuschreiben, welche selbst mithydriert werden können. In Gegenwart des Katalysators könnte sodann das gesättigte Fett wiederum einer Spaltung unterliegen, jedenfalls veränderlich sein.

letztgenannter Verwendungsart macht der hydrogenisierte Tran, welcher für Speisezwecke deshalb in den meisten Kulturstaaten untauglich ist, weil deren Nahrungsmittelgesetze bei Herstellung von Speisefetten ein hygienisch einwandfreies Rohmaterial verlangen, beim Tran aber keine Kontrolle darüber besteht, daß nicht auch eingegangene Tiere zur Ausschlachtung gelangten. Übrigens lassen sich die festen hydrogenisierten Trane ebensowenig wie Preßtalg, vielleicht noch weniger als dieser zur einwandfreien Herstellung von Margarinebutter und Margarineschmalz verwenden. *Klimont* und *Mayer* haben nachgewiesen, daß die dem Oleomargarin eigentümlichen gemischten, ölsäurehaltigen Glyceride nicht künstlich durch Vermengen hydrogenisierten Trans mit flüssigen Ölen nachgeahmt werden können[1]. Anderseits ist keine Gewähr dafür vorhanden, daß überhaupt Gemenge von starren Fetten mit Öl ebenso leicht verdaut werden, wie die gekennzeichneten gemischten Glyceride; während der Schmelzpunkt letzterer unter der Körperwärme liegt und einheitlich ist, schmelzen Gemenge unter allen Umständen innerhalb eines erheblichen Temperaturintervalls, das bei der gleichen Konsistenz, wie sie Oleomargarine besitzt, über die Körperwärme hinausreichen kann. Der mitunter beim Genusse von Margarineprodukten fühlbare fettige Überzug des Gaumens und des Magens rührt immer von schlecht ausgepreßtem Oleomargarin, das eben noch hochschmelzenden Preßtalg enthält, her. Nicht anders würde es beim Zusatze von gehärtetem Tran sein, welcher diejenigen Bestandteile ersetzen würde, welche eben durch das Auspressen des Talgs bei der Herstellung des Oleomargarins **entfernt** werden sollen.

Über die Eigenschaften der gehärteten Fette hat *F. H. van Leent* eingehende Untersuchungen angestellt. Es hat sich dabei herausgestellt, daß die von *Klimont* und *Mayer*[2] angegebene Methode, die Fette aus Aceton auskrystallisieren zu lassen, einen Anhaltspunkt für das Verhältnis zwischen hoch- und niedrigschmelzenden Fettanteilen ergibt, aus welchen die Qualität der Fette beurteilt werden kann. *Buttenberg* und *Angerhausen* erklären auf Grund ihrer Versuche, gehärteten Tran in Fettprodukten aufzufinden, das Verfahren von *Klimont* und *Mayer* als ein solches, welches zu diesem Zwecke benützt werden kann[3]. *Kurt Brauer* hat nachgewiesen, daß gehärtete Fette Wasser wesentlich stärker zu binden vermögen, als gewöhnliche Fette, weshalb erstere zur Margarinefabrikation gerne herangezogen werden[4].

Aus den Arbeiten von *C. Paal* und *Karl Roth*[5], welche eine ganze Anzahl von natürlichen Fetten partiell und komplett reduzierten, ergibt sich nachstehende Tabelle der Eigenschaften dieser Produkte:

---

[1] *Klimont* und *Mayer*, Zeitschr. f. angew. Chemie 1914, S. 645.
[2] *Klimont* und *Mayer* l. c.
[3] *F. H. van Leet*, Chem. Centralbl. 1916 II, 526. *Buttenberg* und *Angerhausen*, Zeitschr. f. Unters. d. Nahrungsm. 38, 199 u. f.; Chem. Centralbl. 1920 II, 148.
[4] *Brauer*, Über die Versuche und deren Ergebnisse vgl. Zeitschr. f. öffentl. Chemie 22, 209 u. f. Während des Krieges wurde in Deutschland und Österreich nur Margarine aus gehärteten vegetabilischen Ölen hergestellt, wobei die Streckung mit Wasser wesentlich in Betracht kam.
[5] Ber. d. Chem. Gesellsch. 1908, **41**, 2282 u. 1909, **42**, 1541.

Name des Ausgangsproduktes	Jodzahl	Beginn des Schmelzens für das Endprodukt	Ende des Schmelzens für das Endprodukt	Eigenschaften des Endproduktes
Olivenöl	8	43	47	hart, fest.
Olivenöl	0	61	68,5	weiße, krystallinisch, pulverisierbar.
Crotonöl	4,8	44	48	rotbraun, hart.
Crotonöl	15,26	39	42	
Crotonöl	0	49	81	
Crotonöl	5,53	44	48	
Ricinusöl....	0,65	69	77	spröde, hart, krystallinisch.
Ricinusöl....	15	68	71	spröde, krystallinisch.
Ricinusöl....	0	78	81	hart, pulverisierbar, krystallinisch.
Sesamöl	4,2	59	69	gelblich, spröde.
Sesamöl	0	65	69	weiß, spröde.
Cottonöl	1,9	56	60	gelblichweiß, spröde.
Cottonöl	0	57	60	hart, spröde.
Butterfett ...	0	36	44	hart, weiß, spröde.
Butterfett ...	0	41	42	weiß, talgig.
Butterfett ...	13,6	39,5	41	
Leinöl	5,58	56	63	hart, weiß.
Leinöl	0	61	65	hart, weiß, pulverisierbar.
Schweinefett ..	0,3	53	59	hart, weiß, talgig.
Schweinefett ..	0	56	60	hart, weiß, zerreiblich.
Oleomargarine .	1,2	47	55	weiß, spröde, krystallinisch.
Lebertran ...	3	43	45	hart, fest.

Bömer hat in Gemeinschaft mit *Leschly-Hansen* gehärtete Öle untersucht; die Ergebnisse sind in den nachfolgenden Tabellen mitgeteilt[1]:

Bezeichnung der Öle bzw. Fette	Aussehen (Farbe und Konsistenz)	Schmelzpunkt °C	Erstarrungspunkt °C	Differenzzahl	Refraktometergrade bei 40°	Säurezahl	Verseifungszahl	Jodzahl
		n. *Polenske* bestimmt						
Gambia- Erdnußöl ⎰ Rohöl ..	gelb, flüssig.....	—	—	—	56,8	1,1	191,1	84,4
⎱ gehärtet .	weiß, talgartig ...	51,2	36,5	14,7	50,1	1,0	188,7	47,4
Gambia- ⎰ weich ..	⎰ weiß, schmalzartig ⎱	44,2	30,2	14,0	52,3	1,3	188,3	56,5
Erdnußöl, ⎨ mittel ..		46,1	32,1	14,0	50,5	0,9	188,4	54,1
gehärtet ⎱ hart ...	weiß, talgartig ...	53,5	38,8	14,7	49,0	1,2	189,0	42,2
Erdnußöl	weiß, schmalzartig..	43,7	27,7	14,0	51,7	2,3	191,6	61,1
Sesamöl, gehärtet ..	weiß, schmalzartig..	47,8	33,4	14,4	51,5	0,5	190,6	54,8
Desgleichen, technisches	weiß, talgartig ...	62,1	45,3	16,8	(38,4)[2]	4,7	188,9	25,4
Baumwollsaatöl ...	hellgelb, schmalzartig[1]	38,5	25,4	13,1	53,8	0,6	195,7	69,7
Cocosfett . ⎰ natürlich .	weiß, weich	25,6	20,4	5,2	37,4	0,3	255,6	11,8
⎱ gehärtet .	weiß, schmalzartig..	44,5	27,7	16,8	35,9	0,4	254,1	1,0
Waltran, gehärtet ..	weiß, talgartig ...	45,1	33,9	11,2	49,1	1,2	192,3	45,2
Desgleichen, technisch	hellgelb, talgartig ..	45,4	33,7	11,7	49,1	1,1	193,0	46,8

[1] Vortrag *Bömers* auf d. Versamml. Deutsch. Nahrungsmittelchemiker; siehe Zeitschr. f. Nahrungsmittelunters. 1912, Heft 1 u. 2. Vgl. auch *Marcusson* und *Meyerheim*, Zeitschr. f. angew. Chemie 1914, Nr. 27; sie fanden für gehärtete Trane auf gleiche Weise Jodzahlen von 107 und 111.

[2] Bei 50° C bestimmt.

Die Eigenschaften der gehärteten Fette.

Bei einigen von diesen gehärteten Ölen wurden auch die nach dem Verfahren von *Farnsteiner* getrennten festen und flüssigen Fettsäuren näher untersucht. Die Ergebnisse waren folgende:

Bezeichnung der Öle und Fette			Feste Fettsäuren		Flüssige Fettsäuren	
			Schmelzpunkt °C	Säurezahl	Refraktion bei 40°	Jodzahl (nach Wijs)
Gambia-Erdnußöl	Rohöl		—	—	47,6	91,8
	gehärtete Öle	weich	—	—	43,0	86,0
		mittel	—	199,4	43,0	86,7
		hart	—	199,7	42,9	82,9
Erdnußöl			48,9	197,7	44,3	93,4
Sesamöl			56,4	199,5	44,7	88,4
Baumwollsamenöl			45,0	206,8	48,3	115,6
Waltran			—	199,5	44,4	96,0

Von anderen gehärteten Produkten gibt *Aufrecht* folgende Daten bekannt[1]:

Bezeichnung der gehärteten Fette	I Durotol gelb	II Durotol weiß	III Gehärteter Tran
Farbe	gelblich	weiß	weiß
Spez. Gewicht bei 15° C	0,9252	0,9257	0,9268
Schmelzpunkt °C	46,5	46	48
Erstarrungspunkt °C	43,5	43,5	45,5
Viscosität bei 50° C	5,4	5,4	5,6
Säurezahl (auf Ölsäure berechnet)	0,51	0,57	0,83
Verseifungszahl	162,2	161	173,5
Unverseifbares in Proz.	1,92	2,1	2,4
Acetylzahl	1,2	1,2	0,95
Jodzahl	3,9	4,2	7,8
*Hehner*sche Zahl	95,8	95,8	96,4
Reichert-Meißl-Zahl	0,38	0,36	0,52
Wasser	0	0	0
Asche in Proz.	0,037	0,03	0,05

Mellana hat verschiedene Öle mit Wasserstoff und Nickelkatalysatoren gehärtet und sowohl diese Produkte, als auch Handelsware von „Talgol" (aus Waltran), „Candelite" (aus Waltran) und „Coryphol" (aus Ricinusöl) untersucht[1]. Die Ergebnisse waren:

	Schmelzpunkt °C	Schmelzpunkt der Fettsäuren °C	Erstarr.-Punkt der Fettsäuren °C	Verseifungszahl	Jodzahl	Acetylzahl	Refraktion bei 60°C
Gehärtetes Baumwollsamenöl	59	57	50,3	192,3	41	—	—
Gehärtetes Sojabohnenöl	68	66	61,2	190,9	15,2	—	—
Gehärtetes Kapoköl	55	53	48	191	32	—	42
Gehärtetes Walöl	52,5	49	44	169,5	28,8	—	39
Gehärtetes Spermöl	50	48	39	131,7	17,3	—	29,5
Talgol	43	41	35,7	190,2	61,3	14	—
Candelite	55	54	50,4	191	4	—	—
Coryphol	81	75	68	180,5	18,5	125	—

[1] Pharm. Zeitung 1912, Nr. 87. Über Reaktionen auf gehärtete Fette in Rücksicht auf deren Rohprodukte vgl. auch *E. Mellana*, Annali chim. appl. I, 381 u. f.

Die spezifischen Farbenreaktionen für Trane blieben erhalten, waren jedoch weniger deutlich als beim Ausgangsprodukte und mehr oder weniger modifiziert. Die *Halphen*sche und *Milliau*sche Reaktion für Baumwollsamenöl und Kopaköl blieb jedoch aus[1].

Davidsohn gibt folgende von ihm gefundene Werte für im Handel befindliche gehärtete Fettprodukte an [2]:

Analysendaten	Talgol	Talgol extra	Candelite	Candelite extra	Coryphol
Säurezahl	3,4	3,5	3,2	3,9	3,3
Verseifungszahl	191,6	191,3	191,0	190,8	189,9
Feuchtigkeit	0,10	0,13	0,20	0,15	0,18
Asche	0,07	0,05	0,08	0,04	0,05
Schmelzpunkt	39,3	46,5	49,0	51,9	79,3

Die wirtschaftlichen Grundlagen beim Fetthärtungsprozeß.

Die ersten gehärteten Fettprodukte, welche auf den Markt gelangten, erregten erhebliches Aufsehen. Rasch suchten sich Unternehmungen in verschiedenen Staaten Verfahren zu sichern, und ebenso suchten Chemiker neue Verfahren auszuarbeiten, ohne sich über deren Rentabilität vorher näheren Aufschluß zu geben [3]. Aber auch dem Fabrikanten leuchtete der Wert der gehärteten Fette nicht gleich ein. Zwar war es ihm klar, daß er seine Ölsäure in weit wertvolleres Stearinmaterial verwandeln könne; er traute jedoch der momentanen Preislage nicht und fand auch tatsächlich anfangs durch einen Preissturz der festen Fette seine Vermutung darin bestätigt, daß speziell in der Fettindustrie die Lukrativität neuer Produkte großen Schwankungen unterliege. Auch unter den Seifensiedern war die Ansicht über den Wert gehärteter Fettsorten sehr geteilt. Wenngleich sie besser riechenden (anfangs und auf die Dauer nicht immer völlig geruchlosen) festen Tran in Händen hatten, so mußten sie ihn dennoch teuerer bezahlen. Er enttäuschte sie ferner in der Seife durch deren geringe Schaumkraft. Gerade letzterer Übelstand konnte jedoch in der mäßigen Verwendung der neuen Fettstoffe alsbald seine Korrektur erfahren.

Immerhin wogte in den Fachzeitschriften das Für und Wider, ohne daß es zu einem Abschlusse gelangt wäre. Dennoch merkte man rasche Fortschritte bezüglich der Ausdehnung der jungen Industrie.

---

[1] Vgl. Soc. Chem. Journ. 1914, S. 381.
[2] Organ f. d. Öl- u. Fetthandel 1913, Nr. 14 u. 16. Vgl. auch *Heller*, Seifenfabrikant 1912; Nr. 31; *Grimme*, Chem. Revue 1913, Nr. 20; *Lehmann*, Chem.-Ztg. 1914, Nr. 38.
[3] Vgl. hierüber den interessanten Artikel von *Heinrich Schicht* in der Zeitschrift „Fette und Öle", Wien 1913. Der Krieg hat alle wirtschaftlichen Grundlagen des Fetthärtungsprozesses derart geändert, daß sich heute über die Rentabilität einer Anlage nichts sagen läßt. Sie hängt durchaus von lokalen Umständen ab und von der Rentabilität einer Industrie im betreffenden Lande überhaupt.

Man zählte bis zum Jahre 1914 24 Fetthärtungsanlagen in den verschiedenen Staaten, und die dahin abzielenden und angemeldeten Patente wurden bei oft geringfügigem Wert sehr zahlreich. Amerika erteilte die meisten Patente, ohne daß man behaupten könnte, in allen derselben wären wesentliche Fortschritte oder neuartige Gedanken vorhanden. Trostlos geben viele davon bekannte Verfahren oder Kombinationen wieder oder beziehen sich auf eine solche Art der Apparatur, welche sich jeder Techniker selbst erfinden kann. Der Krieg hat die Fetthärtungsanlagen in Zentraleuropa wesentlich vergrößert und vermehrt.

Die derzeit in Betrieb stehenden Anlagen arbeiten nur mit nickelhaltigen Katalysatoren. Die Verwendung von Palladium ist noch zu kostspielig. Nach *Bergius*[1] beträgt der Verlust an Palladium für 1000 kg verarbeitetes Fett 1 g.

Aber selbst bei den Nickelverfahren ist die Rentabilität keineswegs für immer ausgemacht, selbst wenn man von den Schwankungen der Preislagen in Fettstoffen absieht; man kann allein vom technischen Standpunkte aus mehrere wichtige Momente erkennen, welche die Rentabilität eines Verfahrens zu beeinflussen vermögen.

Die Wasserstoffmengen, welche für die Fetthärtung benötigt werden, sind nicht unerheblich. Wenngleich sich die Menge des aufnehmbaren Wasserstoffs aus der Jodzahl des betreffenden Öles theoretisch berechnen läßt, liegen praktische Erfahrungen vor, welche durch Fachmänner bekanntgegeben wurden[2]. Für 100 kg Öl benötigt man je nach dessen Herkunft, Härtungsgrad usw. 8 bis 12 m^3 Wasserstoff, entsprechend 1 bis 2 Gewichtsprozenten des angewandten Materials.

Spezielle Angaben machte *O. Sachs*. Danach benötigen je 1000 kg·

Ölsäure . . . . 85 m^3 Wasserstoff,
Linolsäure . . . . . 170 „ „
Linolensäure . . . . 289 „ „
Clupanodonsäure . . . 348 „ „

ferner je 1000 kg:

Cocosfett . . . . . 7,8 m^3 Wasserstoff,
Talg . . . . 33,57 „ „
Olivenöl . . . . . 68,80 „ „
Mohnöl . . . . . . 143,75 „ „

Der Wasserstoff wird nicht quantitativ aufgenommen. Ein beträchtlicher Teil davon geht unverbraucht fort, auch wenn in geschlossenen Apparaten gearbeitet wird, da Wasserstoff unter Druck und in der Hitze ein erhebliches Durchdringungsvermögen besitzt. So teilt *Carleton Ellis* mit, daß ein Hydrierungsbehälter von 10 m^3 Jnhalt sich bei der Probe auf 150 Pfund luftdicht erwies und, mit Wasserstoff unter einen Druck von 60 Pfund gestellt, große Leckagen zeigte.

---

[1] Zeitschr. f. angew. Chemie 1914, I, S. 523.
[2] Vgl. z. B. Dr. *O. Sachs*, Vortrag im niederrhein. Bezirks-Ver. Deutsch. Chemiker. Zeitschr. f. angew. Chemie, November 1913. — Dr. *H. Walter*, Seifensieder-Zeitung 1913, Nr. 1. — Dr. *Bergius*, Zeitschr. f. angew. Chemie 1914, I, S. 520. — *C. Ellis*, Vortrag, übersetzt in der Seifensieder-Zeitung 1913, Nr. 9.

Unter solchen Umständen ist für industrielle Fetthärtung vor allem billiger Wasserstoff erforderlich. Dort, wo der Wasserstoff als Nebenprodukt (z. B. bei elektrolytischen Alkaliverfahren usw.) oder durch natürliche Energie billig zu haben ist, erledigt sich dieses Problem leicht. In anderen Fällen aber hängt die Lukrativität schon von diesen Kosten wesentlich ab, da Wassergas aus verschiedenen Gründen nicht zur Verwendung gelangt. So z. B. besitzt es antikatalytisch wirkende, nicht leicht zu entfernende Verunreinigungen, durch welche die Wirkung der Kontaktmasse viel früher erlischt, als es beim Arbeiten mit reinem Wasserstoff der Fall wäre, wodurch die Ersparnis für das Gas schon durch die vermehrten Kosten für die Katalysatormasse aufgehoben wird[1]. Weitere Schwierigkeiten bestehen nach *Walter* darin, daß infolge der starken Wasserstoffverdünnung auch die zur Hydrogenisierung erforderliche Zeitdauer zu groß wird und die Härtung überhaupt nicht so weit getrieben werden kann, wie mit Wasserstoff. Wenn schon bei Verwendung reinen Wasserstoffs ein beträchtlicher Teil desselben unter allen Umständen den Apparat unverbraucht verläßt, um wieviel mehr ist dies bei dem verdünnten Wassergas der Fall, nachdem die katalytische Übertragung des Wasserstoffs keineswegs proportional mit dessen Verdünnung verläuft! — Wie groß der Mehrverbrauch bei Anwendung von Wassergas an Wasserstoff würde, läßt sich aus der Angabe *Walters* bemessen, nach welcher selbst von zweckmäßig zusammengesetztem Wassergas nur etwa 17 Proz. ausgenützt werden könnten. Demnach kommt für Fetthärtungszwecke nur elektrolytischer Wasserstoff, eventuell ein solcher durch Reduktion mit Eisen, oder nach dem Verfahren von *Linde* in Betracht. Soviel bekannt, wird z. B. in den *Germania-Werken* der Wasserstoff nach dem **Eisen-Wasserdampfverfahren** hergestellt und sorgfältigst gereinigt. Rentabel ist die Wasserstofferzeugung nach diesem Verfahren nur für größere Anlagen, die etwa pro Stunde 30 m³ Wasserstoff benötigen. Bei geringerem Verbrauch steigen die Kosten wesentlich. Wenn schon die Verzinsung solcher Wasserstoffgewinnungsanlagen nicht gering zu veranschlagen ist, so muß sie noch um diejenige Quote erhöht werden, welche für die Verzinsung der Gesamtanlage entfällt. Für eine Anlage des nach dem Linde-Verfahren zu gewinnenden Wasserstoffes sind die Anschaffungskosten sehr beträchtlich. Man wird daher die Verzinsung und Amortisationskosten einer so erheblichen Kapitalsinvestierung nicht außer acht lassen können. Dazu kommen die Kosten für den Katalysator. Sie werden deshalb unterschätzt, weil er, richtig hergestellt, nur in einer Menge von 2 Proz. angewandt werden muß und theoretisch sich dauernd betätigen könnte. Dies ist aber tatsächlich nicht der Fall. Die durch Katalysatorgifte und andere noch nicht erforschte antikatalytische Einflüsse[2] erforderliche Regeneration ist nicht ohne Verluste.

---

[1] Vgl. *Walter*, Seifensieder-Zeitung 1913, Nr. 1 und die Darlegungen S. 82 des vor liegenden Buches.

[2] Als negative Katalysatoren sind z. B. bekannt: für Pt Spuren von $(NH_4)_2S$, CS_2, H_2S, für Ni Spuren von Cl, Br, J, S. Schon durch die Unmöglichkeit, natürliche Fette völlig von Schwefelverbindungen zu befreien, ist die Lebensdauer der Katalysatoren

Nach *Bergius*[1] betragen die Kosten für den Katalysator pro Kilogramm verbrauchten Wasserstoff mindestens ebensoviel, wie für diesen. Man wird demnach auch die Kosten für den Hydrogenisierungsprozeß nicht zu gering achten dürfen und vor Schaffung einer Anlage ernstlich erwägen müssen, ob die Preisspannung zwischen festen und flüssigen Fetten andauernd eine solche bleibt, daß eine jedenfalls kostspielige Anlage dauernd rentabel ist. Erwogen muß ferner werden, daß eine kleine Anlage von vornherein nicht prosperieren kann.

Wie sich die wirtschaftlichen Grundlagen der Fetthärtung in Europa weiterhin gestalten werden, läßt sich bei der durchaus geänderten ökonomischen Situation heute auch nicht annähernd bestimmen.

Die Hydroxylierung der Fettsäuren.

Weit älter als die Versuche, aus flüssigen Fettsäuren durch Wasserstoffanlagerung feste zu gewinnen, sind bekanntlich diejenigen, an die Doppelbindungen ungesättigter Fettsäuren Hydroxylgruppen anzulagern. Bis zu einem gewissen Maße werden solche Verfahren, welche dahin abzielen, aus der sulfurierten Ölsäure feste Anteile, sei es in Form von Hydroxystearinsäure oder als Stearolacton, abzuscheiden, bis heute geübt und gehören sicherlich zu den synthetischen Methoden[2]. Versuche aber, deren Ausbeute an festen Produkten durch Behandlung der öligen Fettbestandteile mit Schwefelsäure derart zu vermehren, daß sie wenigstens nahe an die theoretische heranreichen, sind bis nun nicht gelungen. Hingegen wurden neuartige, auf anderen Grundlagen ausgearbeitete Verfahren bekannt, welche trotz der mittlerweile geübten Hydrogenisation der Fette des Interesses nicht entbehren. Hierzu gehören vor allem die Versuche, das an Doppelbindungen angelagerte Chlor gegen die Hydroxylgruppe auszutauschen.

---

begrenzt. Zweifellos ist aber beim Reduktionsprozeß noch Gelegenheit für andere antikatalytische Einflüsse vorhanden. — Über die Herabsetzung und Aufhebung der katalytischen Wirkungen vgl. *Woker*, „Die Katalyse"; *Bredig*, „Anorg. Fermente", Leipzig 1911; ferner *Paal*, Ber. d. Deutsch. Chem. Gesellsch. 1911, 1913 und *Zsigmondy*, Kolloidchemie. Die Lebensdauer der Katalysatoren wird auch vom Rohmaterial beeinflußt. So z. B. machen Fischöle den Katalysator bald unwirksam, während er in guten Samenölen monatelang wirksam bleibt. Oft ist es vorteilhaft, das Fett einer Vorbehandlung zu unterziehen (vgl. *Carleton, Ellis* und *A. Q. Wells*. Journ. of Industr. and Eng. Chem. 8; 886).

[1] *Bergius*, Zeitschr. f. angew. Chemie 1914, I, S. 516.

[2] Über die Verfahren, welche in den Fettspaltungsfabriken geübt werden, siehe z. B. *Hefter*, Technologie der Fette; *Ubbelohde*, Handbuch der Technologie der Fette; über die hierbei entstehenden Produkte siehe *Ulzer* u. *Klimont*, Allgem. u. physiolog. Chemie der Fette. Zu den synthetischen Verfahren gehören jedoch nicht diejenigen, welche die Umwandlung von Ölsäure in die isomere feste Form der Elaidinsäure bezwecken. (*R. Wagner* 1857, *Tilghmann* 1858, *Cambacères* [Drugl. polyt. Journ. 163, 454], *Radisson* [Chem. Ind. 1889, 170]). Da jedoch diese Methoden, wenngleich industriell sehr spärlich angewandt, immerhin zu den Fetthärtungsverfahren zählen und historischen Wert beanspruchen können, sei hiermit auf dieselben aufmerksam gemacht.

Diese schwierig verlaufende Reaktion, welche insbesondere bei Chloroxyfettsäuren mittels Alkali oder Erdalkali unter Druck wiederholt versucht wurde[1], hat *Georges Imbert* im Jahre 1906 neuerdings in Angriff genommen. Er arbeitete statt mit Ätzalkalien mit Alkalicarbonaten unter Druck und bei höherer Temperatur [2].

Zur Herstellung der Dioxystearinsäure werden z. B. 1000 Teile Ölsäure mit 500 Teilen Soda in 51 Teilen Wasser gelöst. In die Lösung wird (gemäß der Jodzahl der Ölsäure, gewöhnlich ungefähr 250 Teile) Chlor eingeleitet. Die erhaltene Lösung von oxychlorstearinsaurem Natron, die außerdem noch Soda und Kochsalz enthält, wird 6 Stunden in einem Autoklaven auf 150° erhitzt, wobei die sich entwickelnde Kohlensäure fortwährend abgelassen wird. Die Dioxystearinsäure kann durch Schwefelsäure ausgefällt und von der entstandenen Glaubersalzlösung isoliert werden. In gleicher Weise können durch Chlorierung gewonnene Chlorfettsäuren verarbeitet werden, wenn zur Überführung in Oxyfettsäuren die Menge an Alkalicarbonaten entsprechend erhöht wird.

Wenn die Erzeugung von Oxychlorfettsäuren in der Weise ausgeübt wird, daß man Chlor auf Lösungen ungesättigter fettsaurer Salze, welche Ätzkali enthalten, einwirken läßt, ist ein großer Überschuß an Alkali und Chlor nicht zu vermeiden. Auch wenn man eine Lösung von unterchloriger Säure (durch Einwirkung von überschüssigem Chlor auf wässeriges Alkali gewonnen) auf ölsaures Natron einwirken läßt [3], ist der weitere Verbrauch an Alkali und Chlor nicht gering.

Diese Reaktion kann eben glatter gestaltet und auch auf Glyceride ausgedehnt werden, wenn man an Stelle der Ätzalkalien deren Carbonate oder Bicarbonate anwendet. *Imbert* gibt an, daß in diesem Falle der Mehrverbrauch an Chlor und Alkali höchstens 10 Proz. der Theorie beträgt; überdies sind die Carbonate billiger als Ätzalkalien [4]. *Imbert* sieht die Ursache des nicht glatten Verlaufes der Reaktion bei der Einwirkung von Chlor auf die alkalische Lösung der ungesättigten Fettsäuren darin, daß sich die unterchlorige Säure als Alkalisalz solange in einem nicht anlagerungsfähigen Zustand befindet, als gemäß der Reaktionsgleichung:

$$2\,NaOH + 2\,Cl = NaCl + NaOCl + H_2O$$

noch Alkali vorhanden ist.

Erst nach dessen Verbrauch kann das weiter eingeleitete Chlor die unterchlorige Säure in Freiheit und somit in anlagerungsfähigen Zustand setzen. Diese Reaktion geht aber nicht glatt, sondern unter erheblichen Sauerstoffverlusten vor sich. Andererseits vollzieht sich die Einwirkung von Chlor auf Soda derart, daß durch die frei werdende oder in Form von Bicarbonat vor-

---

[1] Vgl. hierüber: Bull. de la soc. chim. de Paris 1899, S. 695; Chem. Centralbl. 1899, I, S. 1068.
[2] *Imbert*, D. R. P. 208 699 v. 22. November 1906.
[3] Vgl. Journ. f. prakt. Chemie 1900, S. 66, und *Ulzer* u. *Klimont*, AHgem. u. physiol. Chemie der Fette.
[4] *G. Imbert*, D. R. P. 212 001 v. 6. Januar 1907.

handene Kohlensäure die unterchlorige Säure von Anfang an sich in freiem Zustande befindet und sich daher glatt anlagern kann.

Wie bereits erwähnt, kann das Verfahren auch aåf ungesättigte Fette und Öle selbst angewendet werden. Nach *Imbert* werden z. B. 329 kg Olein von der Jodzahl 86 mit 123 kg calcinierter Soda in 1600 l Wasser gelöst und die der Theorie entsprechenden 87,5 kg Chlor unter Rühren eingeleitet. Die anfangs ausgeschiedene Seife geht allmählich in Lösung, es entweicht Kohlensäure und schließlich bildet die Flüssigkeit eine weiße Emulsion von dicker milchartiger Konsistenz. Um die Oxychlorfettsäuren zu isolieren, werden sie in der Kälte mit Schwefelsäure gefällt und von der entstandenen Glaubersalzlösung getrennt. Durch Zufügung eines Überschusses von kohlensaurem Alkali und Erhitzen der Halogenadditionsprodukte unter Druck gelingt es, aus den Anlagerungsprodukten direkt die Oxyfettsäuren herzustellen. Die Chlorierung der Fette selbst besitzt noch einen weiteren Vorteil. Während nämlich die Spaltung der Fette mittels kohlensauren Alkalis in Glycerin und Fettsäure erst bei höheren Temperaturen, über 200° C, rascher vor sich geht, lassen sich die Glyceride der Chlorfettsäuren und Oxychlorfettsäuren unter Druck schon bei 150° glatt in Oxyfettsäuren überführen. Für die Arbeitsweise kann folgendes Beispiel dienen[1]:

356,5 kg des aus Olivenöl durch Anlagerung von unterchloriger Säure erhaltenen Produktes (Glycerid der Oxychlorstearinsäure) werden mit einer Lösung von 113 kg calcinierter Soda in 1600 l Wasser 10 Stunden in einem Autoklaven auf 150° erhitzt, wobei entwickelte Kohlensäure ständig abgelassen wird. Die Dioxystearinsäure kann aus dem Salze auf übliche Weise isoliert werden. Aus der Unterlauge läßt sich auch Glycerin in bekannter Weise gewinnen.

Der *Georg-Schicht-A.-G.* und *Dr. Adolf Grün* wurde ein Verfahren geschützt, nach welchem die mehrfach ungesättigten Säuren durch direkte Hydratisierung in Sauerstoffderivate der gesättigten (Oxy- und Äthersäuren) verwandelt werden. Wenn man nämlich die Salze der ungesättigten Säuren in wässeriger Lösung bei Gegenwart einer geringen Menge einer alkalisch reagierenden Substanz unter Druck auf 200 bis 300° erhitzt, so wird von denselben direkt Wasser angelagert; die Doppelbindungen verschwinden und es treten Hydroxyl- und Äthergruppen auf. Vermutlich bilden sich primär nur Oxysäuren, von denen ein Teil sekundär unter Abspaltung von je einem Molekül Wasser aus zwei Molekülen Säure in Äthersäuren verwandelt wird. Dieses Verfahren bezweckt die Umwandlung einer Fettsäure in eine andere Fettsäure bzw. einer fertigen Seife in eine andere Seife von wesentlich anderen Eigenschaften.

Die Erfinder nehmen an, daß unter den gewählten Bedingungen zwar nicht die elektrisch neutralen Moleküle des Wassers, wohl aber die Wasserionen befähigt sind, sich an die Doppelbindungen anzulagern, und daß die alkalische Substanz (Base oder basisches Salz irgendwelcher Art oder auch die Base des fettsauren Salzes) als Katalysator wirke.

---

[1] *Georges Imbert* u. Konsortium f. elektrochem. Ind. in Nürnberg, D. R. P. 214 154 v. 29. März 1908.

In der zit. Patentschrift wird weiterhin ausgeführt, daß bei der praktischen Ausführung der Reaktion die Konzentration der Lösungen in weiten Grenzen variieren kann, doch muß das Wasser in (molekularem) Überschuß vorhanden sein. So z. B. kann man zweckmäßig eine Lösung von 70 proz. Seife und 30 proz. Wasser anwenden. Die bei der hohen Reaktionstemperatur auftretenden bedeutenden Dampfdrücke genügen, doch ist es unter Umständen vorteilhaft, den Druck durch Einpressen von inerten Gasen zu erhöhen[1].

Die katalytische Oxydation von Ölen.

Neben den Methoden, durch welche Fette katalytisch reduziert werden, beginnen auch solche der katalytischen Oxydation geübt zu werden. Freilich müssen alle beim Trockenprozeß auch nach den üblichen Verfahren stattfindenden Vorgänge als katalytische bezeichnet werden[2]. War man bis in die neueste Zeit hinein gewöhnt, die Herstellung der Firnisse von der Anwendung von Blei- oder Mangansalzen bedingt zu sehen, so haben die letzten Jahre dargetan, daß die Anwendung solcher Salze keineswegs unbedingt erforderlich ist. Man erhält wertvollen Aufschluß über den Trockenprozeß beim Leinöl durch ein Verfahren zur Herstellung von Leinölprodukten, welches Dr. *Alfred Genthe* ausgearbeitet hat[3]. Danach wird die Erzeugung von Firnissen aus Leinöl durch Vorbildung eines beim natürlichen Trockenprozeß entstehenden Autokatalysators von peroxydartigem Charakter erreicht, zu dessen künstlicher Erzeugung Belichtung durch kurzwelliges Licht (Uviollicht) unter Oberflächenentwicklung bei gleichzeitigem Luftzutritt und elektrolytische Behandlung im Anodenraum in einem geeigneten Elektrolyten dienen. Die auf diese Weise gebildeten typischen Peroxyde sind die echten Katalysatoren, die den Trockenprozeß beschleunigen, während alle anderen Trockenmittel nur Pseudokatalysatoren sind, die ihrerseits die Bildung jener beschleunigen. Arbeitet man bei der Elektrolyse mit hohen Stromdichten und rührt man nicht sehr energisch, so kann wohl bei Verwendung von Bleielektroden auch Blei in Lösung gehen; hält man dagegen niedrige Stromdichten ein, so sind die Firnisse bleifrei, was um so wichtiger ist, als Blei aus wirtschaftlichen Gründen und der Spannungsverhältnisse wegen als günstigstes Elektrodenmaterial betrachtet werden muß. Die Anstriche der solcherart hergestellten Produkte erstarren schnell und gleichmäßig ohne Haut- und Rissebildung und haben ein an Email erinnerndes Aussehen. Außer dem Firnisbildungsprozeß findet eine Bleichung statt. — Durch mäßige Temperaturerhöhung kann der Prozeß beschleunigt werden.

Weiterhin wurde ein Verfahren zur Oxydation von Fetten und Ölen mittels Katalysatoren geschützt, das ebenfalls zur Bildung von Firnissen

---

[1] Österr. Patent 77 083 v. 15. Februar 1916, Prior. 30. Mai 1914.
[2] Winke für die Vorgänge b. d. Firnisbildung gibt *Hefter*, Technologie der Fette 3, und *Fahrion*, Chemie der trocknenden Öle.
[3] Dr. *Alfred Genthe*, D. R. P. 195 663 v. 6. Januar 1906.

dient. Danach werden Öle mit unlöslichen Oxyden der Metalle der Eisengruppe, in erster Reihe mit Kobaltoxyd, als Katalysatoren zusammengebracht, auf ungefähr 120 bis 130° C vorgewärmt und durch durchgeblasene Luft oxydiert [1].

Aber auch außerhalb der Firnisbereitung machen sich Bestreben bemerkbar, die katalytische Oxydation einzuführen. So oxydierten *Freudenberg* und *Kloemann* zu therapeutischen Zwecken Lebertran in Gegenwart von Alkali oder in ätherischer Lösung ohne dieses mit Wasserstoffsuperoxyd und verwendeten hierbei $1/10$ Proz. von dessen Gewicht Osmiumsäure als Katalysator. Das erhaltene Produkt (das die Erfinder Oxylebertran nennen) ist in 96 proz. Alkohol löslich, ebenso in Alkalien. Diese Umstände sowie die Bestimmung der Jod- und Acetylzahl beweisen, daß an eine Doppelbindung 2 Hydroxylgruppen angelagert werden [2]. Die beiden genannten Experimentatoren geben in der Beschreibung des D. R. P. 279 255 v. 3. Juli 1913 an [3], daß diese Produkte **wertvolle therapeutische Eigenschaften** besitzen und sich insbesondere bei der Behandlung der Spasmophilie bewähren.

Die Ausführung ist durch folgende Beispiele ersichtlich: 500 g Lebertran werden mit 100 cm³ verdünnter Sodalösung und Wasser emulgiert. Dann fügt man 100 cm³ 1 proz. Osmiumlösung hinzu und läßt zu der Emulsion unter fortwährendem Rühren Wasserstoffsuperoxyd zutropfen. Die Operation dauert längere Zeit, und man muß das Öl eventuell mehrmals abtrennen, um von neuem zu emulgieren. Temperaturen über Zimmerwärme sind zu vermeiden. Zur vollständigen Oxydation genügt ungefähr die fünffache Menge 6 proz. Wasserstoffsuperoxyds.

Das so gewonnene Produkt besitzt braune Farbe und hat einen von dem des Lebertrans wesentlich verschiedenen Geruch. Es sinkt in Wasser unter und ist dick- und zähflüssig. (Jodzahl = 0, Verseifungszahl der Fettsäuren des acetylierten Oxydationsproduktes = 743 mg KOH gegen 15,3 mg beim Ausgangsprodukt.)

10 g Lebertran werden mit 10 cm³ 10 proz. Sodalösung emulgiert, hierauf werden 50 cm³ 2 proz. Uranylnitratlösung zugefügt. Nun wird in Mengen von je 2 cm³ 30 proz. Wasserstoffsuperoxyd in Intervallen von mehreren Stunden zugesetzt, während welcher dies Gemisch bei 37° gehalten und öfters umgeschüttelt wird. Es resultiert dasselbe Produkt wie vorher beschrieben. Statt Osmiumsäure und Uranylnitrat lassen sich auch Ferrojodid, Ferrosulfat usw. anwenden.

Das auf ähnliche Art erhaltene Oxyleinöl ist zähflüssig, dunkelbraun, riecht charakteristisch, sinkt in Wasser unter und besitzt teilweise die gleichen Löslichkeitsverhältnisse wie der Oxylebertran; in Benzin löst es sich sehr wenig, in Äther mäßig, leichter in Wasser. Es besitzt keine Jodzahl mehr.

Das Oxyolivenöl unterscheidet sich durch seine schwarzgrüne Farbe und den stechenden Geschmack vom Olivenöl.

Das Oxybutterfett ist von dunkler Farbe, jedoch in der Konsistenz kaum von Butterfett verschieden; dessen Geschmack ist kratzend.

---

[1] *Ludwig v. Kreibig*, siehe Seifensieder-Zeitung 1914, Heft 10.
[2] Jahrb. f. Kinderheilk. 1914, Nr. 6.
[3] Verfahren zur Darstellung hochmolekularer Oxydfettsäureester.

134 Kondensationsprodukte aus ungesättigten Fettsäuren mit Aldehyden u. Ketonen.

Statt des Wasserstoffsuperoxyds lassen sich die Superoxyde, Perborate oder Percarbonate verwenden, wenn man durch Zugabe der berechneten Menge Säure das Wasserstoffsuperoxyd in Freiheit setzt.

Wilbuschewitsch hat sich ein Verfahren behufs kontinuierlicher Oxydation von Fetten unter Verwendung eines Katalysators nebst dem dazugehörigen Apparat schützen lassen[1]. Die Apparatur ist derjenigen behufs Reduktion konform.

Kondensationsprodukte aus ungesättigten Fettsäuren mit Aldehyden und Ketonen.

Die *Farbwerke vorm. Meister, Lucius & Brüning* haben ein Patent auf die Behandlung mancher ungesättigter, höhermolekularer Fettsäuren oder deren Glyceride mit Aldehyden oder Ketonen in Gegenwart von sauren Kondensationsmitteln erhalten[2]. Es entstehen dabei neue chemische Verbindungen, welche sich zur Verwendung im Alizarindruck eignen. Formalin sowie auch Acetaldehyd, Benzaldehyd, sogar Glucose, Lävulose, Maltose können statt der Aldehyde verwendet werden. Als Keton kommt hauptsächlich Aceton in Betracht. Da die Behandlung mit Schwefelsäure erfolgt, werden aus natürlichen Fetten dabei Fettsäuren abgespalten.

Zur Ausführung des Verfahrens werden z. B. 1000 Teile Ricinusöl mit 250 Teilen 40 proz. Formaldehyds allmählich versetzt und einige Zeit gerührt. Nun werden 200 Teile konzentrierte Schwefelsäure zugesetzt, worauf das Rühren weiterhin durch mehrere Stunden erfolgt. Nachdem das Reaktionsprodukt in eine 10 proz. Glaubersalzlösung eingetragen worden, kann das Öl abgehoben, durch Erwärmen auf 80° dünnflüssiger gemacht und durch Auswaschen von Säure befreit werden. Das ölige Reaktionsprodukt ist nach Entfernung des Wassers gebrauchsfähig. An Stelle von Formaldehydlösung kann auch die entsprechende Menge eines polymeren Formaldehyds oder eines Formaldehyd abspaltenden Körpers, wie z. B. Chlormethylalkohol, Oxychlormethyläther usw. genommen werden. Als Kondensationsmittel läßt sich auch gasförmige Salzsäure anwenden.

Will man mit Glucose arbeiten, so werden etwa 420 Teile Ricinolsäure mit einer Auflösung von 200 Teilen Glucose oder Rohrzucker in 400 Teile Wasser 2 Stunden gut verrührt; dann werden bei 20 bis 30° C 90 Teile konzentrierte Schwefelsäure als Kondensationsmittel zugesetzt, worauf 10 Stunden weitergerührt und nachher das Reaktionsprodukt wiederholt mit Glaubersalzlösung ausgewaschen wird. Als Kondensationsmittel kommen Salzsäure, Chlorzink oder Phosphoroxychlorid in Betracht, als Öle neben Ricinusöl Tournantöl, technische Ölsäure oder Baumwollsamenöl.

---

[1] Engl. Patent 15 440 (1911) v. 24. Dezember 1910.
[2] *Farbwerke vorm. Meister, Lucius & Brüning.* D. R. P. 226 222 v. 14. Mai 1908.

Synthese von Ketonen aus Fettsäuren.

Wird das Calcium- oder Bariumsalz einer höheren Fettsäure erhitzt, so entsteht bekanntlich das entsprechende Keton:

$$\begin{array}{c}RCOO\\RCOO\end{array}\!\!>\!Ba = BaCO_3 + RCOR.$$

Die Reaktion verläuft jedoch nicht glatt, so daß die Ausbeute an Ketonen hinter der theoretischen erheblich zurückbleibt. Nun haben *Thomas Hill Easterfield* und *Clara Millicent Taylor* beobachtet, daß die höheren Fettsäuren (Laurin-, Palmitin-, Stearin-, Montan-, Cerotin-, Melissinsäure), mit Gußeisendrehspänen, Aluminium, Mangan, Zink usw. in feinverteiltem Zustande auf 300 bis 360° C erhitzt und bei dieser Temperatur erhalten, entsprechende Ketone in hoher Ausbeute liefern. Die Temperatur ist derart gewählt, daß die entstandenen Ketone nicht zersetzt werden[1].

---

[1] D. R. P. 259 191 v. 21. April 1911; Journ. Chem. Soc. 1911, S. 2208. — Die Reaktion ist katalytisch und läßt sich in letzter Linie auf das *Squibb*sche Verfahren zurückführen, nach welchem Essigsäuredampf, über $BaCO_3$ bei 500° C geleitet, mit hoher Ausbeute in Aceton umgewandelt wird. *Ipatiew* zeigte, daß nicht nur die Erdalkalicarbonate, sondern auch das Carbonat und Oxyd des Zinks in gleicher Weise reagieren. Die Arbeiten von *Mailhe* und von *Senderens* fügten dieser Reihe auch die Oxyde des Cadmiums, Chroms, Thors, Aluminiums, Urans und Zirkons hinzu, wenngleich sich bei der Herstellung der symmetrischen Ketone Differenzwirkungen bemerkbar machen. Besonders befähigt sind nach *Mailhe* zu dieser Reaktion die Oxyde des Eisens, da letztere nicht nur wie die anderen Oxyde lediglich bei den niedrigen, sondern auch bei den höheren Fettsäuren, ausgenommen diejenigen der ungesättigten Reihe, katalytisch wirksam sind. Hier lassen sich die Zwischenreaktionen leicht nachweisen. Bei Verwendung eines Carbonats und einer niedrigmolekularen Fettsäure entsteht das fettsaure Metallsalz unter CO_2-Abspaltung. Das Salz zerlegt sich in das Keton unter Regeneration des Carbonats mit Hilfe seiner eigenen Carbonylgruppe. Z. B.:

$$2\,RCOOH + MCO_3 = (RCO_2)_2M + CO_2 + H_2O$$
$$(RCO_2)_2M = RCOR + MCO_3.$$

Wird nun statt des Carbonats ein Oxyd angewandt, so erfolgt die Zersetzung des fettsauren Salzes unter Regeneration des Oxyds und Entweichen von CO_2

$$2\,RCO_2H + MO = (RCO_2)_2M + H_2O$$
$$(RCO_2)_2M = RCOR + MO + CO_2.$$

Auch beim oben dargestellten Verfahren, bei welchem Eisen verwandt wird, ist eine Bildung von Eisenoxydul anzunehmen; es darf dabei nicht außer acht gelassen werden, daß Stearinsäure an und für sich bei der Destillation schon Kohlensäure abspaltet und Stearin bildet.

Diese Reaktionsgleichung gilt auch für Eisenoxyd, da dieses zu Oxydul reduziert wird. Eisen selbst bildet mit Fettsäuren unschwer fettsaures Eisensalz, welches gemäß diesem Reaktionsverlauf weiter wirkt. — *Senderens* hat sogar durch Überleiten des Dampfes zweier Säuren über Thoriumdioxyd gemischte Ketone hergestellt, die sowohl zwei Fettsäureradikale als auch neben einem Fettsäureradikal ein aromatisches enthielten, und für diesen Zweck auch Calciumcarbonat sowie die Oxyde des Eisens und des Cadmiums verwenden können (vgl. *Paul Sabatier*, La catalyse en chimie organique).

Um z. B. Stearin zu erhalten, wird handelsübliche Stearinsäure mit 10 Proz. ihres Gewichtes Gußeisendrehspäne auf 300° C erhitzt. Nun wird die Temperatur auf 360° C erhöht und so lange auf dieser Höhe erhalten, als sich Kohlensäure entwickelt. Nach 3 bis 4 Stunden wird abkühlen gelassen und das Produkt durch Krystallisation, Entfärbung, weiterhin durch Destillation mit Dampf oder im Vakuum usw. nach vorhergegangener Entfernung der Fettsäure und der Metallreste gereinigt.

Die Ausbeute an Ketonen, welche nach den genannten Erfindern unter diesen Umständen stets 80 Proz. des Gewichtes des benutzten Stearins beträgt, hängt auch von der Qualität des benutzten Stearins ab; desgleichen die Reinheit des Stearins. Reine Stearinsäure ergibt nahezu vollständig reines Stearon.

Stearon ist ein wachsartiger Stoff von hohem Schmelzpunkt, weshalb er zum Härten von Paraffin oder Stearin für Kerzen verwendet werden kann. Es ist auch als Ersatz für natürliche Wachsarten zweckdienlich.

Bemerkt sei noch, daß ungesättigte Fettsäuren nicht so hohe Ausbeuten an Ketonen wie gesättigte Säuren geben, aber immerhin auf diese Weise darstellbar sind.

Synthese stickstoffhaltiger Fettsäurederivate.

Schon *Pebal*[1] hat durch Destillation von Stearinsäure mit Anilin bei 230° C Stearinanilid hergestellt.

$$C_{17}H_{35}COOH + C_6H_5NH_2 = H_2O + C_{17}H_{35}COHNC_6H_5\,.$$

Liebreich benutzte derart gewonnene Präparate, um den Schmelzpunkt von Fetten zu erhöhen, sei es zur Herstellung von Kerzenmassen oder zur Herstellung von Salben[2]. *Sulzberger* hat darauf aufmerksam gemacht, daß sich aus solchen Fettsäureamiden durch Einführung der Amidogruppe in den Benzolrest, durch Diazotierung und weiterhin durch Kuppelung mit Phenolen und Aminen Farbstoffe gewinnen lassen, welche die Eigentümlichkeit besitzen, sich in physikalischer Hinsicht wie Fettstoffe zu verhalten[3]. Diese gelben bis braunen Farbstoffe sind fett- und terpenlöslich und können daher zum Färben von Kerzenmassen oder als Malerfarben sowie zum Färben von Seifen verwendet werden. Statt der Anilide können auch Naphthalide zur Anwendung gelangen[4].

Die Amide der Fettsäuren entstehen aus deren Ammonsalzen schon durch trockene Destillation, besser durch Erhitzen im zugeschmolzenen Rohr.

$$C_nH_{2n-1}O_2NH_4 \rightleftarrows C_nH_{2n-1}ONH_2 + H_2O\,.$$

Die Reaktionsgeschwindigkeit wächst mit der Temperatur. Da aber die Reaktion umkehrbar ist, tritt bald ein Grenzzustand ein, bei welchem das

---

[1] *Pebal*, Annalen **91**, 152.
[2] Vgl. auch D. R. P. 136 274 v. 8. November 1900 und *Kulka*, Chem. Revue 1909, S. 31.
[3] *Sulzberger*, D. R. P. 188 909 v. 23. April 1906.
[4] Einzelheiten sind in der zit. Patentschrift zu finden.

Amid wieder in das Ammonsalz umgewandelt wird. Bei den Gliedern der niedrigeren Fettsäuren werden unter diesen Umständen ca. 83 Proz. des Ammonsalzes in das Amid übergeführt[1]. Die Amide der höheren Fettsäuren, welche durch 5- bis 6stündiges Erhitzen von deren Ammonsalzen im geschlossenen Rohre dargestellt werden, besitzen nach den Literaturangaben folgende Schmelzpunkte:

Laurinsäureamid . . . . . 97°, 102° C,
Myristinsäureamid . . . . 102° C,
Palmitinsäureamid . . . . 101,5° C, 104 bis 105° C, 106 bis 107° C,
Stearinsäureamid . . . . . 108,5 bis 109° C,
Arachinsäureamid . . . . 98 bis 99° C,
Ölsäureamid . . . . 75° C,
Elaidinsäureamid . . . . . 92 bis 94° C,
Erucasäureamid . . . . . 84° C,
Brassidinsäureamid . . . . 90° C.

Wollte man die übrigens nicht leicht herstellbaren Ammonsalze der höheren Fettsäuren technisch in Amide überführen, so würden sich noch andere als die bisher erwähnten Übelstände bemerkbar machen. Die Operation müßte nämlich in einem sehr starken Autoklaven vorgenommen werden, da das Reaktionswasser bei der Temperatur von 230° C einen Druck von 25 bis 30 Atm. ausüben würde, der überdies noch durch den Druck des am Beginne der Operation entweichenden Ammoniakgases verstärkt würde[2]. Dazu kommt die unvollkommene Ausnutzung des Ammoniaks, welche die Fettsäureamide keineswegs zu wohlfeilen Präparaten gestalten würde. Es ist nach der eingangs angeführten Reaktionsgleichung klar, daß sich dieselbe zugunsten der Amidbildung verschieben läßt, wenn man für die Beseitigung des Reaktionswassers sorgt. In der Tat haben nun auf dieser Grundlage die *Chemischen Werke Hansa* in Bremen[3] ein Verfahren ausgearbeitet, welches statt wässerigen Ammoniaks gasförmiges zu benutzen gestattet und die Vorteile bietet, das Reaktions-

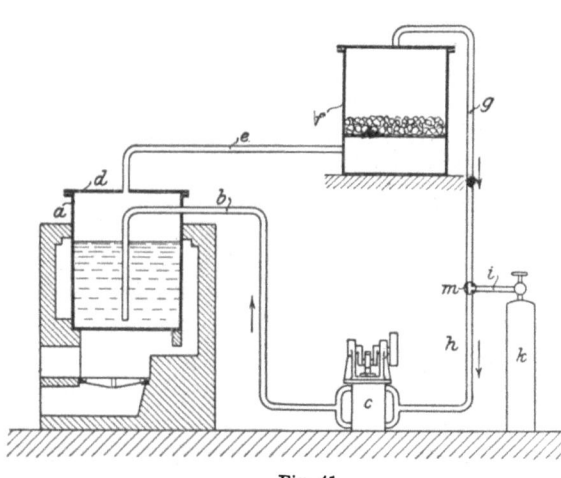

Fig. 41.

[1] Vgl. *Menschutkin*, Journ. f. prakt. Chemie (2) **29**, S. 422.
[2] Im amerik. Patent 819 664 v. 1. Mai 1906 (*J. Glatz*) ist die Herstellung von Stearinsäureamid tatsächlich auf diese Weise geschildert.
[3] D. R. P. 189 477 v. 17. Juni 1906.

wasser aus dem Autoklaven sofort zu entfernen wie auch den im Autoklaven herrschenden Druck unabhängig von der angewandten Temperatur zu gestalten. Das Ammoniakgas bewegt sich in diesem Prozeß im Kreislauf und kehrt stets trocken in das Reaktionsgefäß wieder zurück; hierdurch wird es vollkommen und wirtschaftlich ausgenutzt.

Aus der Fig. 41 ist die zu diesem Verfahren erforderliche Einrichtung ersichtlich. Sie besteht nach der Patentbeschreibung aus einem heizbaren geschlossenen Gefäß a, z. B. einem Autoklaven, welches einerseits durch eine bis dicht an seinen Boden reichende Leitung b mit einer Förderpumpe c, andererseits durch eine in seinem Deckel d mündende Leitung e mit einer Trockenvorrichtung f verbunden ist. Der innere Raum der Trockenvorrichtung f steht durch eine Leitung g mit der Saugleitung h der Pumpe c und mit der Anschlußleitung i eines Ammoniakbehälters k in Verbindung. An der Kreuzungsstelle der Leitungen g, h und i ist zweckmäßig ein Dreiweghahn m eingeschaltet.

Zur Durchführung des Verfahrens wird das heizbare Reaktionsgefäß a mit einer technischen Fettsäure, z. B. Stearinsäure, beschickt und auf die geeignete Temperatur erhitzt. Hierauf wird aus der Ammoniakflasche k durch die Leitungen i, h und b bei gleichzeitiger Inbetriebsetzung der Pumpe c trockenes Ammoniakgas in die Beschickung des Gefäßes a eingeleitet. Das überschüssige Ammoniak steigt in der geschmolzenen Masse empor, führt das sich bildende Reaktionswasser mit, gelangt sodann mit letzterem durch die Leitung e in die Trockenvorrichtung f, wo es durch geeignete Stoffe, z. B. Ätzkalk, vom mitgerissenen Wasser befreit wird. Das wasserfreie Ammoniak gelangt weiterhin durch die Leitung g in die Saugleitung h der Pumpe zurück und kann neuerlich verwendet werden. Das in dem Gefäß a von der Fettsäure aufgenommene Ammoniakgas wird durch das aus dem Behälter k in die Leitung h übertretende Ammoniak ersetzt.

Die Pumpe c sorgt dafür, daß das Ammoniakgas sich stets in der beschriebenen, durch Pfeile bezeichneten Richtung bewegt. Der in der Apparatur herrschende Druck richtet sich nach dem Druck in dem Vorratsbehälter k und kann durch Erwärmen oder Abkühlen des letzteren nach Bedarf erhöht oder verringert werden.

Stearinsäureamid wurde als Papierleimstoff[1] und als Beizmittel[2] empfohlen. Speziell für den erstgenannten Zweck hat sich nicht geringes Interesse gezeigt. Noch größere Eignung zeigen aber die Fettsäureamide als Wollschmälzmittel, da sie ebenso wie Anilide die Fähigkeit besitzen, mit geringen Mengen fettsaurer Alkalien und Wasser Fette und Öle vollkommen und dauerhaft zu emulgieren. Insbesondere Emulsionen, welche Erdnußöl, Olivenöl und Wollfett, eventuell auch Glycerin enthalten, werden in den Textilbetrieben verwendet. Die „Duronpräparate" gehören hierher[3]. Auf ganz analogen Prinzipien beruht die Anwendung der Säureamide als Emulsionsmittel für Mineralöle.

Um nämlich wässerige, mehr oder minder konsistente, in Kälte und Hitze beständige Emulsionen aus Mineralölen oder Fetten herzustellen, werden letztere mit einer Mischung von Amiden der höheren Fettsäuren mit Wasser und einem Alkalisalz einer höheren Fettsäure erhitzt. *Siemsen* gibt behufs Herstellung einer konsistenten Ölemulsion aus Stearinsäureamid und aus dunklem Zylinderöl z. B. folgende Vorschrift an[4]: 400 g Stearinsäureamid,

---

[1] Amer. Patent 757 948 v. 19. April 1904.
[2] Amer. Patent 767 114 v. 9. August 1904.
[3] Vgl. *Hefter*, Technologie der Fette 3 (Textilöle).
[4] *Siemsen*, D. R. P. 188 712.

240 g Natriumstearat, 2 kg Zylinderöl und 8 l heißes Wasser. — Die Emulsionen sollen beständig sein und sich beliebig mit Wasser verdünnen lassen.

Dr. Bückel hat ein Verfahren zur Herstellung der Chloride technischer Fettsäuren zum Deutschen Reichspatent angemeldet, dessen Anspruch sich bei Verwendung von Phosphorpentachlorid oder Thionylchlorid auf die Herstellung in indifferenten Lösungsmitteln, wie Tetrachlorkohlenstoff usw., stützt. Er will weiter die Chloride der höheren Fettsäuren durch Arylsulfonamide in die Fettsäurearylsulfonimide überführen, um damit den Schmelzpunkt der Fettsäuren, deren Wasseraufnahmefähigkeit als Salbengrundlagen zu erhöhen oder sie zu Emulsionen, z. B. für Phenole, zu verwenden[1].

Eine eigenartige Synthese von Fettsäure mit Hilfe von Trimethylamin hat *Herzmann* zum Patent angemeldet. Danach soll die letztgenannte Base an Chloroxyfettsäuren oder an die Schwefelsäureester der Oxyfettsäuren angelagert werden, um quaternäre Ammoniumbasen vom Typus des Cholins herzustellen. Die Anlagerung erfolgt bei längerer Einwirkung des Trimethylamins auf die genannten, aus Ölsäure oder Tran hergestellten Ausgangsprodukte, wenn man zunächst bei gewöhnlicher Temperatur, sodann unter Druck bei 120° C unter Zusatz geringer, katalytisch wirkender Mengen von Pyridin oder feinverteiltem Kupfer arbeitet. Das Chlor soll sich durch Einwirkung von Alkalien auf das Additionsprodukt eliminieren lassen.

Die neuartigen Produkte waren für Seifen, Kerzen, Heizmaterialien, Appreturen, überhaupt als Stearinersatzmittel in Aussicht genommen.

Chlorierung von Fettstoffen.

Um aus fetten Ölen, Wachsen (ferner Erdölfraktionen, dem Paraffin und dem Montanwachs) Ersatzmittel für die Harze herzustellen, hat die Firma *Boehringer & Söhne* sich ein Verfahren schützen lassen[2], nach welchem die erstgenannten Produkte, gelöst in Tetrachlorkohlenstoff, so lange mit Chlor behandelt werden, bis mindestens 30 Proz. Chlor aufgenommen sind, wodurch eben der Harzcharakter eintritt. Da aber beim üblichen Chlorierungsverfahren die Chlorierung nur langsam fortschreitet, wurden zur Förderung des Prozesses späterhin die bei dieser Operation gebräuchlichen Kontaktkörper, z. B. Eisenchlorid, Aluminiumchlorid, Cer- und Vanadinchlorid, Jod, Chlorjod usw., angewandt[3]. Falls hierdurch der Chlorierungsvorgang bis zum Abbau des Chlorierungsgutes fortschreitet, ist es zweckmäßiger, die Katalysatoren erst bei Verzögerung des normalen Chlorierungsprozesses zuzusetzen. Ebenso ist es vorteilhaft, Tetrachlorkohlenstoff erst bei Zähflüssigkeit der Masse zuzufügen.

Emil Fischer hat eine neue Klasse aliphatischer Verbindungen aufgefunden welche eisenhaltig sind und von der Behenol- und Stearolsäure ausgehen.

---

[1] *Bückel*, D. R. P. v. 21. November 1913; D. P. A. v. 25. Juni 1914.
[2] D. R. P. 25 856 v. 19. November 1910.
[3] D. R. P. 275 165 v. 17. März 1912, Zus. zu D. R. P. 256 856. Vgl. auch D. R. P. 275 166 v. 17. März 1912, wo der Vorgang dieses Prozesses bei Anwendung der durch Chlor beeinflußten Lösungsmittel geschildert wird.

Diese Säuren verbinden sich bei längerem Erhitzen mit Arsentrichlorid auf 140° in molekularem Verhältnis zu einem fettähnlichen Produkt, welches die Gruppe $-C(AsCl_2) = CCl -$ enthält. Durch Einwirkung von Wasser werden 2 Chloratome gegen Sauerstoff ausgetauscht, wobei die Chlorasinobehenolsäure mit der Gruppe $- C(AsO) = CCl -$ entsteht. Sie wird schon beim Erwärmen mit Alkali in arsenige Säure und Behenolsäure gespalten [1].

Die aus Behenol- und Stearolsäure mit Arsen- und Phosphorchloriden entstehenden Produkte sind als Salze therapeutisch wichtig geworden, weil sie im Verdauungstraktus resorbiert werden. Ihre Herstellung wurde *Felix Heinemann* in Berlin geschützt [2].

Das Strontiumsalz $(C_{22}H_{39}O_3AsCl)_2Sr$, ein fleischfarbenes, geschmackloses Pulver mit 12 Proz. As-Gehalt, wird als „Elarson" medizinisch verwendet. Auch die Derivate der Fettsäuren lassen sich ähnlich behandeln und liefern so Ester, Anilide, Amide, welche nebst As oder P noch Br usw. enthalten [3].

Die Eisensalze besitzen den Vorzug, As oder P in lipoidlöslicher Form abzuspalten und dabei leicht resorbierbar zu sein [4]. Statt Arsentrichlorid läßt sich auch Arsensäureanhydrid und Salzsäure oder Arsen und Sulfurylchlorid oder Thionylchlorid verwenden [5].

Jodfette (z. B. Jodipin und Sajodin) stellen wertvolle Heilmittel dar, welche hauptsächlich in pharmazeutischen Laboratorien gewonnen werden.

Gewinnung von Fettsäuren aus Naphtha und Naphthaprodukten.

Schon bis zum Jahre 1869 reichen die Versuche zurück, die Kohlenwasserstoffe der Paraffinreihe in Fettsäuren umzuwandeln. Allein, da bis zum Weltkriege natürliche Fette und Fettsäuren reichlich vorhanden waren, nahmen diese Bestrebungen keinen dringlichen Charakter an. Anders wurde es in dem blockierten Mitteleuropa während des Weltkrieges, da es an Fett für alle Zwecke mangelte und man wenigstens das Rohmaterial für Seifen aus Petroleum- oder Braunkohlenteerprodukten gewinnen wollte [6].

---

[1] *Emil Fischer*, Annalen d. Chemie u. Pharmazie 1914, S. 403; *Fischer* und *Klemperer*, Chem. Centralbl. 1913, I, S. 1715.

[2] D. R. P. 257 641 v. 30. November 1911.

[3] D. R. P. 273 219 v. 26. März 1913, Zus.

[4] D. R. P. 271 158 v. 3. Januar 1913.

[5] D. R. P. 268 829 v. 28. Dezember 1912; D. R. P. 27 1159 v. 31. Januar 1913.

[6] Über die Literatur dieser Bestrebungen führt *C. Kelber*, Ber. d. Deutsch. Chem. Ges. 1920, Heft 1 an: *Gill* und *Meusel*, Z. 1986, 65 (Chromsäure); *Hofstädter*, Ann. 91, 326, Fillipuzzi Jahresb. 1855, 630; *Pouches*, Ber. 7, 1453 (Salpetersäure), Ber. 3, 138 (Salpeterschwefelsäure); *Bolley*, *Tuchschmidt*, Z. 1868, 500; *Jazukowitsch*, Ber. 8, 768; *Gray*, Amer. Patent 1 158 205.

Grün (Ber. d. Deutsch. Chem. Ges. 1920, 987) ergänzt diese Angaben: Zeitschr. f. angew. Chemie 31, 115, 252; Schweizer Patent der Pardubitzer Fantowerke 82 057 (2. September 1916, 17. November 1917, 29. Januar 1918, 25. September 1918); weiterhin engl. Patent 19 822/1919—131 301, 19 823/1919—131 302, 19 824/1919—131 303.

Im wesentlichen zerfallen die Prozesse, Kohlenwasserstoffe in andere chemische Verbindungen umzuwandeln, in zwei Klassen, nämlich in solche, die sich chemischer Reagentien mit Ausschluß der Luft und solche, die sich eben des Sauerstoffes der Luft bedienen. *Klimont* hat Benzin amerikanischer Herkunft mittels Chromylchlorids in Aldehyde umgewandelt[1] und *Zelinsky* sich der *Grignard*schen Reaktion zu Synthesen von aliphatischen und hydroaromatischen Säuren bedient.

Es ist auch durch das D. R. P. 151 880 vom 21. Nov. 1920 *Dr. Nikolaus Zelinsky* ein Verfahren zur Gewinnung organischer Säuren, insbesondere Fettsäuren, aus Rohnaphtha und deren Fraktionen geschützt worden, welches die Chlorderivate der Kohlenwasserstoffe in komplexe magnesium-organische Verbindungen umzuwandeln gestattet, die unter dem Einflusse von Kohlensäure und durch Zersetzung mit Wasser Fettsäuren liefern.

Das Verfahren der Einwirkung von Magnesium auf Brom- und Jodderivate synthetischer zyklischer Kohlenwasserstoffe in Gegenwart von Äther und die Überführung solcher magnesium-organischer Verbindungen in Säuren mittels Kohlensäure[2] kann nicht ohne weiteres auf Rohnaphtha angewendet werden, da Brom und Jod zu teuer sind und die Chlorderivate sich ziemlich passiv dem Magnesium gegenüber verhalten. Werden hingegen die durch Chlorieren der Naphthaprodukte hergestellten Chlorderivate in Äther gelöst und wird dieser Lösung Jod, gasförmige Jodwasserstoffsäure, Jodmethyl, Aluminiumjodid usw.) als Katalysator hinzugefügt, so erfährt die sonst sehr langsam und unvollständig verlaufende Reaktion eine solche Beschleunigung, daß sie bis zu 60 Proz. der theoretischen Ausbeute an Fettsäuren ergibt.

Eine zwischen 115 bis 120° C siedende Erdölfraktion lieferte z. B. beim Chlorieren ein Produkt, welches als Gemenge von $C_8H_{17}Cl$ und $C_8H_{15}Cl$ aufgefaßt werden konnte.

Um die Fettsäuren $C_8H_{17}COOH$ und $C_8H_{15}COOH$ zu erhalten, wurde das Gemenge der Chloride im mehrfachen Volumen wasserfreien Äthers gelöst, trockenes Magnesiumpulver in molekularer Menge eingetragen und 0,03 bis 0,5 Proz. des Ausgangsmaterials an Jod hinzugefügt. Die nunmehr bald einsetzende Reaktion währte je nach der Menge des Ausgangsmaterials 1 bis 2 Stunden. Nunmehr wurde in das Reaktionsprodukt unter Kühlung und unter Anwendung eines Rückflußkühlers Kohlensäure geleitet, die sofort unter Wärmeentwicklung reagierte und größtenteils absorbiert wurde. Die nicht aufgenommene Kohlensäure entwich durch eine Rohrverbindung in ein zweites Gefäß, woselbst sie durch ein noch nicht verarbeitetes Reaktionsgemisch zur Ausnutzung gelangte. Nach 1 bis 2 Stunden war der gesamte Inhalt des Apparates in eine halbfeste Masse komplexer magnesium-organischer Verbindungen verwandelt, der Äther wurde abdestilliert, der Rückstand mit angesäuertem Wasser behandelt, wodurch das neue Magnesiumsalz der organischen Säure in wässeriger Lösung blieb und späterhin durch einen Über-

---

[1] Vgl. hierzu *Engler-Höfer*, Das Erdöl.
[2] Ber. d. Deutsch. Chem. Gesellsch. 1902, 2687.

schuß von Mineralsäuren zerlegt wurde. Das schließlich sich ergebende Produkt wurde in vacuo fraktioniert.

In diesem der Laboratoriumpraxis entnommenen Beispiel wurde das zwischen 128 bis 132° C (12 mm) siedende Gemenge als ein Isomeres der Pelargonsäure und ein solches der Hexahydroxylilsäure erkannt. Russisches Naphthagasolin (Siedep. 28 bis 40° C; D.[26° C] = 0,6266) wurde chloriert und der bei 80 bis 110° C siedende Antheil nach dem vorbeschriebenen Verfahren behandelt. Es resultierte Isocapronsäure (Siedep. 197 bis 198° C; D. [18°/4°] = 0,9290) $C_6H_{12}O_2$. Aus Pentan (Kahlbaum; Siedep. 27 bis 29° C; D. [14,5/°4° C] = 0,6238 wurde die Verbindung $C_5H_{11}Cl$ (Siedep. 94 bis 96° C) erhalten, welche Isocapronsäure (Siedep. 196° C; D. [18°/4° C] = 0,9288) ergab. Schließlich gab Naphthabenzin Hexahydrobenzoesäure, weiterhin Heptylsäure, Methylzyklopentancarbonsäure und Zyklohexancarbonsäure.

Die Umwandlung von Naphthaprodukten in Fettsäuren mittels Luft wurde praktisch zuerst von *Schaal* vorgenommen, welchem durch das D. R. P. 32 705 ein Verfahren geschützt wurde, aus Mineralölen durch Anwendung von Alkalien und Sauerstoff organische Säuren herzustellen.

Nach der Patentschrift versetzt man die zwischen 150 bis 400° C siedenden Fraktionen der Kohlenwasserstoffe in einem hohen, zu zwei Dritteln gefüllten Metallgefäße, das mit einem Rührwerk und Rückflußkühler versehen ist, mit einigen Prozenten einer fein gepulverten Mischung von etwa gleichen Teilen Calciumoxyd, Natronhydrat und Soda oder auch mit Calciumoxyd usw. allein, ferner mit Sauerstoffüberträgern und sonstigen Alkalien, erhitzt zum heftigen Sieden und leitet gleichzeitig unter Umrühren gepreßte Luft oder Sauerstoff durch das Gemisch. Nach einiger Zeit setzt man von neuem Alkali zu, am besten derart, daß man das Alkali mit dem zurückfließenden Kohlenwasserstoff, durch einen mechanischen Apparat stetig fein verteilt, dem Kessel zuführt (oder man leitet Ammoniakgas durch). Die Menge des Alkalis berechnet sich nach dem durchschnittlichen Äquivalentengewicht des Kohlenwasserstoffes. Durch den Sauerstoff gehen die Kohlenwasserstoffe in Säuren, die sich meist unlöslich am Boden des Kessels absetzen, über und werden von Zeit zu Zeit herausgenommen. Hat man nur wasserlösliche Seifen, so kann man auch durch Wasser dem etwas erkaltenden Gemische die Seifen entziehen. Teile, welche sich schwerer oxydieren lassen, können als nahezu geruchlose Schmier- und Brennöle verwendet werden.

Derselbe Zweck wird erreicht, wenn man das Ausgangsmaterial, die Kohlenwasserstoffe, mit ungefähr 20 Proz. der alkalischen Gemische, zuweilen in Verbindung mit Sauerstoffüberträgern (Kupfersalzen usw.) und mit indifferenten Stoffen (Bimsstein, Infusorienerde, Kochsalze, Glaubersalz) so fein verteilt, daß man eben noch ein trockenes Pulver erhält, und längere Zeit mit der Luft in innigste Berührung bringt. Dies kann in einer rotierenden Trommel, die mit Rückflußkühler versehen ist, am besten durch vorsichtiges Erhitzen mit Dampf geschehen. Höhere Temperatur beschleunigt die Operation sehr, doch tritt schon bei gewöhnlicher Temperatur und längerer Einwirkung Säurebildung ein. Man setzt den Prozeß so lange fort, bis eine gezogene Probe eine wesentliche Ausbeute an Säuren ergibt.

Auch durch Chlorkalk werden gewisse Kohlenwasserstoffe in Säuren übergeführt. Man bestimmt zu diesem Zwecke zunächst durch einen Versuch, ob sich ein Kohlenwasserstoff durch Chlorkalk oxydieren läßt, und mischt dann durch ein Rührwerk den Kohlenwasserstoff allmählich mit der berechneten Menge Chlorkalk, kühlt, wenn die Einwirkung zu stürmisch wird, oder erwärmt, wenn die Reaktion nicht eintritt, vorsichtig bis 125° C; bei dieser Temperatur tritt häufig eine heftige Reaktion ein.

Manche Kohlenwasserstoffe oxydieren sich mit Chlorkalk sehr leicht, andere gar nicht. Wird der zugesetzte Chlorkalk nicht vollständig verbraucht, was man mit Indigo erkundet, so setzt man noch etwas Kohlenwasserstoff zu und erwärmt einige Zeit auf 130 bis 200° C. Man entfernt nun den Kalk durch Salzsäure, zieht die gebildeten Säuren mit Alkalien aus und schmilzt das zurückbleibende Ölgemisch am besten einige Stunden mit ungefähr 50 Proz. Ätznatron bei etwa 200 bis 300° C. Es werden hierbei noch ziemliche Mengen Zwischenprodukte in Säuren übergeführt.

Andere Kohlenwasserstoffe oxydieren sich sehr leicht durch starke Salpetersäure. Es läßt sich nun diese Operation zweckmäßig in der Weise leiten, daß man ein System von Gefäßen aus Glas, Steingut oder Stein zu $1/3$ bis $2/3$ mit dem Kohlenwasserstoff anfüllt und durch Gasleitungsrohre unter sich verbindet. In das erste Gefäß bringt man allmählich $1/2$ bis gleiche Teile Salpetersäure oder leitet sie auch gasförmig ein und läßt gleichzeitig mit den Gasen einen starken Luftstrom durch die Kohlenwasserstoffe bei ca. 100° C streichen. Das erste Gefäß erwärmt sich häufig sehr, weshalb der Zusatz von Salpetersäure vorsichtig erfolgen muß; später erhitzt man es, wie auch die anderen Gefäße auf ca. 150° C, bis die Salpetersäure verbraucht ist. Nun entleert man das Gefäß 1, füllt es von neuem und setzt nun dem Gefäße 2 Salpetersäure zu, während Gefäß 1 das letzte im System wird usw. Es bilden sich hierbei Säuren wie auch stickstoffhaltige Produkte. Die Säuren entzieht man dem Gemisch durch Natronlauge, die ungelösten Anteile schmilzt man mit ca. 5 Proz. Ätznatron einige Stunden bei 200 bis 300° C und erhält so noch eine reichliche Menge stickstofffreier Säuren.

Die auf so verschiedene Weisen erhaltenen Säuren sind Gemische, welche Seifen bilden und sich durch Destillation, fraktionierte Fällung oder Extraktion trennen lassen.

Am einfachsten verfährt man jedoch derart, daß man die Säuren mit Benzin oder Petroleum auszieht, wobei die flüssigen Säuren vorwiegend in Lösung gehen, während die festen unlöslich zurückbleiben. Auch durch Destillation im Vakuum kann man die flüchtigen flüssigen Säuren von den nichtflüchtigen festen trennen. Zuweilen beobachtet man bei den flüssigen Säuren Überoxydation, welche anscheinend durch Bildung von Oxysäuren bedingt wird und sich durch Behandlung mit Zinkstaub in alkalischer Lösung oder durch Behandlung der Säuren selbst mit Zinkstaub rückgängig machen läßt.

Die flüssigen Säuren werden nun einer Destillation im Vakuum bei einer Temperatur bis zu 350° C unterworfen. Verharzte, zurückgebliebene Teile verhalten sich ähnlich wie die in Petroleum unlöslichen Säuren, geben daher mit Alkalien noch Seifen, mit Kalk und Magnesia asphaltartige Massen; auch ihre Ester sind mehr oder weniger harte Harze, die der Lackfabrikation oder als Ersatz für Wachs, Pech, Asphalt dienen. Die flüchtigeren destillierbaren Säuren sind keine einheitlichen Verbindungen, vielmehr je nach dem Ausgangsmaterial verschieden; gleichwohl ist der Gesamtcharakter derselben sehr ähnlich. Sie bilden sämtlich Seifen, und namentlich die höher konstituierten besitzen Verwandtschaft mit der Ölsäure.

Die Einzelfraktionen der durch Oxydation aus den Kohlenwasserstoffen resultierenden Säuren lassen sich teilweise zur Erzeugung esterartiger Körper, teils zu Seifen, teils endlich als solche selbst verwenden.

Die flüchtigsten Säuren geben mit Methyl-, Äthyl-, Batyl-, Amylalkohol für Parfümeriezwecke brauchbare wohlriechende Äther. Die nächstfolgenden bilden mit Äthylalkohol und Glycerin den natürlichen Ölen ähnliche Verbindungen, welche Rüböl ersetzen können und, gemischt mit den Säuren selbst, sich als Tournantöl verwenden lassen. Die höchst siedenden Säuren, welche der Ölsäure ähnlich sind, liefern vorzügliche Seifen, und deren Äthyl-, Glycerin- sowie Oxalsäureäther verhalten sich wie natürliche Öle und Fette.

Auch die Sulfoverbindungen dieser Säuren, welche durch gelindes Erwärmen mit $1/2$ bis gleichen Teilen Schwefelsäure erhalten werden, sind wie Türkischrotöl in der Färberei verwendbar.

In neuerer Zeit hat *Bergmann* die Einwirkung von Luft auf Paraffin bei 130 bis 135° C experimentell studiert und nach wochenlangem Durchblasen eine salbenartige Masse erhalten, in welcher er nebst viel unverseifbarer

Substanz ein Gemenge höher und niedriger molekularer Fettsäuren erhielt, in welchem Ameisensäure, Essigsäure, Buttersäure und Lignocerinsäure festgestellt werden konnte[1]. *C. Kelber* nahm Versuche in gleicher Richtung auf[2] und konstatierte, daß bei Anwesenheit von Manganoxydul, Manganoxyd, Mangansilicat u. dgl. als Katalysatoren schon mehrstündiges Durchleiten von Luft das Paraffin fast vollständig verseifbar mache. Als weitere zweckentsprechende Katalysatoren nennt *Kelber* Osmiumsäure und Platin. Noch besser jedoch gelang die Oxydation bei Anwendung reinen Sauerstoffs. Leitete man reichlich Sauerstoff in feiner Verteilung bei 140 bis 150° C durch Paraffin, oder zerstäubte man Paraffin durch Sauerstoff, so begann nach einiger Zeit die Reaktion, die Temperatur stieg auf etwa 200° C, und die Oxydation war nach 4 bis 5 Stunden beendigt. *Kelber* arbeitete jedoch am vorteilhaftesten, wenn er Paraffin mit einer geringen Menge einer Manganverbindung versetzte und mit Sauerstoff bei 150° C durcharbeitete. Höhere Temperaturen wurden vermieden. Das Endprodukt war schwach gelb gefärbt, zeigte Schmalzkonsistenz und besaß den Geruch der Cocosfettsäuren. Die Ausbeute betrug 90 bis 100 Proz, die Verseifungszahl 250 bis 300, die Säurezahl 200. Auch *Ubbelohde* und *Eisenstein* berichten über Versuche zur Herstellung von Fettsäuren für Seifen aus hochmolekularen Anteilen des Erdöles[3]. Da Luft oder Sauerstoff bei ca. 200° C zersetzend auf Paraffin wirken und die Oxydation mittels Sauerstoffs bei 100° C zu langsam vor sich geht, wurde 1 Proz. MnO_2 als Katalysator hinzugefügt. Nach kurzer Zeit resultierte ein weißes Reaktionsprodukt von der Verseifungszahl 198 (mit einer Ausbeute von 83 Proz.), welches nach Cocosfett roch. Das Optimum der Reaktion wurde durch die Anwesenheit von 2,5 Proz. Wasser bedingt. Wurden 2 Proz. Mangansterat als Katalysator zu Paraffin gefügt und Sauerstoff mit bestimmter Feuchtigkeitsmenge durchgeblasen, so war nach 12 Stunden das Reaktionsprodukt nahezu farblos und besaß nur noch 18 bis 20 Proz. Unverseifbares; die Verseifungszahl war 200. Das Fett ließ sich zu Kernseifen verarbeiten. Von bekannten Fettsäuren wurden nur Buttersäure, Valeriansäure und Caprylsäure sichergestellt.

Nach diesem Verfahren wurden erzielt:
Aus galizischem Erdölparaffin nach 12 Stunden ein Produkt mit V. Z. 208
„ Braunkohlenteerparaffin „ 12 „ „ „ „ „ 206
„ Schieferöl „ 19 „ „ „ „ „ 146
„ rumänischem Spindelöl „ 19 „ „ „ „ „ 141
„ Pechelbronner Destillat „ 19 „ „ „ „ „ 77

Harries, Koetschau und *Fonrobert* unternahmen es, den ungesättigten Anteil der hochsiedenden Braunkohlenteeröle mittels Ozons zu oxydieren[4]. Ausgangsprodukt war ein Hallenser Gasöl mit den Daten: Siedep. 125 bis 220° C 10 mm); Flp. 125° C und Jodzahl 50 bis 60, welches reichlich als Abfallprodukt zur Verfügung stand und als Heizöl verwendet wurde. Ozon wurde in

---

[1] Zeitschr. f. angew. Chemie 1918, S. 69.
[2] Ber. d. Deutsch. Chem. Ges. 1920, S. 66.
[3] Chem. Centralbl. 1920, II, 22.
[4] *C. Harries, Rudolf Koetschau* und *Ewald Fonrobert*, Chem.-Zeitung 1917, 117.

Gewinnung von Fettsäuren aus Naphtha und Naphthaprodukten.

das Rohöl eingeleitet, worauf sich ein braunes, öliges Ozonid ausschied, das in Laugen, ohne zu schäumen löslich war. Das mit Säuren aus den Alkalilösungen ausgeschiedene Produkt, der Destillation in vacuo unterworfen, lieferte neben einer geringen Menge eines sauren dickölgen Destillats größtenteils Zersetzungsprodukte. Durch Behandlung mit Wasserdampf wurden die Ozonide in Peroxyde (durch Umlagerung der Ozonide entstanden) gespalten; Erhitzen mit Kalihydrat führte die Peroxyde in Säuren über. Da die Menge des angelagerten Ozons darauf hinwies, daß an eine konjugierte Doppelbindung nur ein Molekül Ozon angelagert wurde, mußte versucht werden, eine vollständige Absättigung durch Ozon zu erzielen. In der Tat nahmen die alkalischen Fettsäurelösungen neuerdings Ozon auf, wodurch ein oxydativer Abbau der ursprünglichen Spaltungsprodukte erreicht wurde:

$$CH_3(CH_2)_xCH = CH \cdot CH : CH_2 \rightarrow CH_3(CH_2)_xCH : CH \cdot CHCH_2 \rightarrow$$
$$\underset{O_3}{\underset{|}{}}$$

$$\rightarrow CH_3(CH_2)_xCH : CH \cdot \underset{\underset{O}{\diagdown}}{\overset{\overset{O}{\diagup}}{CH}} \mid + HCOH \rightarrow CH_3(CH_2)_xCH = CH \cdot COOH \rightarrow$$

$$\rightarrow CH_3(CH_2)_xCH\!-\!CH \cdot COOH \rightarrow CH_3(CH_2)_xCOOH$$
$$\underset{O_3}{\diagdown\diagup}$$

Die schließlich erzielten niedrig molekularen Säuren besaßen angenehmen Geruch und in Alkalien befriedigendes Schaumvermögen; das Entweichen von Formalin während des Prozesses wurde beobachtet, weshalb die konjugierten Doppelbindungen endständig angenommen wurden, was jedoch nicht ausschließt, daß noch anders geartete molekulare Gruppierungen vorhanden waren[1]. Während Destillate aus bituminösem Schiefer ähnliche, gleichfalls nicht explosive Ozonide lieferten, wurden aus Petroleumsorten nur explosive Ozonide erhalten.

Im schließlich resultierendem Säuregemisch wurden Ameisensäure, Essigsäure, Propionsäure, Myristinsäure, Palmitinsäure und Stearinsäure mit Sicherheit festgestellt. Weiterhin wurde ein Produkt gefunden, welches der Ölsäure nahesteht, und solche Anteile, in welchen sich die Anwesenheit von Heptadecyl- und Caprinsäure vermuten läßt.

Aus diesen Endprodukten schließen die Experimentatoren auf das Vorhandensein eines Fettsäuregemenges von ähnlicher Zusammensetzung, wie sie die Fettsäuren des Cocosfettes besitzen, weiterhin auf eine Zusammensetzung des Gasöles, welches sich durch folgende Formeln darstellen läßt:

$$CH_3(CH_2)_{16}CH : CH_2 \quad \text{oder} \quad CH_3(CH_2)_{17}CH = CHCH_3 \quad \text{oder}$$
$$CH_3(CH_2)_{12}CH = CHCH_2CH_3\,[2].$$

Im D. R. P. 324 663 vom 29. Febr. 1916, erteilt an *Dr. Carl Harries*, *Dr. Rudolf Koetschau* und *Dr. Ernst Albrecht*, haben diese Versuche, zu Fettsäuren und Aldehyden zu gelangen, ihren technischen Ausdruck gefunden.

---

[1] Es entsteht auch Oxalsäure; vgl. Ber. d. Chem. Ges. 52, 65 u. f.
[2] Über weitere Einzelheiten vgl. Ber. d. Deutsch. Chem. Ges. 52, 65 u. f.

146   Gewinnung von Fettsäuren aus Naphtha und Naphthaprodukten.

In der Patentschrift wird ausgeführt, daß die Ozonide der aliphatischen, eine höhere Jodzahl besitzenden Kohlenwasserstofföle sich zu harzfreien Spaltstücken, nämlich fetten Aldehyden und Säuren, quantitativ aufspalten lassen, und zwar insbesondere die Ozonide von carbürreichen aliphatischen Erdölkohlenwasserstoffen sowie von den Teerprodukten aus Braunkohle, Schiefer, Torf und bituminösem Asphalt. Die Spaltung erfolgt mit chemischen Agentien, nämlich Wasserdampf, Lauge oder Säure. Es können auch solche Agentien angewandt werden, welche nicht Aldehyde oder Säuren, sondern Derivate davon liefern, beispielsweise Alkohol, welcher Acetale und Ester bildet.

Die bei der Spaltung der Ozonide zuweilen auftretenden Peroxyde können ebenfalls zu Aldehyden oder Säuren umgelagert werden, wenn man auf die Peroxyde die zur Ozonidspaltung geeigneten Agentien einwirken läßt. Auch Ozon selbst kann den Peroxyden gegenüber als Spaltmittel angewandt werden, um fette Aldehyde und Säuren zu erhalten.

Es kann von Vorteil sein, die zuweilen explosiven Ozonide und Peroxyde nicht unnötig zu isolieren, sondern die Spaltung der Ozonide und Peroxyde im Entstehungszustand erfolgen zu lassen, beispielsweise, indem man Erdöldestillate oder Braunkohlenteerdestillate oder Krakdestillate in Gegenwart von chemischen Agentien, z. B. Kalilauge, unter gleichzeitiger guter Durchmischung mit Ozon behandelt.

Die Spaltung der Ozonide in deren Entstehungszustand mittels Alkali erfolgt bereits bei Zimmertemperatur und führt glatt in quantitativer Ausbeute zu hellen und reinen Salzen der Fettsäuren. Die erhaltenen Seifen besitzen infolge eines geringen Formaldehydgehaltes desinfizierende Eigenschaften, was den technischen Wet des Verfahrens erhöht. Es ist überraschend, daß das Ozon selbst bei Gegenwart von chemischen Agentien, welche als ozonzerstörend erkannt werden, doch noch bei niedriger Temperatur sofort die wertvolle Spaltung der ungesättigten Kohlenwasserstoffe bewirkt.

Spaltung der Ozonide nach diesen Methoden kann auch in Gegenwart indifferenter Lösungsmittel, wie Tetrachlorkohlenstoff, erfolgen. Die Eindeutigkeit der Reaktion, welche nur fette Aldehyde und Säuren als Endprodukte liefert, erlaubt es sogar, Gemische von Ozoniden aus den verschiedensten ungesättigten, aliphatischen Kohlenwasserstoffölen aufzuspalten bzw. Gemische dieser Kohlenwasserstoffe bei Gegenwart von chemischen Agentien in Ozonide und Peroxyde überzuführen, die im Entstehungszustand zersetzt werden. Dies gilt jedoch nur für Erdölfraktionen, welche keine Naphtene enthalten.

Man kann nach dem vorliegenden Verfahren fette Aldehyde und Säuren, und zwar vorwiegend Homologe der Reihe C_7 bis C_{12} gewinnen. Außerdem entsteht auch Formaldehyd, der als Trioxymethylen leicht aufgefangen werden kann, und Ameisensäure.

Um nach diesem Verfahren zu arbeiten, wird z. B. Hallenser Gasöl aus Braunkohlenteer bis zur Sättigung mit Ozon behandelt, was meist nach einer Gewichtszunahme von etwa 20 Prozent erreicht wird. Nach dem Abheben des unangegriffenen Gasöles bewirkt man die Spaltung des Ozonids durch Einleiten von Wasserdampf, wozu nur kurze Zeit nötig ist. Darauf wird mit Alkalilauge übersättigt und wiederum Wasserdampf durchgeblasen, wobei die Peroxyde in Säuren umgewandelt werden.

Die Laugenlösung wird entweder direkt zur Gewinnung fester Seifen eingedampft oder mit Kochsalz ausgesalzen. Man kann auch die Säuren durch Ansäuern der Laugenlösung mit anderen Säuren in Freiheit setzen und mit gespanntem Wasserdampf abtreiben. Die flüssigen Säuren können fraktioniert werden; man erhält z. B. aus Gasöl freie flüssige Säuren innerhalb der Siedegrenzen 80 bis 220° bei 10 bis 12 mm Druck. Aus der oberen Fraktion läßt sich feste Fettsäure gewinnen, und zwar bei 180 bis 200° bei 10 bis 12 mm Druck.

---

[1] Über Ozonide der Kohlenwasserstoffe aus Erdöl und Braunkohlenteerdestillat vgl. auch *Molinari* und *Fenaroli* Ber. d. Deutsch. Chem. Ges. 41, 3704; „Petroleum" 1908 (4) 271; *Gurwitsch*, Wissenschaftl. Grundlagen der Erdölbearbeitung, Berlin 1913, 34, 35; (Kapitel „Ozon").

Gewinnung von Fettsäuren aus Naphtha und Naphthaprodukten. 147

Die fetten Aldehyde kann man aus dem Wasserdampfdestillat mit Bisulfit abscheiden. Das nach der aufeinanderfolgenden Behandlung des Gasöles mit Ozon bzw. Kalilauge und Bisulfit zurückbleibende unangegriffene Öl siedet bei 260 bis 330° unter gewöhnlichem Druck und ist ein sehr wertvolles Schmieröl oder auch Transformatorenöl.

Die Spaltung des Ozonides läßt sich auch mittels Schwefelsäure erzielen. Man zersetzt in diesem Falle kurze Zeit mit Wasserdampf und fügt dann unter Umrühren verdünnte Schwefelsäure zu, worauf man die Aldehyde mit Wasserdampf abbläst. Aus dem sauren Rückstand lassen sich die Fettsäuren durch Abheben und gegebenenfalls durch Extraktion gewinnen.

Oder: Man unterschichtet das über die Ozonide und Peroxyde zu spaltende Hallenser Gasöl mit Alkalilauge und leitet unter Schütteln oder Luftmischung Ozon ein, das aus Luft oder Sauerstoff bereitet wird. Die intermediär gebildeten Ozonide werden sogleich zu Säuren gespalten, desgleichen die Aldehyde sofort über die Peroxyde in Säuren umgesetzt. Man erhält eine helle Seifenlösung, von der man das unangegriffene Gasöl durch Abheben trennt. Die Ausbeute ist quantitativ. Es bleiben z. B. bei Anwendung von 100 kg Gasöl 40 kg unangegriffen. Der Rest, etwa 80 kg, besteht aus technisch wertvollen Fettsäuren, vorwiegend Heptylsäuren bis Laurinsäuren, sowie aus etwas Trioxymethylen, das durch Abblasen entfernt werden kann.

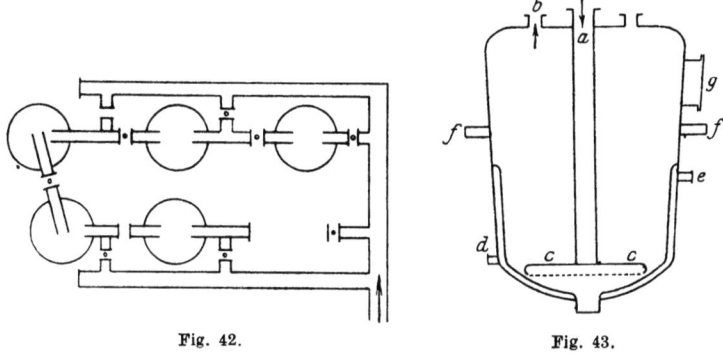

Fig. 42. Fig. 43.

In Gegenwart von indifferenten Lösungsmitteln zu arbeiten ist vorteilhaft, wenn man die Ozonide stark ungesättigter Kohlenwasserstofföle spalten will, da dann die zuweilen beobachtete Explosionsgefahr vermindert wird.

Z. B.: 100 kg amerikanisches Krakpetroleum werden mit Ozon behandelt, wobei harzfreie und ölige Ozonide ausfallen. Das Unangegriffene wird abgegossen und das Ozonid in Tetrachlorkohlenstoff im Verhältnis 1 : 1 gelöst. Diese Lösung unterwirft man der Spaltung durch Einleiten von Wasserdampf.

Oder: 100 kg Hallenser Gasölkrakdestillat, dessen Jodzahl durch den Krakprozeß von 63 auf etwa 150 gebracht wurde, werden in Chloroform gelöst und in Gegenwart von Alkalien über die Ozonide aufgespalten. Man erhält etwa 95 kg Säuren.

Über die praktischen Versuche berichten die Erfinder in der Chemiker-Zeitung (1917, Nr. 16) folgendes:

In Schierstein a. Rh. stand zu diesen Zwecken das Ozonwerk der Stadt Wiesbaden zur Verfügung. Die Apparate waren auf die Ozonisierung von Luft eingerichtet und lieferten einen Ozonstrom, der etwa 2 bis 2,5 g in 1 cbm enthielt. Die Durchleitungsgeschwindigkeit betrug etwa 100 cbm in 1 Std. Der Gasstrom wurde vermittels eines Kompressors aus den Apparaten durch eiserne Röhren in die Ölgefäße gesaugt, die in folgender Schaltung aufgestellt waren: Die Fig. 42 zeigt das Schaltungsschema der Einleitungsgefäße, ○ sind Verschlußventile, jedes Gefäß ist herauszunehmen, ohne daß der Betrieb unterbrochen werden muß. Die eisernen Einleitungsgefäße besaßen

10*

etwa einen Rauminhalt von 1200 l und waren mit einer Kühlvorrichtung versehen. Das Gas trat durch einen Lochkranz in das Öl ein. Die Einrichtung läßt sich aus der Zeichnung (Fig. 43) ersehen. Diese Figur zeigt das Schema der Einleitungsgefäße. Dieselben sind auf Winkeleisen bei f, f aufgelegt und nach vorn kippbar. Bei a tritt das Ozon ein, c, c ist der Lochkranz, die Löcher sind von 3 mm Durchmesser, Anzahl etwa 64, d Wasserfluß, e Abfluß, g Mannloch muß zu Beobachtung dienen und mit Glasfenster versehen sein, b Verbindungsweg nach a nächst Einleitungsgefäß.

Alle Röhrenleitungen müssen sehr weit sein, damit keine Reibung entstehe, wodurch ein Zerfall des Ozons herbeigeführt werden kann. Es wurden in 3 Gefäße je etwa 100 kg Öl eingefüllt und das vierte mit Wasser zur Absorption des entweichenden Formaldehyds beschickt. Bei den Versuchen ließ sich ermitteln, daß durch den starken Gasstrom viel Öl mitgerissen wurde, wodurch ein Verlust von ungefähr 10 Proz. entstand. Zweckmäßiger scheint ein Gegenstromberieselungsverfahren nach *Engler*.

Die Kaliseife, welche erhalten wurde, entsprach den Erwartungen und glich vollkommen in ihren Eigenschaften der im kleinen Maßstabe hergestellten Verbindung. Für einen größeren Betrieb würde sich nicht Luft empfehlen, da sich dieselbe für diese Zwecke wesentlich teurer stellt als Sauerstoff.

Auch *Franz Fischer* und *Wilhelm Schneider* beschäftigten sich mit der Oxydation des Paraffins[1]. Sie erhitzten Rohparaffin mit schwachen Sodalösungen in druckfesten Stahlapparaten auf ca. 170° C und preßten gleichzeitig Luft ein. Dabei zeigte es sich, daß die Zeit, welche erforderlich war, um die Hälfte der vorhandenen Soda durch Fettsäuren zu neutralisieren, in der Weise von der Temperatur abhing, daß für ca. 10° Temperatursteigerung eine Verdopplung der Reaktionsgeschwindigkeit eintrat, und daß letztere proportional dem angewandten Luftdruck war. Eisen, Mangan, Kupfer waren gleichartig gute Katalysatoren, andere Metallverbindungen (auch Quecksilberoxyd) waren unwirksam. Um möglichst viel Fettsäure pro Zeiteinheit zu erzielen, wurde der Prozeß auf völlige Neutralisation der Sodamenge eingestellt, wobei sich das übrigbleibende Paraffin als sauerstoffhaltig erwies. Die entstandenen Fettsäuren besaßen die Zusammensetzung $C_{13}H_{26}O_2$; $C_{15}H_{30}O_2$; $C_{17}H_{34}O_2$; und waren somit ungerader Kohlenstoffzahl.

Wurde durch Paraffin in einem eisernen Kessel in Abwesenheit von Wasser bei 135 bis 145° C und gewöhnlichem Druck Luft durchgeblasen, so resultierte ein Produkt, welches in Alkalien löslich, in kohlensauren Alkalien unlöslich war. Wurden aus der alkalischen Lösung die durch Säuren ausgeschiedenen Produkte nunmehr mit Soda behandelt, so waren sie auch in Soda löslich. Daraus schließen die Experimentatoren, daß die primären Oxydationsprodukte Anhydride der höheren Fettsäuren seien und direkt aus 2 Molekülen Aldehyden und einem Molekül Sauerstoff entstünden. Da Anhydride neutrale Körper sind, wäre es nach der Ansicht *Fischers* und *Schneiders* nicht ausgeschlossen, daß sie an und für sich als Nahrungsmittel tauglich wären.

Heinrich Frank nahm die katalytische Oxydation eines Paraffins vom Schmelzpunkt 44 bis 48° C im zirkulierenden Sauerstoffstrome vor. Leitet man nämlich Sauerstoff durch geschmolzenes Paraffin, das sich in einem *Erdmann*schen Kolben (mit Bodenrohreinführung des Gases) befindet, bei etwa 150° C, so werden schon nach wenigen Stunden 20 bis 30 proz. Säuren

---

[1] Ber. d. Deutsch. Chem. Ges. 1920, S. 922.

gebildet. Die vollständige Oxydation zu Carbonsäuren benötigt 10 bis 30 Stunden. Katalysatoren ersparen zwei Drittel dieses Zeitraumes. Wurden jedoch die beim Crack-Process entstandenen Spaltstücke von Kohlenwasserstoffen in statu nascendi mit Sauerstoff unter Katalysatorenwirkung in Reaktion gebracht, so wurden je nach den Versuchsbedingungen diese Kohlenwasserstoffe mit guter Ausbeute zu Carbonsäuren oxydiert. Letztere bestanden sowohl aus niedrig-, wie auch aus hochmolekularen Fettsäuren, welche gut schäumende Seifen lieferten. Die nach halbstündigem Prozesse erzielte Ausbeute betrug 85 bis 90 Proz. Gesamtcarbonsäuren, von welchen 70 bis 75 Prozent technisch verwertbar waren. Der Rest bestand aus niedrig molekularen Fettsäuren nebst undefinierten Oxydationsprodukten. Als Katalysatoren wurden die Resinate des Bleis, Mangans und Vanadins benützt. Vanadin war am wirksamsten. Die Ansicht *Francks* geht dahin, daß bei dieser Art Oxydation die höheren Fettsäuren primär, die niederen sekundär entstehen. Die Gesamtfettsäuren sind denjenigen des Kokosfettes ähnlich. *Franck* veresterte diese Fettsäuren mit Äthylalkohol oder Glykol. Die Ester ergaben nach geeigneter Raffination genußfähige Produkte, welche sich von den während des Krieges in Deutschland gewonnenen künstlichen analogen Estern nicht unterschieden. Das derart praktisch hergestellte „Tego-Glykol" muß daher als ein auf synthetischem Wege gewonnenes Speisefett betrachtet werden[1].

Nach dem Schweizer Patent der *Pardubitzer Fabrik der A.-G. für Mineralölindustrie vorm. David Fanto & Co.* werden die Kohlenwasserstoffe mittels Katalysatoren in Fettsäuren umgewandelt[2].

Das Verfahren beruht darauf, daß ein Sauerstoff enthaltender Gasstrom so lange durch geschmolzenes Paraffin geleitet wird, bis das Paraffin oxydiert ist. Nach beendeter Reaktion wird ein Gemisch von Säuren erhalten, welches ohne weitere Behandlung als Ausgangsmaterial für technische Zwecke verwendet werden kann. Die Reaktion geht unter Wärmeentwicklung vor sich. Zweckmäßig ist es, den sauerstoffhaltigen Gasstrom bei einer Temperatur unter 150° durch das Paraffin zu leiten und dessen Zufuhr derart zu regeln, daß die Temperatur, bei welcher die Oxydation des Paraffins vor sich geht, durch die eigene Reaktionswärme ungefähr konstant erhalten wird. Der Prozeß kann im Vakuum oder unter erhöhtem Drucke behufs Beschleunigung der Oxydation durchgeführt werden, doch hat man darauf zu achten, daß nicht Eisengefäße, welche selbst katalytisch wirken und das Produkt dunkel färben, sondern andere, dieses Hindernis vermeidende Gefäße verwendet werden; dann lassen sich citronengelb gefärbte Endprodukte erzielen. Durch Anwendung reinen Sauerstoffs oder Ozons wird die Oxydation ebenso beschleunigt, wie durch Katalysatoren. Als solche sind sowohl Metalle,

---

[1] *Franck*, Chem.-Ztg. 1920, 49. Ferner: Bericht über die 86. Versamml. deutscher Naturforscher in Nauheim (Centralbl. Chem.-Zt. 1920, S. 743) u. Habilitationsschrift (Friedr. Vieweg & Sohn).

[2] L. c. eingangs des Kapitels.

Metalloxyde oder Metallsalze, als auch insbesondere Säuren, wie z. B. Ölsäure, Naphthensäure oder Harzsäuren, ferner das Oxydationsprodukt des Paraffins geeignet. Es kann daher die Umwandlung auch dadurch beschleunigt werden, daß bei jeder Charge ein Teil von oxydierendem Paraffin vorgelegt wird. Selbst bei Verwendung von Gefäßen aus Aluminium usw. können Katalysatoren angewendet werden; jedoch empfehlen sich auch dann solche, welche keine färbende Wirkung hervorrufen, z. B. Säuren.

Das Reaktionsprodukt kann nach Methoden, wie sie bei den aus natürlichen Fetten und Ölen durch Spaltung erhaltenen Säuregemischen üblich sind, in Fraktionen geschieden werden; es läßt sich auch für gleiche Zwecke verwenden wie die natürlichen Fettsäuren, z. B. zur Herstellung von Seife, Tovoteefett, Elainersatz usw. Die flüchtigsten Anteile des Produktes eignen sich zur Darstellung von Estern für Parfümeriezwecke.

Es werden z. B. 10 000 kg Paraffin unter Verwendung einer mit Dampf geheizten Heizschlange bei gewöhnlichem Druck auf ungefähr 125° erwärmt. Hierauf wird mit Hilfe eines Luftkompressors Luft durchgeblasen. Nach ungefähr zwei Tagen beginnt das weiße Paraffin sich gelblich zu färben und ölig zu werden; zugleich bemerkt man ein Ansteigen der Temperatur, was ein Zeichen für die beginnende Reaktion ist. Nun wird die Heizdampfzufuhr abgesperrt und die unter Wärmentwicklung einsetzende Reaktion so geregelt, daß sich die Temperatur ungefähr zwischen 115° und 125° hält. Dieser Prozeß dauert ungefähr 14 Tage. Man verfolgt ihn, indem man täglich Proben nimmt und die Verseifbarkeit des Paraffins prüft. Das Produkt wird zum Schluß braunrot ölig und schmierig, läßt sich aber total verseifen. Es bildet ein Gemisch von festen und flüssigen Säuren. Die von der Luft mitgeführten flüchtigen Reaktionsprodukte können in einen Dephlegmator geleitet werden, wobei die flüssigen Säuren sich auf dessen Boden sammeln und abgelassen werden. Der aus dem Dephlegmator austretenden Luft können noch die flüchtigsten, in Wasser löslichen Säuren durch Gaswäscher mittels Wasserabsorption entzogen werden.

Werden große Mengen der Kohlenwasserstoffe verarbeitet, so tritt der Übelstand auf, daß beim Einsetzen der Reaktion, trotz Unterbrechung der Wärmezufuhr, die Wärmeentwicklung so groß wird, daß man die Oxydation verlangsamen oder für einige Zeit unterbrechen muß, da durch das Ansteigen der Temperatur ein Dunkelwerden des Reaktionsproduktes hervorgerufen wird, was vermieden werden soll. Zu diesem Behufe bewirkt man beim Eintritte der Reaktion eine entsprechende Kühlung derart, daß die Temperatur, unter welcher die Reaktion vor sich geht, durch die eigene Reaktionswärme ungefähr konstant erhalten wird und es nicht erforderlich ist, den Prozeß durch Regelung der Luftzufuhr zu verzögern oder auszuschalten. Diese künstliche Kühlung hat den Vorteil, die Oxydation ohne Drosselung der Luftzufuhr, also erheblich beschleunigt, zu Ende führen zu können. Für die Kühlung des Produktes kann die Heizvorrichtung der Apparatur unmittelbar auch als Kühlvorrichtung ausgebildet werden, wozu es nur erforderlich ist, z. B. die Heizschlange der Apparatur auch an eine Kühlleitung, etwa eine Wasserleitung, anschließbar einzurichten.

Eine eingehende Untersuchung der Oxydation von Kohlenwasserstoffen nahm *Adolf Grün* in Gemeinschaft mit *Ulbrich* und *Wirth* vor. Sie gingen von dem aus Ölsäure gewonnenen Pentatriakontan aus und gelangten zu folgenden Ergebnissen [1]:

Bei richtiger Wahl der Versuchsbedingungen erfolgt die Oxydation mit Luft, ja sogar mit sauerstoffhaltigen Abgasen, ebenso rasch wie mit Sauerstoff, so daß

---

[1] *Ad. Grün.* Ber. d. Deutsch. Chem. Ges. 1920, 987.

Paraffin durch Erhitzen auf 160° C in einem 1 Proz. Sauerstoff enthaltenden Gasstrom in 20 Stunden zu 50 Proz. in hochmolekulare Fettsäuren umgewandelt werden kann. — Katalysatoren beschleunigen die Reaktion nicht, können sie sogar schädlich beeinflussen; eine Wägung des Reaktionsprodukts sowie die Bestimmung der Säure- und Verseifungszahl gibt keine Anhaltspunkte für den Verlauf der Reaktion. Während alkalische Zusätze (Metalloxyde, Kalk, Baryt, alkalisch reagierende Salze), ja selbst Kohle und Bleicherden nachteilig wirken, begünstigen saure Zusätze, z. B. Stearinsäure, den Oxydationsprozeß, was aus folgender Tabelle ersichtlich ist:

Zusatz	Fettsäuren		Unverseifbares	
	Menge %	Verseifungszahl	Menge %	Hydroxylzahl
Kohle	0	0	100	—
Kohle mit $FeSO_4$ imprägniert	0	0	99	—
Kohle mit $Fe(OH)_3$ imprägn.	1	—	99	—
Tonsil	2	—	98	—
$Ca(OH)_2$ im Überschuß	14,3	147,7	85,7	21,0
$Ba(OH)_2$ im Überschuß	5,7	117,3	94,3	30,5
Ce_2O_3 auf Gur	28,7	135,1	71,3	50,4
$AlCl_3$ 1 Proz.	52,3	167,4	47,7	114,0
Stearinsäure 2 Proz.	61,3	167,8	39,7	77,4
Ohne Zusatz	67,7	158,9	32,3	32,7
Nach 12 Stunden	86,4	188,3	13,6	124,9

Bei der Oxydation mit Sauerstoff bilden sich Superoxyde, welche zu Explosionen Anlaß geben können, wofern sie sich anhäufen; meist aber werden sie zerlegt. Gasströme, welche nur wenig Sauerstoff enthalten, gestatten den milden oxydativen Abbau und schränken die Quantität der niedrigmolekularen Fettsäuren ein, so daß die essentiellen Reaktionsprodukte vorherrschen, und diese sind Wachse, aus Estern hochmolekularer Säuren mit hochmolekularen Alkoholen bestehend, was aus der Analyse eines Reaktionsproduktes hervorgeht, dessen Ausgangsmaterial ein bei 52° C schmelzendes Paraffin war: Säurezahl 21,0; Verseifungszahl 75,6; Verhältniszahl 3,6; Jodzahl 4,7.

Je nach den Versuchsbedingungen kann man Fettsäuren der Reihe C_{10} bis C_{22} erhalten, ferner Oxysäuren und ungesättigte Fettsäuren, so daß die Feststellung bestimmter Fettsäuren im Reaktionsgemenge nicht ohne weiteres Schlüsse auf die Zusammensetzung des Paraffins zuläßt.

Deutsche Reichspatente.

Nr.	Nr.	Nr.	Nr.	Nr.
4566	188712	230724	257641	275165
25856	188909	234534	257825	275166
32705	189332	236294	258056	277641
76574	189477	236488	259191	279255
126446	195663	241823	260009	282728
136274	208699	244786	266662	295507
141029	211669	247454	268829	315222
151880	212001	251591	271158	317717
167107	214154	252023	271159	318222
169410	221890	256500	271985	324663
187788	226222	256856	273219	390332

Namenverzeichnis.

Andersen 68.
Armstrong 38.

Bartels 64.
Bedford 35, 63, 75, 80.
Belluci 2.
Bergius 127.
Bergmann 3, 143.
Berthelot 1, 27.
Berzelius 34.
Birkeland 51.
Bodenstein 38.
Böhmer 119, 124.
Boeseken 39.
Brangier 23.
Bredig 100.

Davidsohn 126.
Dunlop 15.

Ellis 52, 53, 61, 65, 122.
Eisenstein 144.
Erdmann 35, 42, 63, 75, 80, 86, 94, 115.
Ernst 98.

Farnsteiner 125.
Fischer 3.
Fokin 24, 36, 37.
Frank 8, 12, 14, 148.
Frerichs 96.
Fresenius 61.

Glaser 36.
Goldschmidt 20.
Granichstädten 90, 91.
Grün 4, 131, 150.

Hagemann 69.
Hannover 66.

Hantzsch 14.
Harries 144.
Hausamann 88.
Hemptinne 26, 29.
Henriquez 13.
Higgins 87.
Hilditch 38.
Hoff van 't 39.
Hofstede 39.
Hundshagen 2.

Imbert 130.
Ipatiew 61, 64, 70, 75, 77, 81, 88.

Jaquet 39.
Jasukowitsch 140.
Jurgens 65, 74, 109, 110, 111.

Kadt 68.
Kantorowicz 46, 54, 61.
Karl 167.
Kast 66, 68.
Kayser 66.
Kelber 140, 145.
Klimont 123, 141.
Krafft 7.

Lane 54.
Lehmann 113, 120.
Lessing 69.
Liebreich 136.

Magnier 23.
Mannich 113.
Mayer 99, 119.
Meigen 74, 82.
Mellana 125.
Mendelejeff 38.
Mond 36, 39.
Müller 66, 90. .

Normann 86.
Paal 102, 106, 123.
Pebal 20.
Peters 24.
Peters 136.

Rack 94.
Ramsay 36, 39.
Reychler 21.
Roth 102, 123.

Sabatier 35, 40, 98.
Saytzeff 98.
Schicht 47, 65, 131.
Schneider 148.
Schönfeld 96.
Senderens 42.
Shields 36, 39.
Siegmund 85.
Skita 105, 106.

Suida 85.
Szelinski 141.

Thiele 113.
Tissier 23.
Twitchell 6.

Ubbelohde 86, 144.
Ulbrich 150.
Ungar 98.
Utescher 32.

Walter 57.
Wäser 26.
Weineck 26.
Wielgolaski 33.
Wilde 21.
Willstätter 39, 100, 119.
Wilbuschewitsch 47, 65, 134.
Wimmer 66, 87.
Winkler 64.
Wirth 150.

Sachverzeichnis.

Aceton 24, 75, 96.
Acetonglycerin 3.
Aldehyd 74.
Alkohol 75.
Aluminiumacetat 73.
Ameisensäure 89.
Athylenoxyd 9.
Äthylester 10.
Autoklaven 23.

Bariumfluorid 73.
Baumwollsamenöl 60, 82, 84.
Behensäure 21.
Bergmehl 65.
Benzol 78, 80, 96.
Bor 114.

Calciumborfluorid 73.
Cernaubawachs 18.
Cholesterin 119.
Crotonöl 104.
Cetyläther 2.

Dicköl 57.
Diglycerinstearat 2.

Essigsäure 89.
Erucasäure 18.
Ester 11.

Fetthärtung 84.
Fettsäuren 5, 75.

Gasruß 67.
Glyzerin 16.

Glyzerindimontansäureester 18.
Glykol 8.
Glykolester 8, 9.

Hammeltalg 119.
Härtung 18.
Hydrogenisierung 18.
Hydrosole 102.

Jod 21.
Jodwasserstoff 21.
Jodzahl 82, 183.

Katalysator 49.
Kathode 24.
Kieselgur 64.
Kohlenoxyd 69.
Kupferoxyd 70, 75.

Leinöl 9, 104.
Lipochrom 103.
Lysalbinsäure 100.

Naphthalinsulfosäure 7.
Nickelacetat 67, 89.
Nickelcarbonyl 53, 69.
Nickelcyanür 81.
Nickelkatalysator 63.
Nickeloxyd 63, 64.
Nickeloxydul 80.
Nickelsuboxyd 79, 95.
Nitromethan 98.

Ölsäure 16, 89, 114.
Oleomargarin 123.
Osmiumtetroxyd 113.

Palmitinsäure 16.
Paraffin 148.
Phenol 75.
Phenylpropionsäure 77.
Protalbinsäure 100.
Propionsäure 145.
Pseudosäuren 3.

Reduktion 24.
Ricinolsäure 74, 122.
Ricinusölsäure 74, 122.

Sesamöl 104, 119.
Silberoxyd 79.
Silikatkatalysator 91.
Speisefette 61.

Sulfofettsäuren 7.
Sulfosäure 7.
Speiseöl 118.
Stearinsäure 16, 115.
Superoxyd 151.

Terpentinöl 53.

Wasserstoff 21, 75, 87, 98.
Wassermanometer 97.
Wollfett 112.
Wassergas 115.

Zimmtsäure 77.
Zink 99.

Verlag von Otto Spamer in Leipzig-Reudnitz

Der technisch-synthetische Campher

Von **Dr. J. M. Klimont**

Professor an der Technischen Hochschule in Wien

Mit 4 Figuren

Geheftet M. 60.—, gebunden M. 130.— (100 % Verlags-Teuerungszuschlag)

Nach dem Ausland besondere Berechnung!

Inhalt:

Grundlagen zur Technologie des synthetischen Camphers. — Das Ausgangsprodukt Terpentinöl. — Das Pinenhydrochlorid. — Das Camphen. — Das Isoborneol. — Das Borneol. — Der Campher. — Technische Herstellung von Pinenhydrochlorid. — Technische Herstellung von Camphen. — Technische Herstellung von Borneol und Isoborneol aus Camphen. — Direkte Überführung von Pinenhydrochlorid in Borneol und Isoborneol. — Technische Herstellung von Borneol und Isoborneol aus Terpenkohlenwasserstoffen. — Die Gewinnung von Borneol und Isoborneol mittels der Grignardschen Reaktion. — Verarbeitung von Borneol und Isoborneol in Campher. — Weitere Versuche, welche die Gewinnung von Campher aus Terpentinöl bezwecken. — Gewinnung des Borneols aus Campher und dessen Reinigung. — Die wirtschaftlichen Grundlagen der Herstellung künstlichen Camphers. — Verzeichnis der deutschen Reichspatente.

Chemiker-Zeitung: Die verschiedenen technisch gangbaren Wege zum künstlichen Aufbau des Camphers sind ausführlich behandelt. Dabei sind die Ausgangsmaterialien und die wichtigen Zwischenprodukte nicht vernachlässigt, sondern im Gegenteil ziemlich eingehend mit Benutzung der neuesten Quellen berücksichtigt worden. Als Einleitung werden außerdem die rein wissenschaftlichen Grundlagen der Synthesen erörtert. Also eine gute, lehrreich und verständig abgefaßte Monographie, welche gleichmäßig den Theoretiker und Praktiker informieren wird und daher bestens empfohlen werden kann.

Chemische Apparatur

Zeitschrift für die maschinellen und apparativen Hilfsmittel

der chemischen Technik

Herausgeber:

Dr. A. J. Kieser

Erscheint monatlich 2 mal. Vierteljährlich M. 30.—

Nach dem Ausland besondere Berechnung!

Die „Chemische Apparatur" bildet einen Sammelpunkt für alles Neue und Wichtige auf dem Gebiete der maschinellen und apparativen Hilfsmittel chemischer Fabrikbetriebe. Außer rein sachlichen Berichten und kritischen Beurteilungen bringt sie auch selbständige Anregungen auf diesem Gebiete. Die „Zeitschriften- und Patentschau" mit ihren vielen Hunderten von Referaten und Abbildungen sowie die „Umschau" und die „Berichte über Auslandpatente" gestalten die Zeitschrift zu einem

Zentralblatt für das Grenzgebiet von Chemie und Ingenieurwissenschaft

Verlag von Otto Spamer in Leipzig-Reudnitz

Chemisch-technische Vorschriften

Ein Nachschlage- und Literaturwerk,
insbesondere für chemische Fabriken und verwandte technische Betriebe,
enthaltend Vorschriften mit umfassenden Literaturnachweisen
aus allen Gebieten der chemischen Technologie

Von Dr. Otto Lange

Zweiter, unveränderter Abdruck. 1064 Seiten Lexikon-Format
Dauerhaft gebunden M. 220.— (und 200% Verlags-Teuerungszuschlag)

Etwa 14000 Vorschriften
in übersichtlicher Gruppierung mit genauen Literaturangaben
und zuverlässigem Sachregister

Deutsche Parfümerie-Zeitung: Dieses Werk gesellt sich zu den besten unter den technologischen Büchern, weil ein gewaltiges Material gerade aus denjenigen Literaturstellen der angewandten Chemie zusammengetragen und übersichtlich geordnet ist, welche sich der üblichen chemischen Systematik zu entziehen pflegen und überall verstreut sind... daß hier nicht ein Handbuch der chemischen Technologie im üblichen Sinne vorliegt, sondern daß der Zuschnitt ein anderer ist, und daß gerade solche Dinge gebracht werden, die man anderswo nicht findet. Das gibt dem Buch seine Eigenart und seinen Wert.

Chemisch-technologisches Rechnen

Von Professor Dr. Ferdinand Fischer

3. Auflage

Bearbeitet von Fr. Hartner
Fabrikdirektor

Geheftet M. 40.—, kartoniert M. 50.— (und 200% Verlags-Teuerungszuschlag)

Chemische Industrie (Otto N. Witt): In bescheidenem Gewande tritt uns hier ein kleines Buch entgegen, dessen weite Verbreitung sehr zu wünschen wäre... Es wäre mit großer Freude zu begrüßen, wenn vorgerückte Studierende an Hand der zahlreichen und höchst mannigfaltigen in diesem Buche gegebenen Beispiele sich im chemisch-technischen Rechnen üben wollten; derartige Tätigkeit würde ihnen später bei ihrer Lebensarbeit sehr zustatten kommen. — Aber nicht nur als Leitfaden beim akademischen Unterricht, sondern auch in den Betrieben der chemischen Fabriken könnte das angezeigte Werkchen eine nützliche Verwendung finden.

Kaufmännisch-chemisches Rechnen

Leichtfaßliche Anleitung
zur Erlernung der chemisch-industriellen Berechnungen für Kaufleute,
Ingenieure, Techniker, Chemotechniker usw. Mit Tabellen und Bücherschau.

Zum Selbstunterricht und zum Gebrauch an Handelsschulen

Von Dr. phil. nat. Gottfried Fenner
Chefchemiker des Zentrallaboratoriums der Firma Beer, Sondheimer & Co., Frankfurt a. M.

Kartoniert M. 40.— (und 200% Verlags-Teuerungszuschlag)

Chemiker-Zeitung: Das vortreffliche Büchlein enthält eine Auswahl von Rechnungen, welche der Kaufmann kennen muß, wenn er in chemischen Fabriken, in Handelshäusern der chemischen Industrie, im Metallhandel, Drogenhandel usw. tätig ist. Neben den Berechnungen, welche jeder auf Grund von Elementarschulkenntnissen unter Zuhilfenahme chemischer Symbole und Formeln erlernen kann, bespricht Verfasser noch die Benennung der Chemikalien, besondere Bezeichnungen und Abkürzungen, und führt in einer Bücherschau Werke an, die zur weitergehenden Belehrung geeignet erscheinen.

Nach dem Ausland besondere Berechnung!

MIX
Papier aus verantwortungsvollen Quellen
Paper from responsible sources
FSC® C105338

If you have any concerns about our products,
you can contact us on
ProductSafety@springernature.com

In case Publisher is established outside the EU,
the EU authorized representative is:
**Springer Nature Customer Service Center GmbH
Europaplatz 3, 69115 Heidelberg, Germany**

Printed by Libri Plureos GmbH
in Hamburg, Germany